微　　積　　分

何 典 恭 著

學歷：國立臺灣師範大學數學系畢業
　　　美國柏克萊加州大學理學碩士
經歷：淡水工商管理專科學校講師、副教授
　　　科主任、教務主任
　　　國立海洋大學兼任副教授
　　　私立淡江大學兼任副教授
　　　輔仁大學數學系、經濟系兼任副教授
現職：私立淡水工商管理學院資訊管理系主任

三 民 書 局 印 行

國家圖書館出版品預行編目資料

微積分／何典恭著. --再版. --臺北市：
三民，民86
面；　公分
ISBN 957-14-2370-X（平裝）

1.微積分

314.1　　84013953

網際網路位址　http://www.sanmin.com.tw

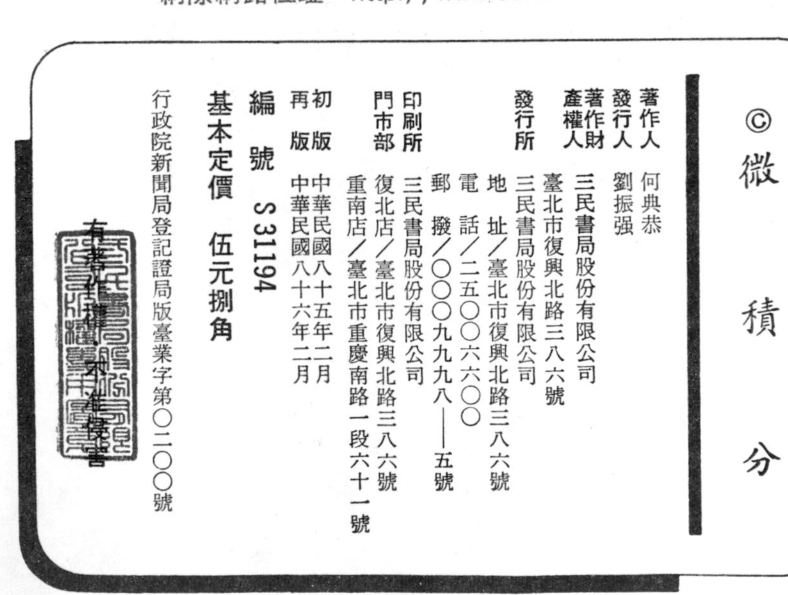
© 微積分

著作人　何典恭
發行人　劉振强
著作財產權人　三民書局股份有限公司
臺北市復興北路三八六號
發行所　三民書局股份有限公司
地　址／臺北市復興北路三八六號
電　話／二五〇〇六六〇〇
郵　撥／〇〇〇九九九八——五號
印刷所　三民書局股份有限公司
門市部　復北店／臺北市復興北路三八六號
重南店／臺北市重慶南路一段六十一號
初版　中華民國八十五年二月
再版　中華民國八十六年二月
編號　S 31194
基本定價　伍元捌角
行政院新聞局登記證局版臺業字第〇二〇〇號

ISBN 957-14-2370-X（平裝）

序 言

數學是一門基礎科學，幾乎在各個階段的學校教育都是不可或缺的，除了數學本身有許多應用之外，數學訓練將影響思考的邏輯、處理問題的層次，可謂對人的影響非常深遠。微積分是數學的一門，在很多領域中，都有廣泛的應用，所以是專上數理及應用科系學生的必修課程。本書是專爲二專學生編寫的微積分教本。

一般說來，二專學生的數學背景較諸普通的大學生，可謂較不充實，而且二專微積分課程的教學時數也較少，所以要寫一本供二專學生使用的微積分教本，自然無法涵蓋通常的內容。本書主要在介紹微積分的兩個主體——微分和積分——的概念、意義、演算技巧、基本性質及簡單的應用。當然，爲使本書有它自身的完整性，在引介微積分之前，仍先溫習微積分須用的基本數學，諸如實數與函數的基本性質等。本書用及的函數，也僅及於基本的函數如多項函數、有理函數、根數函數及指數和對數函數而已。鑒於二專學生的背景，本書的解說不厭其詳，避免過深的理論，而代之以常識、直覺與圖形來說明，文字的敍述力求平白，務期深入淺出。本書的例題與習題，均細心精選，以期加強概念，示範求解方法。另外，由於讀者常感習題演練缺乏把握，本書另出版習題研討，以利自修讀者參考之便。本書末附有自然對數及指數函數值表以便於查索。

編者編校本書雖已竭盡心力，然疏漏之處恐仍難免，敢望諸先進不吝指正，則不勝感激之至。

編者　謹識

一九九六年元月

微積分　目次

序　言

第一章　實數及函數

第二章　導函數

第三章　導函數的性質

第一章　實數及函數

1－1　實數及其性質，直線坐標系

微積分是十七世紀中發明的一門科學，起初是用來作爲解決物理問題的工具。而今，它已被廣泛應用在許多不同的領域當中。它的數學結構，則是以實數爲基礎。本章將對學習微積分所需的，與實數有關的一些概念和重要性質，作一概要的複習，或許讀者對這些教材有些已經熟悉，有些則可能爲初識，但在學習微積分之前，還是值得作一番加強的。

實數是指我們日常拿來測度用的數，像計算個數用的計物數(即自然數)，以至於量度物理量之質量、溫度、速度等的數。任何一個實數都可表現爲有限或無限的十進小數。譬如整數 5 可表現爲小數 5.0，分數 $-\dfrac{23}{8}$ 可表現爲 -2.875，分數 $\dfrac{4}{33}$ 可表現爲無限循環小數 0.121212…，而圓周率 π 則爲無限不循環小數 3.141592653589793…。如果在有限小數的最後一位數字之後加上無限多個 0，則成爲一個無限循環小數，那麼任何一個實數都可表現爲無限小數了。不循環的無限小數稱爲**無理數**，循環的無限小數則稱爲**有理數**。有理數都可以表現爲分數 $\dfrac{q}{p}$ 的型態，其中 p，q 都爲整數，而 q 稱爲這分數的**分子**，p 稱爲這分數的**分母**。整數可表現爲一分母等於 1 的分數。自然數全體記爲 $\boldsymbol{N}$，整數全體記

爲 $\boldsymbol{Z}$，有理數全體記爲 $\boldsymbol{Q}$，而實數全體記爲 $\boldsymbol{R}$。我們以符號 $x \in \boldsymbol{R}$ 來表 x 爲一實數，並稱 x 爲 $\boldsymbol{R}$ 的一個元素，而符號 $x \in \boldsymbol{N}$，$x \in \boldsymbol{Z}$，$x \in \boldsymbol{Q}$ 等的意義則可類推之。

實數所具有的一些基本性質綜述於下：對任意 x，$y \in \boldsymbol{R}$ 而言，此二數的和記爲 $x+y$，積記爲 xy 或 $x \cdot y$，則有

1.交換性

對任意 x，$y \in \boldsymbol{R}$ 而言，皆有

$$x+y=y+x,\ xy=yx。$$

2.結合性

對任意 x，y，$z \in \boldsymbol{R}$ 而言，皆有

$$x+(y+z)=(x+y)+z,\ x(yz)=(xy)z。$$

3.分配性

對任意 x，y，$z \in \boldsymbol{R}$ 而言，皆有

$$x(y+z)=xy+xz。$$

4.單位元素的存在性

存在 0 與 1 二相異實數，使得對任意實數 x 而言，皆有

$$x+0=x,\ x \cdot 1=x。$$

實數 0 稱爲**加法單位元素**，實數 1 稱爲**乘法單位元素**。

5.反元素的存在性

對任意實數 x 而言，皆有唯一的實數，記爲 $-x$，稱爲 x 的**加法反元素**或**反號數**，使得

$$x+(-x)=0;$$

對任意不爲 0 的實數 x 而言，皆有唯一的實數，記爲 x^{-1} 或 $\frac{1}{x}$，稱爲 x 的**乘法反元素**或**倒數**，使得

$$xx^{-1}=1。$$

上面所述的諸性質，有理數也都具有，而具有這五種性質的「數系」，通稱爲**體**，亦即實數系和有理數系均爲一體。但實數除了具有上述體的性質外，尙有一有理數所無的性質，稱爲**完全性**，關於這一性質，本書不打算作介紹，而僅介紹一些由它引出的實

數之性質。譬如，稍後將要說明的直線坐標系，即須藉實數的完全性才能建立。

於實數系中，對任意 x 及 $y\neq 0$ 而言，顯然可知

$$-(-x)=x,\ (y^{-1})^{-1}=y。$$

二實數的**減法**和**除法**則分別由下面二式來定義:

$$x-y=x+(-y)。$$

$$x\div y=xy^{-1},\ 其中\ y\neq 0。$$

實數中關於加法和乘法的一些熟悉的重要性質，則都可由上面的基本性質導出。譬如加法反元素，在乘法中有下面的:

6.符號法則

設 x，$y\in \boldsymbol{R}$，則

$$x(-y)=(-x)y=-(xy),\ (-x)(-y)=xy。$$

實數的除法（如上之定義，實即由乘法而來），有下面的算術法則:

7.除法算術

設下面各式中作爲分母的實數不爲零，則

(1) $\dfrac{a}{b}=c\Leftrightarrow a=bc$。

(2) $\dfrac{a}{1}=a$。

(3) $\dfrac{0}{a}=0$。

(4) $\dfrac{ac}{bc}=\dfrac{a}{b}$，$c\neq 0$。

(5) $\dfrac{-a}{b}=\dfrac{a}{-b}=-\dfrac{a}{b}$，$\dfrac{-a}{-b}=\dfrac{a}{b}$。

(6) $\dfrac{a+b}{c}=\dfrac{a}{c}+\dfrac{b}{c}$，$\dfrac{a-b}{c}=\dfrac{a}{c}-\dfrac{b}{c}$。

(7) $\dfrac{a}{b}+\dfrac{c}{d}=\dfrac{ad+bc}{bd}$，$\dfrac{a}{b}\dfrac{c}{d}=\dfrac{ac}{bd}$，

$\dfrac{a}{b}\div\dfrac{c}{d}=\dfrac{a}{b}\dfrac{d}{c}=\dfrac{ad}{bc}$。

(1)式中符號“⇔”表示：在它前面的式子正確時，在它後面的式

子必爲正確；同時在它後面的式子正確時，在它前面的式子亦必爲正確。對實數 x 及自然數 n 而言，定義 x^n 爲 n 個 x 的乘積，稱爲 x 的 **n 次冪**，其中 x 稱爲 x^n 的**底**，n 稱爲 x^n 的**指數**。於 $x \neq 0$時，並定義 $x^0=1$，$x^{-n}=\frac{1}{x^n}$，則有下面的

8. **指數律**

下面各式中，m，$n \in \mathbf{Z}$，而若指數爲 0 或負整數時，則底不爲 0：

(1) $x^m x^n = x^{m+n}$。

(2) $(x^m)^n = x^{mn}$。

(3) $(xy)^n = x^n y^n$。

(4) $\left(\frac{x}{y}\right)^n = \frac{x^n}{y^n}$。

(5) $\frac{x^m}{x^n} = x^{m-n}$。

於直線上任取一點，以表實數 0，稱爲**原點**，並另取一點以表實數 1，稱爲**單位點**，直線上以原點爲起點，指向單位點的方向稱爲**正向**，另一方向稱爲**負向**。在直線上以原點和單位點爲基準，依相等間隔取點，然後將整數由小而大，從負向到正向，依次列於直線上，如下圖所示：

……… -3 -2 -1 0 1 2 3 4 5 ……… 正向

若將上述的區間等分，則可將 $-\frac{1}{2}$，$\frac{1}{2}$，$\frac{3}{2}$，$\frac{5}{2}$，…等的有理數由小而大從負向到正向排於直線上；同樣的用各種不同的方法細分各間隔，可將所有的有理數排列於直線上，且較大者在較小者的正向。換句話說，只要於直線上取定原點和單位點，則任何一有理數均可唯一確定的排列於直線上。易知，對任意二個相異的有理數 x，y 而言，$\frac{x+y}{2}$ 亦爲有理數，且排列於 x，y 所排列二點的中點，從而知 x，y 間排有無限多有理數。雖然有理數緻密的排

列在上述的直線上，然而卻未能佈滿整個直線，譬如$\sqrt{2}=1.41421\cdots$爲一無理數，因此下圖中之 P 點即無有理數排列於其上：

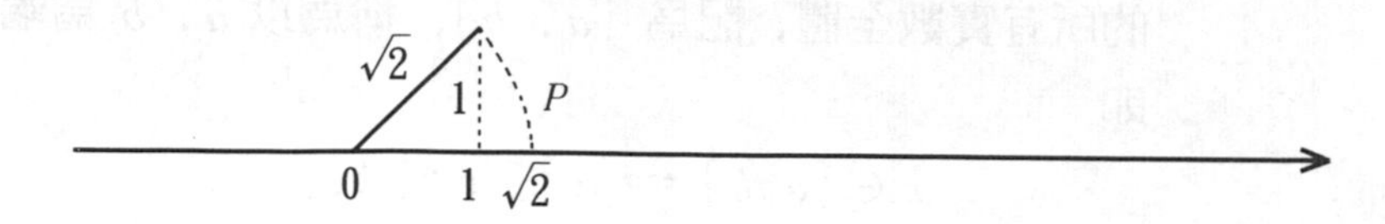

事實上，若我們將無理數亦排列到上述直線上，則代表實數的所有點恰可佈滿直線，關於這一點，則須賴所謂的**實數的完全性**來肯定，這一性質的解說，超出本書的範圍，所以從略。至於無理數要如何排列到直線上呢？我們舉一例來說明，譬如我們把無理數 $\pi=3.141592\cdots$排於 3 的正向，4 的負向；3.1 的正向，3.2 的負向；3.14 的正向，3.15 的負向；3.141 的正向，3.142 的負向；3.1415 的正向，3.1416 的負向；……；並依此類推之，而直線上確有一點滿足上面的描述，關於這，就是需要前述的實數的完全性。當我們將實數排列到直線上後，直線上的每一點即恰有一實數代表它，而每一實數亦恰有直線上的一點與之對應。這一佈滿實數的直線就稱爲**實數線**（或**數線**）或**直線坐標系**，各點所表的實數稱爲該點的**坐標**，通常我們以 $P(x)$ 來表明 P 點的坐標爲 x。此後，我們對數線上的點 $P(x)$ 與其坐標 x 常不加以區分。另外，我們稱坐標爲有理數的點爲**有理點**，坐標爲無理數的點爲**無理點**。由實數的完全性可知，數線上任意二相異點之間，有無限多的有理點和無理點。讀者亦應了解，比較起來，有理點比無理點「少得多」，以致於你任意從數線上取一點時，所取得之點爲有理點的情形幾乎爲不可能。

實數的大小次序，在數線上可具體的看出。若 $P(y)$ 在 $P(x)$ 之正向，則表 x **小於** y 或 y **大於** x，記爲 $x<y$ 或 $y>x$。大於 0 的數爲**正數**，小於 0 的數爲**負數**，而自然數亦即爲**正整數**。符號“$\leqq$”表示“$<$或$=$”的意思，即“$<$”或“$=$”中有一成立的意思，譬如“$4\leqq 7$”和“$-5\leqq -5$”均爲正確的。而符號“$\geqq$”也有相對應的意義。含有實數之次序關係符號“$<$”，“$>$”，“$\leqq$”，

"$\geqq$" 等的式子稱爲**不等式**。設實數 $a<b$，則滿足下面不等式：

$$a \leqq x \leqq b$$

的所有實數全體，記爲 $[a, b]$，稱爲以 a，b 爲**端點**的**閉區間**，即

$$x \in [a,b] \Leftrightarrow a \leqq x \leqq b。$$

所以由上式即知，一數 x 是不是爲閉區間 $[a,b]$ 上的一個數（或稱是不是在閉區間 $[a,b]$ 上），端看它是不是滿足對應的不等式 $a \leqq x \leqq b$ 而定。下面三式表出另外三個以 a，b 爲端點的**區間**，第一個區間不包括它的兩個端點，稱爲**開區間**；後面二個區間，只包含它的一個端點，稱爲**半開**或**半閉區間**：

$$x \in (a,b) \Leftrightarrow a < x < b。$$

$$x \in [a,b) \Leftrightarrow a \leqq x < b。$$

$$x \in (a,b] \Leftrightarrow a < x \leqq b。$$

上面以二實數爲端點的區間，均爲**有限區間**。下面各式所定的區間，則稱爲**無窮區間**：

$$x \in [a,\infty) \Leftrightarrow x \geqq a,$$

$$x \in (a,\infty) \Leftrightarrow x > a,$$

$$x \in (-\infty,a] \Leftrightarrow x \leqq a,$$

$$x \in (-\infty,a) \Leftrightarrow x < a。$$

這種區間只有一個端點（即 a）。另外，我們也以無窮區間（無端點）$(-\infty,\infty)$ 表所有實數全體，即

$$(-\infty,\infty) = \boldsymbol{R}。$$

區間可以在實數線上，具體的表現出來，稱爲它們的**圖形**，如下諸圖所示：

$[a, b]$:　　(a, b):

$[a, b)$:　　$(a, b]$:

$[a, \infty)$:　　$(-\infty, b)$:

通常為表明上的方便起見，常把區間的圖形畫於數線的上方或下方。譬如下圖表出區間 $[-1,6)$ 與 $(3,9]$，並從而知

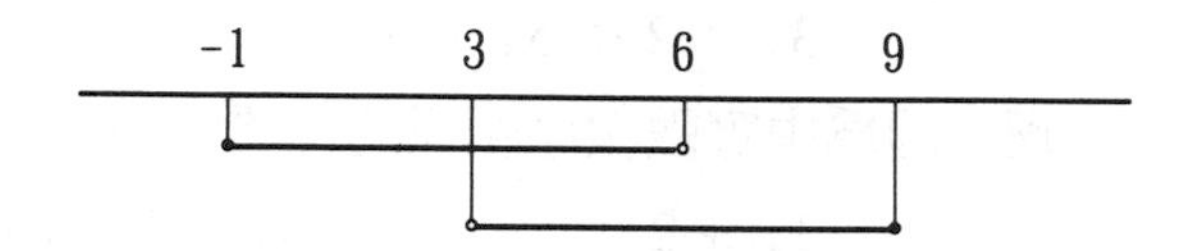

二區間 $[-1,6)$ 與 $(3,9]$ 上的實數全體，記作 $[-1,6) \cup (3,9] = [-1,9]$，而同時在二區間 $[-1,6)$ 與 $(3,9]$ 上之實數全體，記作 $[-1,6) \cap (3,9] = (3,6)$。

關於實數的次序關係，有下述重要的基本性質：

(1)三一律

對任意之 x，$y \in \boldsymbol{R}$ 而言，恰有下面三者之一成立：

$$x < y,\ x = y,\ x > y。$$

(2)遞移律

對任意之 x，$y \in \boldsymbol{R}$ 而言，若 $x < y$，$y < z$，則 $x < z$。

(3)加法律

設 x，$y \in \boldsymbol{R}$，且 $x < y$，則對任意之 $z \in \boldsymbol{R}$ 而言，皆有

$$x + z < y + z。$$

(4)乘法律

設 x，$y \in \boldsymbol{R}$，且 $x < y$，則對任意之 $a > 0$ 而言，皆有

$$ax < ay。$$

由上面的四個基本性質，可推得一切有關實數次序關係的式子，下面即為一些熟知的性質：

(1)對 x，$y \in \boldsymbol{R}$ 而言，$x < y \Leftrightarrow -x > -y$。

(2)對 x，$y \in \boldsymbol{R}$ 且 $a < 0$ 而言，$x < y \Leftrightarrow ax > ay$。

(3)對 x，$y \in \boldsymbol{R}$ 而言，$x < y \Leftrightarrow x - y < 0$。

(4)設 $x \neq 0$，則 $x^2 > 0$。

(5)設 x，$y \in \boldsymbol{R}$，則 $xy > 0 \Leftrightarrow$（$x > 0$ 且 $y > 0$）或（$x < 0$ 且 $y < 0$）。

(6)設 x，y，z，$w \in \boldsymbol{R}$，則 $x < y$ 且 $z < w \Rightarrow x + z < y + w$。

例 1 怎樣的實數 x 可以使下面不等式成立?

$$3x + 2 < 5x - 7。$$

解 因爲由實數次序關係的性質 (3) 知

$$\begin{aligned} 3x + 2 < 5x - 7 &\Leftrightarrow 3x + 2 - (5x - 7) < 0 \\ &\Leftrightarrow -2x + 9 < 0 \\ &\Leftrightarrow -2x < -9, \end{aligned}$$

由實數次序關係的性質 (2) 知

$$x > \frac{9}{2}。$$

例 2 設 x，$y \in \boldsymbol{R}$，證明:

(1) $x > 0 \Rightarrow \dfrac{1}{x} > 0$。

(2) $0 < x < y \Rightarrow 0 < \dfrac{1}{y} < \dfrac{1}{x}$。

解 (1) 設 $x > 0$。若 $\dfrac{1}{x} < 0$，實數次序關係的性質 (2) 知

$$\left(\frac{1}{x}\right)x < \left(\frac{1}{x}\right)0,\ 1 < 0,$$

而得一不合理的結果，因爲由實數次序關係的性質 (4) 知 $1 = 1^2 > 0$。從而知 $\dfrac{1}{x} > 0$。

(2) 因爲 $x < y$，故知 $y - x > 0$。又因 x，$y > 0$，故 $xy > 0$，

從而由上面的(1)知$\frac{1}{xy}>0$，故而由乘法律知

$$\frac{1}{x}-\frac{1}{y}=(y-x)\cdot\frac{1}{xy}>0,$$

故由實數次序關係的性質(4)知

$$0<\frac{1}{y}<\frac{1}{x}。$$

習　題

下面各題（1～15）的敍述是否正確：

1. 一個分數的分母必不爲0。
2. 一個分數的值爲0時，它的分子必定爲0。
3. 一個分數的值不爲0時，它的分子必定不爲0。
4. 兩個有理數的和仍爲一個有理數。
5. 兩個有理數的差仍爲一個有理數。
6. 兩個有理數的積仍爲一個有理數。
7. 兩個有理數的商仍爲一個有理數。
8. 兩個無理數的和仍爲一個無理數。
9. 兩個無理數的差仍爲一個無理數。
10. 兩個無理數的積仍爲一個無理數。
11. 兩個無理數的商仍爲一個無理數。
12. 一個有理數和一個無理數的和、差、積、商會是一個怎樣的數？有理數還是無理數？
13. $x\in \boldsymbol{N}\Rightarrow x\in \boldsymbol{Z}\Rightarrow x\in \boldsymbol{Q}\Rightarrow x\in \boldsymbol{R}$。
14. 對任一 $a\in \boldsymbol{R}$ 而言，恒有 $a^0=1$。
15. 有限區間中，閉區間有兩個端點，開區間沒有端點，而半閉區間則有一個端點。

下面各題（16～19）中，適當的以符號：＜，＝，＞填入□内：

16. $\frac{2}{3}\square 0.666\cdots$　　17. $\frac{9}{8}\square 1.125$

18. $\pi\square 3.14159$　　19. $\sqrt{2}\square 1.41422$

在數線上作出下面各題（20～29）中區間的圖形：

20. $[-3,2)$　　21. $(-\infty,1]$

22. $[2,5]$　　23. $(-\pi,\pi)$

24. $(-\infty,3]$　　25. $(-1,\infty)$

26. $[3,\infty)$

27. $(-\infty,\infty)$

28. $(-\infty,2)\cap[-3,\infty)$

29. $[-1,\infty)\cup(-\infty,-2)$

以區間的符號表出滿足下面各題（30～38）之不等式的實數全體：

30. $-1\leqq x\leqq 2$

31. $-2\leqq x<5$

32. $0\leqq x$

33. $x<-5$

34. $-10\leqq x\leqq -7$

35. $x\leqq -\sqrt{3}$

36. $x<0$，$x>-2$

37. $x>2$，$x\leqq 5$

38. $-2\leqq x^2$

利用課文中所提實數次序關係的基本性質，求解 39～41 之不等式：

39. $4x\leqq 2-3x$

40. $\sqrt{5}x+1<5-2x$

41. $3x-5\leqq 5x-4<x+6$

設 x，$y\in \boldsymbol{R}$，利用課文中所提實數次序關係的基本性質，證明下面各題（42～50）：

42. $xy=0\Rightarrow x=0$ 或 $y=0$

43. $x\leqq y$，$y\geqq x\Rightarrow x=y$

44. $x<0\Rightarrow \frac{1}{x}<0$

45. $x<y<0\Rightarrow \frac{1}{x}>\frac{1}{y}$

46. $x<y\Rightarrow x<\frac{x+y}{2}<y$

47. $x^2+y^2=0\Rightarrow x=0$ 且 $y=0$

48. 設 $x\geqq 0$，$y\geqq 0$ 則 $x<y\Leftrightarrow x^2<y^2$

49. 設 x，$y\in \boldsymbol{R}$，則 $x<y\Leftrightarrow x^3<y^3$

50. $x>0\Rightarrow x+\frac{1}{x}\geqq 2$

1−2 方根、分指數、絕對值、一元不等式

對大於 1 的自然數 n 來說，一實數 a 的 **n 次方根**，是指滿足方程式

$$x^n = a$$

的數。若 $a>0$，則 a 恰有一正 n 次方根；若 $a<0$ 而 n 爲正奇數，則 a 恰有一負 n 次方根，上述 a 的唯一的 n 次方根以 $\sqrt[n]{a}$ 表之。若 $a<0$，而 n 爲正偶數，則因實數的偶次方皆不小於 0，故 a 無實數 n 次方根。譬如，2 乃 4 次方爲 16 的唯一正數，-2 乃 3 次方爲 -8 的唯一負數，故知

$$\sqrt[4]{16} = 2，\sqrt[3]{-8} = -2。$$

上文所說的，一正數有唯一的正 n 次方根，一負數有唯一的負 n 次方根的事實，並不是顯然可見的，它實在須藉實數的完全性來證明，本書則對證明從略。由於 0 爲它本身的唯一 n 次方根，故也可表爲$\sqrt[n]{0}$。n 次方根於 $n=2$ 時稱爲**平方根**，於 $n=3$ 時稱爲**立方根**，一正數 a 的平方根以$\sqrt{a}$表之，而此時 $-\sqrt{a}$ 的平方也爲 a，所以也是 a 的平方根。對於整數 p，q 且 $q>1$ 而言，由於

$$\left(\sqrt[q]{a^p}\right)^q = a^p,$$

故知若定義分指數

$$a^{\frac{p}{q}} = \sqrt[q]{a^p},$$

則由

$$(a^{\frac{p}{q}})^q = \left(\sqrt[q]{a^p}\right)^q = a^p = a^{\frac{p}{q}\cdot q},$$

即可使指數律仍然成立。但**分指數的底須限爲正數**，否則會有下面**不合理**的現象出現：

$$-1 = \sqrt[3]{-1} = (-1)^{\frac{1}{3}} = (-1)^{\frac{2}{6}} = \sqrt[6]{(-1)^2} = \sqrt[6]{1} = 1。$$

當正數的分指數以方根作如上的定義時，指數$\dfrac{p}{q}$的分母 q 須大於 1。但爲使分指數便於使用起見，我們也允許分指數的分母爲 1，

此時 $a^{\frac{p}{1}}$即表 a^p。在如上所述的分指數的意義下，所有的**指數律也都成立**。本書不加證明。但由根數的意義，可導得下面所述的性質：設 $a\geqq 0$，$b>0$，則

(1) $\sqrt{ab}=\sqrt{a}\sqrt{b}$。

(2) $\sqrt{\dfrac{a}{b}}=\dfrac{\sqrt{a}}{\sqrt{b}}$。

這二式即顯示二個分指數的指數律成立：

(1) $(ab)^{\frac{1}{2}}=(a)^{\frac{1}{2}}(b)^{\frac{1}{2}}$。

(2) $\left(\dfrac{a}{b}\right)^{\frac{1}{2}}=\dfrac{a^{\frac{1}{2}}}{b^{\frac{1}{2}}}$。

顯然，若 $x\in\boldsymbol{R}$，則 x^2 的非負平方根

$$\sqrt{x^2}=\begin{cases} x\text{，當 } x\geqq 0\text{ 時；}\\ -x\text{，當 } x<0\text{ 時。}\end{cases}$$

譬如$\sqrt{3^2}=3$，$\sqrt{(-2)^2}=\sqrt{4}=2=-(-2)$ 等。

例 1　設 a 為一正數，試以指數律簡化 $\dfrac{\sqrt{a}}{\sqrt[3]{a}}$。

解　由分指數的定義及指數律知

$$\frac{\sqrt{a}}{\sqrt[3]{a}}=\frac{a^{\frac{1}{2}}}{a^{\frac{1}{3}}}=a^{\frac{1}{2}-\frac{1}{3}}=a^{\frac{1}{6}}=\sqrt[6]{a}\text{。}$$

例 2　試簡化 $\sqrt[3]{\dfrac{16}{27}}$。

解　易知

$$\sqrt[3]{\frac{16}{27}}=\left(\frac{16}{27}\right)^{\frac{1}{3}}=\left(\frac{2^4}{3^3}\right)^{\frac{1}{3}}=\frac{\left(2^4\right)^{\frac{1}{3}}}{\left(3^3\right)^{\frac{1}{3}}}=\frac{2^{4\cdot\frac{1}{3}}}{3^{3\cdot\frac{1}{3}}}=\frac{2^{\frac{4}{3}}}{3}=\frac{2\cdot 2^{\frac{1}{3}}}{3}$$

$$=\frac{2\sqrt[3]{2}}{3}\text{。}$$

對於任一實數 x 而言，由三一律知 $x \geqq 0$ 與 $x<0$ 二者之中恰有一個成立。又因

$$x < 0 \Rightarrow -x > 0,$$

故知對任一實數 x 而言，可有一非負的數（或爲 x，或爲 $-x$）與之對應。基於這點，定義 x 的絕對值，記爲 $|x|$，如下：

$$|x| = \begin{cases} x，當 x \geqq 0 時； \\ -x，當 x < 0 時。\end{cases}$$

並由此定義得知，對任意實數 $x \in \boldsymbol{R}$ 而言，恆有

$$\sqrt{x^2} = |x|。$$

利用上式可易證得下面的

定理 1－1

設 x，$y \in \boldsymbol{R}$，則

(1) $|x| = |-x|$。 (2) $|xy| = |x||y|$。

(3) $|x^2| = |x|^2$。 (4) $\left|\frac{x}{y}\right| = \frac{|x|}{|y|}$，$y \neq 0$。

證明 (1) $|x| = \sqrt{x^2} = \sqrt{(-x)^2} = |-x|$。

(2) $|xy| = \sqrt{(xy)^2} = \sqrt{(x)^2(y)^2} = \sqrt{x^2}\sqrt{y^2} = |x||y|$。

(3)於(2)中，令 $y = x$ 即得。

(4) $\left|\frac{x}{y}\right| = \sqrt{\left(\frac{x}{y}\right)^2} = \sqrt{\frac{x^2}{y^2}} = \frac{\sqrt{x^2}}{\sqrt{y^2}} = \frac{|x|}{|y|}$。

由幾何的觀點看，$|x|$ 實表實數線上坐標爲 x 之點與原點的**距離**。更推而廣之，實數線上任意二點 x，y 間之距離，乃爲非負實數 $|x-y|$。

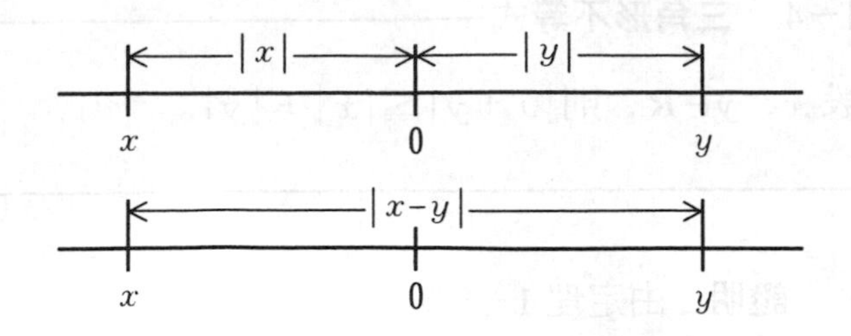

設 $a \geqq 0$，則 $|x| \leqq a$ 與 $-a \leqq x \leqq a$ 的幾何意義，皆表 x 與原點距離不大於 a，故知 $|x| \leqq a \Leftrightarrow -a \leqq x \leqq a$。同樣的，對任意 $a>0$ 而言，$|x|>a \Leftrightarrow x>a$ 或 $x<-a$。

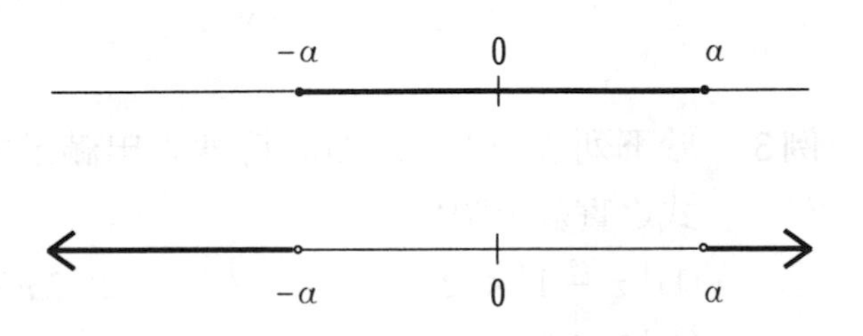

我們將之列為定理於下：

定理 1-2

設 $a \geqq 0$，則

(1) $|x| \leqq a \Leftrightarrow -a \leqq x \leqq a$。

(2) $|x|>a \Leftrightarrow x>a$ 或 $x<-a$。

定理 1-3

設 $x \in \boldsymbol{R}$，則 $-|x| \leqq x \leqq |x|$。

證明　留作習題。

定理 1－4 三角形不等式

設 x，$y \in \boldsymbol{R}$，則 $|x+y| \leqq |x|+|y|$。

證明 由定理 1－3 知

$$-|x| \leqq x \leqq |x|, \ -|y| \leqq y \leqq |y|,$$

故得

$$-(|x|+|y|) \leqq x+y \leqq |x|+|y|,$$

而由定理 1－2(1)即得證

$$|x+y| \leqq |x|+|y|。$$

例 3 於下列各題中，以區間符號表出滿足由絕對值所定的不等式之實數全體：

(1) $|x-1|<2$。 (2) $|2x+1| \leqq 3$。

(3) $|3x+2|>1$。

解 (1) 因為

$$|x-1|<2 \Leftrightarrow -2<x-1<2,$$
$$\Leftrightarrow -1<x<3。$$

即知滿足不等式 $|x-1|<2$ 之實數全體為開區間 $(-1,3)$。

(2) 因為

$$|2x+1| \leqq 3 \Leftrightarrow -3 \leqq 2x+1 \leqq 3,$$
$$\Leftrightarrow -4 \leqq 2x \leqq 2,$$
$$\Leftrightarrow -2 \leqq x \leqq 1。$$

即知滿足不等式 $|2x+1| \leqq 3$ 之實數全體為閉區間 $[-2,1]$。

(3) 因為

$$|3x+2|>1 \Leftrightarrow 3x+2>1 \text{ 或 } 3x+2<-1,$$

$\Leftrightarrow x > -\frac{1}{3}$ 或 $x < -1$。

故知滿足不等式 $|3x+2| > 1$ 之實數全體為

$(-\infty, -1) \cup \left(-\frac{1}{3}, \infty\right)$。

含有實數之次序關係符號“<”,“>”,“≦”,“≧”等的式子稱為**不等式**。譬如,$3<5$,$a^2 \geqq -1$,$3x+1 \leqq -2x$,$2x>3y$ 等均為不等式。不等式中含有文字者(如上面後三式),為**開放敘述**(即式中文字於代入一特定數值時,可辨明其是否成立的句子),使此不等式成立的實數,稱為此不等式的**解**。一般來說,含有幾個文字的不等式,即稱為幾**元**不等式。譬如 $a^2 \geqq -1$ 及 $-2x+1 \leqq 5x$ 為一元不等式,而 $x>2y$ 為二元不等式。在此將僅討論一些特殊型態的一元不等式的解法。所謂解一不等式,意指求滿足此不等式的所有實數。對一不等式來說,任一使這式子有意義的實數,皆能滿足這式時,稱這不等式為**絕對不等式**,否則稱為**條件不等式**。

例 4 解下列各不等式:

(1) $(x-1)(2x+3)(3x-7) < 0$。

(2) $x(2x-1)^2(3x-2)^3 \geqq 0$。

(3) $(3x-2)^4(5-2x)(x+1)^3 < 0$。

解 (1) 由於這不等式左邊為三個因式的積,而和這三因式之符號有關的三數,由小而大排列,依次為 $-\frac{3}{2}$,1,$\frac{7}{3}$。若一數 x 大於上述三數之最大數 $\frac{7}{3}$,則各因式的值均為正,故它們的乘積為正;若 x 介於 $\frac{7}{3}$ 與 1 之間,則三因式中除 $3x-7$ 之值為負外,其他二因式之值仍為正,故三者之積的符號改變為負;若 x 介於 $-\frac{3}{2}$ 與 1 之間,則除 $2x+3$

之值仍為正外，$x-1$ 之值亦變為負，故三者之積的符號又變號而為正，若 x 小於最小數 $-\frac{3}{2}$，則三因式之值均為負，故三者之積再變號而為負。上面所述，可藉下表示明：

x 之值		$-\frac{3}{2}$		1		$\frac{7}{3}$	
左式之符號	$-$		$+$		$-$		$+$

因而知滿足所求不等式的實數全體為

$$\left(-\infty,-\frac{3}{2}\right)\cup\left(1,\frac{7}{3}\right)$$

(2) 顯知

$$(3x-2)^3\geqq 0\Leftrightarrow 3x-2\geqq 0,$$

又因 $x\neq\frac{1}{2}$ 時，$(2x-1)^2>0$，故

$$x(2x-1)^2(3x-2)^3>0\Leftrightarrow x(3x-2)>0,$$

仿 (1) 的解法，由下表：

	0		$\frac{2}{3}$	
$+$		$-$		$+$

知 $x(2x-1)^2(3x-2)^3>0$ 之解的全體為

$$(-\infty,0)\cup(\frac{2}{3},\infty),$$

從而知 $x(2x-1)^2(3x-2)^3\geqq 0$ 之解的全體為

$$(-\infty,0]\cup\left[\frac{2}{3},\infty\right)\cup\left\{\frac{1}{2}\right\}。$$

(3) 因為

$$(3x-2)^4(5-2x)(x+1)^3<0$$
$$\Leftrightarrow(5-2x)(x+1)<0$$
$$\Leftrightarrow(-2)\left(x-\frac{5}{2}\right)(x+1)<0$$
$$\Leftrightarrow\left(x-\frac{5}{2}\right)(x+1)>0,$$

由下表

	-1		$\frac{5}{2}$	
$+$		$-$		$+$

即知所求解的全體為$(-\infty,-1)\cup\left(\frac{5}{2},\infty\right)$。

習 題

下面各題（1～10）之敘述，何者正確？何者錯誤？

1. $\sqrt{9}=\pm 3$
2. $\sqrt[3]{-27}=-3$
3. $\sqrt{(-4)^2}=-4$
4. $\sqrt{(-2)^4}=(-2)^2=4$
5. $(-8)^{\frac{1}{3}}=\sqrt[3]{-8}=-2$
6. $(a^3)^2=a^9$
7. $a^{\frac{2}{3}}=\sqrt[3]{a^2}$，$a>0$
8. $x^2=9\Rightarrow x=\sqrt{9}=\pm 3$
9. 若 x，$y\geqq 0$，則 $x\leqq y\Leftrightarrow\sqrt{x}\leqq\sqrt{y}$。
10. 若 x，$y\in\boldsymbol{R}$，則 $x\leqq y\Leftrightarrow\sqrt[3]{x}\leqq\sqrt[3]{y}$。
11. 設 a，$b\in\boldsymbol{R}$，c，$d\geqq 0$，化簡下面二數：

 (1) $\sqrt{a^2+b^2+2ab}$ (2) $\sqrt{c+d-2\sqrt{cd}}$

12. 設 $\dfrac{1}{\sqrt{2x^2+3x-2}}\in\boldsymbol{R}$，求 x 的範圍。
13. 設 $\sqrt{9-x^2}\in\boldsymbol{R}$，求 x 的範圍。

化簡下面各題使無負指數（14～19）：

14. $(3a^{-3}+a^{\frac{5}{2}})^2(a^2-2)^{-1}$
15. $\dfrac{3a^{\frac{2}{3}}\cdot 4a^{-\frac{3}{2}}}{6a^{-2}\cdot a^{\frac{5}{2}}}$
16. $\sqrt{4^3}\cdot\sqrt{2\sqrt{8}}$
17. $2^{-3}\times 4^{2.25}\div 8^{1.25}$
18. $\dfrac{(a^{-\frac{1}{2}}b^{-\frac{3}{4}})^2}{(a^{-3}b^{-\frac{2}{3}})^3}$
19. $\dfrac{a\sqrt{a^{-3}\sqrt{a}^3}a^{-3}}{a^{\frac{5}{2}}}$

求滿足下面各題（20～25）之所有實數：

20. $|x|=4$
21. $|x+3|=0$
22. $|2x-1|=5$
23. $|-2x+1|=|2x-1|$
24. $|3x-2|\leqq 1$
25. $|2x+3|\geqq 1$

設 x，$y\in\boldsymbol{R}$，證明下面各題（26～28）：

26. $-|x|\leqq x\leqq|x|$
27. $|x-y|\leqq|x|+|y|$

28. $||x|-|y|| \leqq |x-y|$

29. 設 x，y，$a \in \boldsymbol{R}$，且 $|x-a|<\frac{1}{5}$，$|y-a|<\frac{1}{5}$，證明：$|x-y|<\frac{2}{5}$。

解下面各題（30～42）的不等式：

30. $3-2x \leqq 1+3x$

31. $ax+b<0$，a，b 爲常數

32. $2+3x \leqq 4+3x$

33. $5-2x<3-2x$

34. $x^2-3x \geqq 0$

35. $3-x^2 \leqq 2x^2+1$

36. $(3x+1)(x-2)(2x-3) \leqq 0$

37. $x(2x-1)^2(x-2)^3 \geqq 0$

38. $(3x-2)(5-2x)(x+1)^3 \leqq 0$

39. $|-2x+3|<1$

40. $|3x+1|>2$

41. $|x-1|+|x+3| \leqq 4$

42. $|3x+2|+|x+3| \geqq |4x+5|$

1－3 函數及其結合

函數是數學上相當重要的一個概念，尤其在微積分課程上，沒有這一概念，幾乎一般理論之探討都將很不方便。事實上，這一概念就是由微積分基本定理發現人之一的**萊布尼茲**首先引介於數學語言中的。簡單的說，函數是用以表明兩種實體間的一種關係。譬如，從幾何的知識知，邊長爲 1 的正方形之面積爲 1；邊長爲 2 的正方形之面積爲 4；並且知，只要正方形的邊長 r 爲已知，則這正方形之面積即爲 r^2，這種表出正方形之面積與邊長間的關係，就是一種函數。在此，我們可稱「正方形的面積爲其邊長的函數」。如果以 A 表面積，那麼就可以 $A = r^2$ 表出面積 A 和邊長 r 的關係。習慣上，我們更喜歡把 A 寫爲 $A(r)$，而上面式子就寫作

$$A(r) = r^2,$$

這樣，式子左邊的符號表示 A 的值由 r 來決定，而決定的方式就是由等號右邊的式子來決定。譬如邊長爲 4 的正方形之面積爲 $A(4)$，是把邊長 4「代入」式子中的 r 而得，故知

$$A(4) = 4^2 = 16。$$

用一般的話說，正方形的面積可由邊長藉上式來決定，所以上式所表的函數中，表邊長的文字 r 稱爲這函數的**自變數**或**引數**，表面積的文字 A 稱爲這函數的**應變數**，而 $A(r)$ 即表自變數爲 r 時應變數（或函數）的**值**。如果把上面的函數，看作是一部具有求出正方形面積之功能的「機器」，則當把「原料」——邊長資料 r ——從「原料餵入口」餵入後，就可從「成品產出口」確定地得到「成品」——面積的資料 $A(r)$ 如下圖所示：

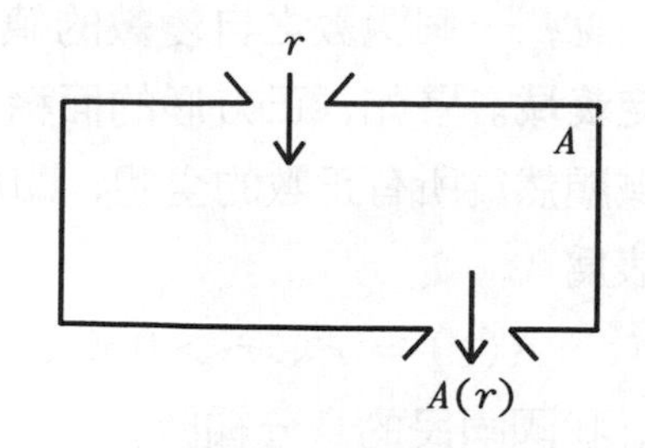

像上面用「具特殊功能的機器」之概念來說明函數，是比較具體且具一般性的。譬如說，人的「姓」是「人」的函數，「體重」也是「人」的函數，而「身高」則是「人」的另一個函數等，如下圖所示：

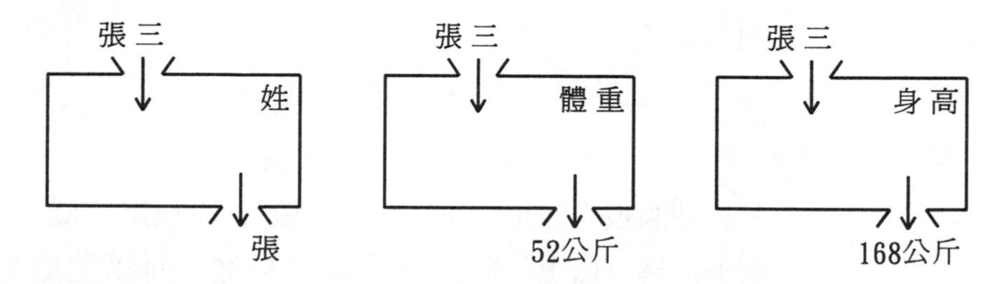

如果以式子表出，即爲

姓(張三) = 張，體重(張三) = 52公斤，身高(張三) = 168公分(假設張三的體重爲52公斤、身高爲168公分)。只是上述三個「人」的函數之**值**，無法用自變數的式子表出罷了。

上面的例子，我們意在指出，函數可看作是能對表自變數的量，確定地決定應變數之量的「機器」。如果以 f 表這函數，x 表**自變數**，y 表**應變數**，則可以 $y=f(x)$ 表自變數爲 x 時，應變數 y 的值爲 $f(x)$，並稱 $f(x)$ 爲函數 f 在自變數爲 x 時的**函數值**。即如下圖所示：

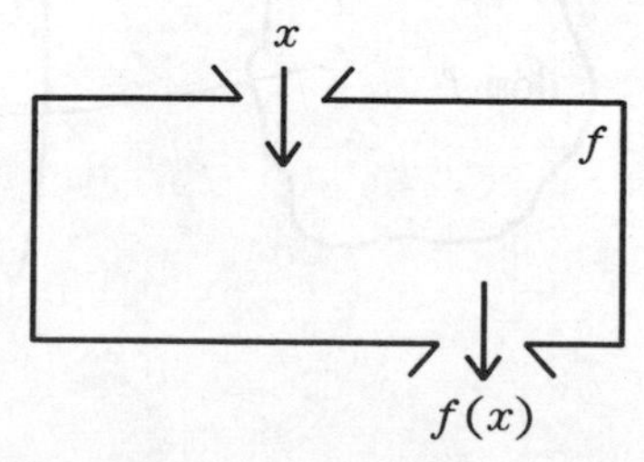

嚴格地說，一個函數之自變數的值，自有其討論的範圍，稱爲函數的**定義域**。譬如，正方形的面積爲其邊長的函數，而這函數的定義域顯然爲所有正數的全體，即爲無窮區間 $(0,\infty)$，並且這函數可表爲

$$A(r)=r^2,\ r>0 \text{ 或 } A(x)=x^2,\ x\in(0,\infty)。$$

又如，我國國民的身分編號，爲每一個人的函數，其定義域則爲我國國民全體。另外，像函數

$$f(x)=4x^2+3x-1,\ x=-1,0,1,2。$$

則表其自變數只是 $-1,0,1,2$ 四數，定義域可表爲 $\{-1,0,1,2\}$。一般來說，一函數的定義域可以表爲 $\text{dom}\ f$，而函數本身也可以下面二式之一來表出：

$$f:x\longrightarrow f(x),\ x\in\text{dom}\ f;$$

$$x\xrightarrow{f}f(x),\ x\in\text{dom}\ f。$$

如果把函數看作是一面「聚光透鏡」，能把定義域中的元素 x「投射」而爲 $f(x)$。則亦頗爲具體易懂，而以這觀點看，也易知 $f(x)$ 可以稱爲 x 經 f 的**值**或**像**，或函數 f 在 x 的值或像，而 f 則可稱爲一**寫像**。我們亦可把函數 f 看作是一種對應，它是從 $\text{dom}\ f$ 到 $\text{ran}\ f$ 間的一種對應，而 $f(x)$ 乃是 $\text{dom}\ f$ 中之 x 的對應元素。一函數 f 的函數值的全體，稱爲這函數的**值域**，記爲 $\text{ran}\ f$，以下式表出：

$$\text{ran}\ f=\{f(x)\mid x\in\text{dom}\ f\}。$$

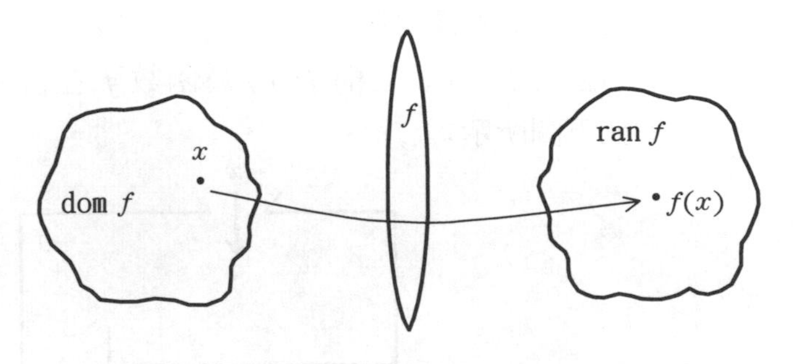

若把 dom f 簡記為 A，則 ran f 可記為 $f(A)$，即

$$f(A)=\{f(x)\,|\,x\in A\}。$$

一般的習慣，對一個以數學式子定出的函數，若沒有明確表明定義域時，均以代入數學式子時，能使數學式子有實值的實數全體，作為函數的定義域。譬如，

$$f(x)=x^2-x+1, \qquad g(x)=\frac{x}{2x-1},$$

$$h(x)=-1, \qquad k(x)=\sqrt{3x+2},$$

四函數的定義域分別為 $\boldsymbol{R}$，$\boldsymbol{R}-\left\{\frac{1}{2}\right\}$，$\boldsymbol{R}$，$\left[-\frac{2}{3},\infty\right)$。

對函數 f 而言，若 dom f 與 ran f 的元素皆為實數，則稱 f 為一**實函數**；而若僅 ran f 的元素為實數，則稱 f 為一**實值函數**。本書所討論的函數，除特別指明外，概為實值函數。

例 1　設函數 f 的定義如下：

f：一多邊形⟶ 此多邊形的邊數，

求 f(三角形)，f(梯形)，f(菱形)，f(正方形)，f(n 邊形) 之值。

解　f(三角形) = 3，f(梯形) = 4，f(菱形) = 4，
f(正方形) = 4，f(n 邊形) = n。

例 2　設 $f(x)=3x^5-2x^3+x^2-5$，求 $f(-1)$，$f(1)$，$f(2)$，$f(\sqrt{2})$。

解　為求 $f(-1)$，我們把 $f(x)$ 中的 x 全部以 -1 代入，得

$$f(-1)=3(-1)^5-2(-1)^3+(-1)^2-5$$
$$=-3+2+1-5=-5。$$

同樣的，可得

$$f(1)=3(1)^5-2(1)^3+(1)^2-5=3-2+1-5=-3。$$
$$f(2)=3(2)^5-2(2)^3+(2)^2-5=96-16+4-5=79。$$
$$f(\sqrt{2})=3(\sqrt{2})^5-2(\sqrt{2})^3+(\sqrt{2})^2-5=12\sqrt{2}-4\sqrt{2}+2-5$$

$$= 8\sqrt{2} - 3。$$

例 3　設函數

$$f(x) = \begin{cases} 3x - 1, & 當\ x \leqq 1; \\ x^2 + 3x - 2, & 當\ x > 1, \end{cases}$$

求 $f(-1)$ 及 $f(2)$。

解　易知

$$f(-1) = 3(-1) - 1 = -4。$$
$$f(2) = (2)^2 + 3(2) - 2 = 8。$$

例 4　下面各函數的定義域爲何?

$$f(x) = \sqrt{x^2}, \qquad g(x) = \frac{1}{\sqrt{x+2}},$$
$$h(x) = \frac{x+1}{\sqrt{x(x+2)}}, \qquad k(x) = \frac{x^2}{x}。$$

解　因爲 $f(x) = \sqrt{x^2} = |x|$，故知其定義域爲 $\boldsymbol{R}$。因爲 $g(x)$ 的定義域爲使 $x + 2$ 爲正的所有實數全體，故知

$$\text{dom } g = \{x \mid x + 2 > 0\} = (-2, \infty)。$$

因爲只要使 $x(x+2) > 0$ 成立的 x，代入 $h(x)$ 均有意義，故知

$$\text{dom } h = \{x \mid x(x+2) > 0\} = \boldsymbol{R} - [-2, 0]。$$

易知 $k(x)$ 於 $x \neq 0$ 時才有意義，故知 $k(x)$ 的定義域爲 $\boldsymbol{R} - \{0\}$。

例 5　設 $f(x) = 3x^2 - 2x + 1$，求 $f(a)$，$f(a+1)$，$f(2a-3)$。

解　易知 $f(x) = 3a^2 - 2a + 1$，而 $f(a+1)$ 則可將 $f(x)$ 中的 x 以 $a + 1$ 代之而得，即

$$f(a+1) = 3(a+1)^2 - 2(a+1) + 1$$
$$= 3a^2 + 4a + 2。$$

同理可得

$$f(2a-3)=3(2a-3)^2-2(2a-3)+1$$
$$=12a^2-40a+34。$$

設 f，g 爲二實値函數，則對同時在二函數之定義域中的任一元素 x（此種元素可以 $x\in \text{dom } f\cap \text{dom } g$ 表示）而言，$f(x)$ 與 $g(x)$ 爲二實數，而若令 $f(x)+g(x)$ 對應於 x，則可得一函數，記爲 $f+g$，即

$$f+g: x\longrightarrow f(x)+g(x),\ x\in \text{dom } f\cap \text{dom } g,$$

亦即

$$(f+g)(x)=f(x)+g(x),\ x\in \text{dom } f\cap \text{dom } g。$$

同樣的，我們可定義 $f-g$，$f\cdot g$，等諸函數如下：

$$(f-g)(x)=f(x)-g(x),\ x\in \text{dom } f\cap \text{dom } g;$$
$$(f\cdot g)(x)=f(x)\cdot g(x),\ x\in \text{dom } f\cap \text{dom } g;$$
$$\left(\frac{f}{g}\right)(x)=\frac{f(x)}{g(x)},\ x\in \text{dom } f\cap \text{dom } g \text{ 且 } g(x)\neq 0。$$

例6　設 $f(x)=2x+1$，$g(x)=x^2-2x$，試求函數 $f+g$，$f-g$，$f\cdot g$ 及 $\frac{f}{g}$，並表出各函數的定義域。

解

$$(f+g)(x)=(2x+1)+(x^2-2x)$$
$$=x^2+1,\ x\in \boldsymbol{R}。$$
$$(f-g)(x)=(2x+1)-(x^2-2x)$$
$$=-x^2+4x+1,\ x\in \boldsymbol{R}。$$
$$(f\cdot g)(x)=(2x+1)\cdot(x^2-2x)$$
$$=2x^3-3x^2-2x,\ x\in \boldsymbol{R}。$$
$$\left(\frac{f}{g}\right)=\frac{2x+1}{x^2-2x},\ x\neq 0,2。$$

除了上述四種代數結合外，二函數 f，g 之間尚有一種很重要的結合，稱爲其**合成**，記爲 $f\circ g$，定義如下：

$$(f\circ g)(x)=f(g(x)),$$

其定義域中的 x 乃是 dom g 中經 g 的值 $g(x)$ 能在 dom f 中的元素，以機器表函數的概念時，$f\circ g$ 實爲由 f 及 g 二機器組成的一部機器，如下圖所示：

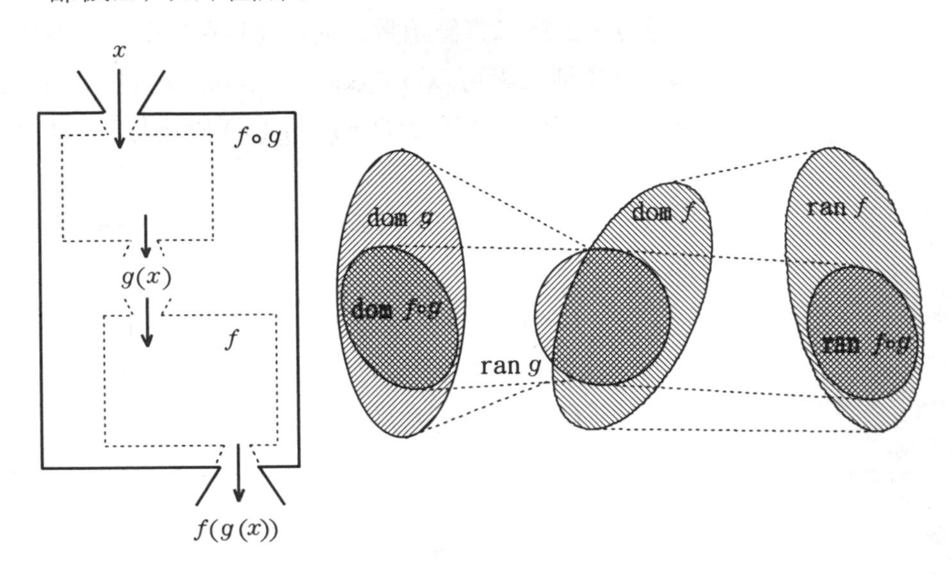

譬如，若 $f(x)=2x+1$, $g(x)=1-x^2$，則

$$(f\circ g)(x)=f(g(x))=2g(x)+1=2(1-x^2)+1$$
$$=3-2x^2,$$

而且 f, g 及 $f\circ g$ 的定義域均爲 $\boldsymbol{R}$。又若 $f(x)=\sqrt{x}$, $g(x)=6-x-x^2$，則

$$(f\circ g)(x)=f(g(x))=\sqrt{g(x)}=\sqrt{6-x-x^2},$$

則 f 的定義域爲 $[0,\infty)$，g 的定義域爲 $\boldsymbol{R}$，而 $f\circ g$ 的定義域爲使 $g(x)=6-x-x^2\geqq 0$ 的所有實數，因

$$6-x-x^2\geqq 0\Longleftrightarrow(3+x)(2-x)\geqq 0\Longleftrightarrow x\in[-3,2],$$

即 $\mathrm{dom}(f\circ g)=[-3,2]$。此外，函數 $h(x)=(2x^4+3x+1)^5$ 可視爲函數 $f(x)=x^5$ 與函數 $g(x)=2x^4+3x+1$ 二函數之合成 $f\circ g$，即 $h=f\circ g$。讀者應注意到 $f\circ g$ 有意義時 $g\circ f$ 未必有意義，反之亦然；而若二者皆有意義，通常亦多爲 $f\circ g\neq g\circ f$ 的情形。

例7　設 $f(x)=\sqrt{2x+1}$，$g(x)=1-x^2$，求 $f\circ g$ 及 $g\circ f$ 及它們的定義域。

解　由定義知

$$(f\circ g)(x)=f(g(x))=\sqrt{2g(x)+1}=\sqrt{2(1-x)^2+1}$$

因爲 g 的定義域爲 $\boldsymbol{R}$，而使 $g(x)$ 在 f 的定義域中的 x 須使 $3-2x^2\geqq 0$，故知 $f\circ g$ 的定義域爲 $\left[-\sqrt{\frac{3}{2}},\sqrt{\frac{3}{2}}\right]$。

$$\begin{aligned}(g\circ f)(x)&=g(f(x))=1-(f(x))^2\\&=1-(\sqrt{2x+1})^2\\&=1-(2x+1)=-2x。\end{aligned}$$

因爲 f 的定義域爲區間 $\left[-\frac{1}{2},\ \infty\right)$，而且 $f(x)$ 恆在 g 的定義域中，故 $g\circ f$ 的定義域與 f 的定義域相同。

習 題

1. 設 $f(x)=4x^3-3x+2$，$x\in\{0,1,-1,2\}$，求 $f(0)$，$f(-1)$，$f(2)$，$f(-3)$，及 ran f。
2. 設 $f(x)=x^2-3x+1$，求 $f(-1)$，$f(\sqrt{2})$，$f(3x-1)$。
3. 設 $f(x)$ 定義如下，求 $f(0)$，$f(-1)$，$f(0.4)$，$f(\sqrt{5})$，$f(\pi)$。

$$f(x)=\begin{cases} 5x-3, & \text{當 } x\leqq 0; \\ x^2+3x-1, & \text{當 } x>0。\end{cases}$$

4. 設 $f(x)$ 定義如下，求 $f(0)$，$f(-3)$，$f(0.4)$，$f(\sqrt{3})$，$f(\pi)$。

$$f(x)=\begin{cases} -3x+2, & \text{當 } x<2; \\ 2, & \text{當 } x\in[2,3]; \\ 3x^2, & \text{當 } x>3。\end{cases}$$

5. 設 $f(x)$ 定義如下，求 $f(0)$，$f(6)$，$f(0.4)$，$f(\sqrt{3})$，$f(\pi)$。

$$f(x)=\begin{cases} 0, & \text{當 } x \text{ 爲 } 0 \text{ 或無理數}; \\ \dfrac{1}{p}, & \text{當 } x=\dfrac{q}{p}，\text{其中 } p，q \text{ 爲互質}。\end{cases}$$

於下列各題(6 ~ 10) 中，求 dom f 及 ran f：

6. $f(x)=|x|$
7. $f(x)=|3x+2|$
8. $f(x)=\dfrac{\sqrt{x^2}}{x}$
9. $f(x)=\begin{cases} 1, & x\in \boldsymbol{Q}; \\ -1, & x\notin \boldsymbol{Q}。\end{cases}$
10. $f(x)=\begin{cases} 2, & x<1; \\ 1-x, & x\in[2,3]; \\ -1, & x\in(3,5]。\end{cases}$

於下列各題(11 ~ 14) 中，求 dom f：

11. $f(x)=2-x+3x^2$，$-2\leqq x<5$
12. $f(x)=\dfrac{x}{1-x^2}$
13. $f(x)=\dfrac{1}{1+x^3}$，$x\neq -1$；$f(-1)=0$

14. $f(x) = \dfrac{3x+4}{\sqrt{x^2 - x - 6}}$

15. 設 $f(x) = |x|$，$g(x) = x|x|$，$h(x) = 1 - \dfrac{1}{x}$，求 $f\circ f$，$g\circ g$，$h\circ h$，$f\circ g$，$g\circ f$，及 $h\circ h\circ h$。

16. 設 $f(x) = \dfrac{1}{x^2}$，$g(x) = \sqrt{x}$，求 $f+g$，$f-g$，$f\cdot g$，$\dfrac{f}{g}$，$f\circ g$ 及 $g\circ f$，須指明各函數的定義域。

1－4 直角坐標平面、實函數的圖形

在第 1－1 節中，我們介紹了直線坐標系，使得實數與直線上的點可以不加區分。如此，對實數就可以有具體的概念，譬如利用直觀可知，與點 3 相距不大於 2 的點，爲從 −2 到 4 之所有點，即知

$$|x-3| \leqq 2 \Leftrightarrow 1 \leqq x \leqq 5;$$

反之，利用實數的運算性質，我們也可以推知一些直觀不易發覺的性質，譬如由

$$x^2 < x \Leftrightarrow x^2 - x = x(x-1) < 0 \Leftrightarrow x \in (0,1),$$

可知只有介於 0 與 1 之間的數，其平方才會小於它自身。今對平面上的點，我們也要作類似的處理。

以直線坐標系爲基礎，我們可以很容易的在平面上建立坐標系。今取一水平直線 $\overleftrightarrow{X'X}$，並在其上建立一直線坐標，令 O 表原點，過 O 作一直線 $\overleftrightarrow{Y'Y}$ 垂直於 $\overleftrightarrow{X'X}$ 以 O 爲原點在 $\overleftrightarrow{Y'Y}$ 建立一直線坐標系。對於平面上任一點 P 而言，作 $\overline{PM} \perp \overleftrightarrow{X'X}$ 於 M，$\overline{PN} \perp \overleftrightarrow{Y'Y}$ 於 N，則 M 在 $\overleftrightarrow{X'X}$ 上有一坐標 x，而 N 在 $\overleftrightarrow{Y'Y}$ 上有一坐標 y，我們即稱 x 爲 P 點的 **x 坐標**或**橫坐標**，y 爲 P 點的 **y 坐標**或**縱坐標**。更以 $P(x,y)$ 表 P 乃橫坐標爲 x，縱坐標爲 y 的點，並稱 (x,y) 爲 P 點的**平面坐標**。

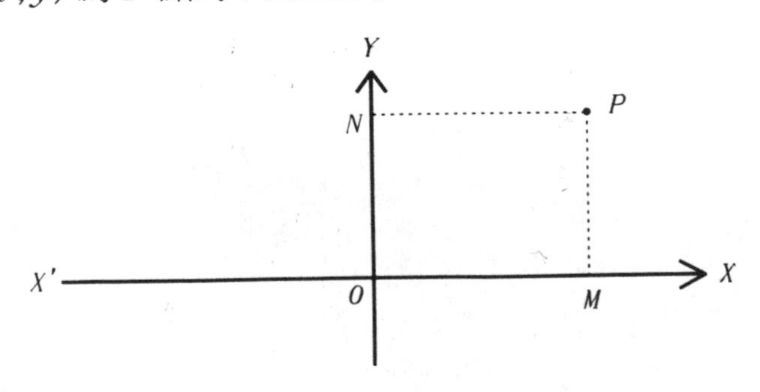

反之，對任意二實數 x，y 而言，令 M，N 分別表 $\overleftrightarrow{X'X}$，及 $\overleftrightarrow{Y'Y}$ 上直線坐標爲 x 與 y 之點，過 M，N 分別作 $\overleftrightarrow{X'X}$，與 $\overleftrightarrow{Y'Y}$ 之垂線，並令其交點爲 P，則由幾何知識易知，P 點的平面坐標即爲 (x,y)。如此一來，所有平面上的點均可用有序的實數對來表出，而任一有序實數對也均可唯一的表出平面上的點。這樣的，平面上的點和有序實數對之間的對應關係，稱爲**平面坐標系**，而直線 $\overleftrightarrow{X'X}$ 及 $\overleftrightarrow{Y'Y}$ 分別稱爲 **x 軸**（或**橫軸**）及 **y 軸**（或**縱軸**），O 點仍稱爲**原點**，更由於二坐標軸互相垂直，故特稱這樣的坐標系爲**直角坐標系**。此外，建立了坐標系的平面爲**坐標平面**。習慣上，我們都令 x 軸上的單位點位於原點的右方，y 軸上的單位點位於原點的上方，並在兩坐標軸的正向上，作出箭號，標以 x 與 y 來表明，如下圖所示。坐標平面上的點和它的坐標之間，也常不加區分，像直接稱「坐標爲 (x,y) 之點」，爲「點 (x,y) 」。兩坐標軸將坐標平面分成四個部分：Ⅰ、Ⅱ、Ⅲ、Ⅳ，如下圖所示：

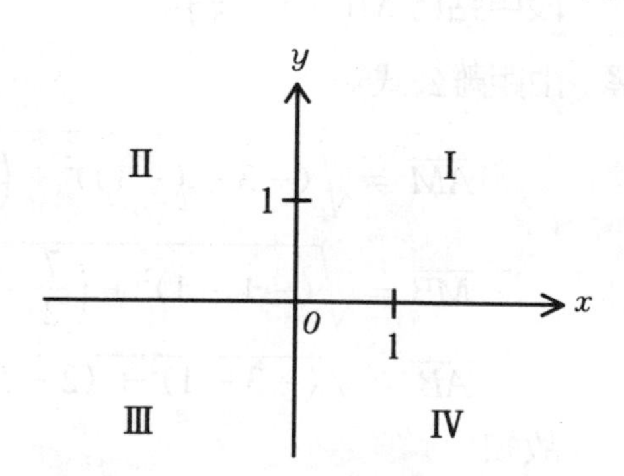

Ⅰ、Ⅱ、Ⅲ及Ⅳ分別稱爲坐標平面的第一、第二、第三及第四**象限**。

由畢氏定理易知，平面上任意二點 $P(x_1,y_1)$，$Q(x_2,y_2)$ 的距離爲

$$\overline{PQ} = \sqrt{(x_1 - x_2)^2 + (y_1 - y_2)^2}\text{。}$$

例 1 核驗平面上三點 $A(-1,2)$，$B(4,2)$，$C(3,4)$ 形成一個直角三角形，並求它的面積。

解 由距離公式知

$$\overline{AB}=\sqrt{(-1-4)^2+(2-2)^2}=5,$$

$$\overline{BC}=\sqrt{(4-3)^2+(2-4)^2}=\sqrt{5},$$

$$\overline{AC}=\sqrt{(-1-3)^2+(2-4)^2}=\sqrt{20}=2\sqrt{5}。$$

因爲$\overline{AB}^2=\overline{BC}^2+\overline{AC}^2$，故由畢氏定理知，$A$，$B$，$C$ 三點成一直角三角形，$\overline{AB}$ 爲斜邊，此三角形的面積爲

$$\triangle ABC=\frac{1}{2}\overline{AC}\times\overline{BC}=5。$$

由距離公式很容易驗證，平面上任意二點 $P(x_1,y_1)$，$Q(x_2,y_2)$ 所定線段$\overline{PQ}$的中點之坐標爲$\left(\frac{x_1+x_2}{2},\ \frac{y_1+y_2}{2}\right)$。

例 2 以距離公式驗證：平面上 $A(-3,2)$，$B(1,5)$ 二點，所定線段中點爲 $M\left(-1,\ \frac{7}{2}\right)$。

解 由距離公式知

$$\overline{AM}=\sqrt{(-3-(-1))^2+\left(2-\frac{7}{2}\right)^2}=\frac{5}{2},$$

$$\overline{MB}=\sqrt{(-1-1)^2+\left(\frac{7}{2}-5\right)^2}=\frac{5}{2},$$

$$\overline{AB}=\sqrt{(-3-1)^2+(2-5)^2}=5。$$

故知

$$\overline{AB}=\overline{AM}+\overline{MB},\ \overline{AM}=\overline{MB},$$

從而知 M 爲 A，B 二點所定線段的中點。

坐標平面上兩點所決定的直線，可以用這二點的坐標，來表出這直線相對於坐標平面的方向。一坐標平面上的直線，它相對於坐標平面的方向，可用直線上的點 P，當橫坐標增大 1 時，對應的直線上的點 Q 之縱坐標與 P 點的縱坐標之差 m 來表出。

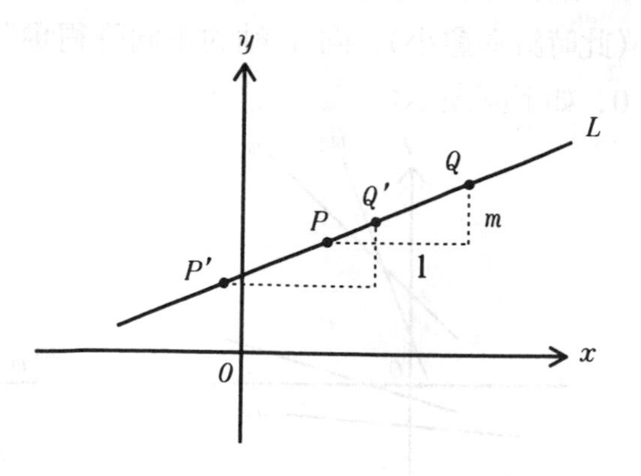

事實上，由幾何性質可知，這 m 並不會因爲 P 點的位置而不同，這一數 m 稱爲這直線的**斜率**。對坐標平面上的兩點 $A(x_1,y_1)$，$B(x_2,y_2)$ 而言，下圖中三角形$\triangle ABC$ 顯然和$\triangle PQR$ 相似，故知

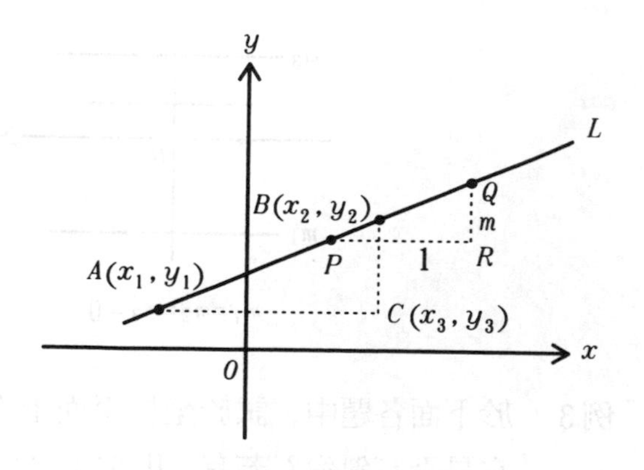

$$\frac{y_2-y_1}{x_2-x_1}=\frac{\overline{BC}}{\overline{AC}}=\frac{\overline{QR}}{\overline{PR}}=\frac{m}{1}=m,$$

從而知兩點 $A(x_1,y_1)$，$B(x_2,y_2)$ 所決定的直線之斜率爲$\frac{y_2-y_1}{x_2-x_1}$。

坐標平面上，垂直於 x 軸的直線，其上各點的橫坐標均相同，無法使橫坐標增大 1，故無斜率可言（事實上，它垂直於 x 軸而不傾斜）。又由斜率定義易知，斜率爲正的直線，當斜率愈大時，向

x 軸的正向升得愈陡；斜率爲負的直線，當斜率的絕對值愈大時(此時斜率愈小)，向 x 軸的正向降得愈陡；而水平線的斜率則爲 0，如下圖所示：

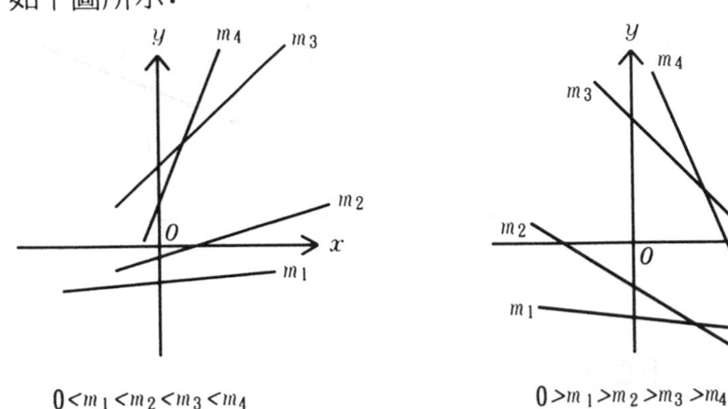

$0<m_1<m_2<m_3<m_4$　　　　$0>m_1>m_2>m_3>m_4$

$m_1=m_2=m_3=0$

例 3　於下面各題中，試於坐標平面上作出 $\overleftrightarrow{AB}$ 直線的圖形，又它是否有斜率？若有，則求出之：

(1) $A(-3,2)$，$B(2,-5)$。

(2) $A(2,2)$，$B(2,-5)$。

(3) $A(1,2)$，$B(4,2)$。

(4) $A(-1,-2)$，$B(-5,-4)$。

解　(1) 直線 $\overleftrightarrow{AB}$ 的圖形如下，斜率爲

$$\frac{-5-2}{2-(-3)}=\frac{-7}{5}。$$

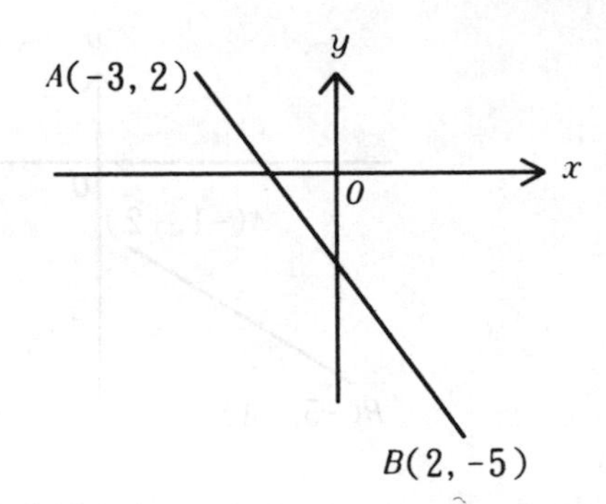

(2) 直線 $\overleftrightarrow{AB}$ 的圖形如下，爲一垂直線故無斜率可言。

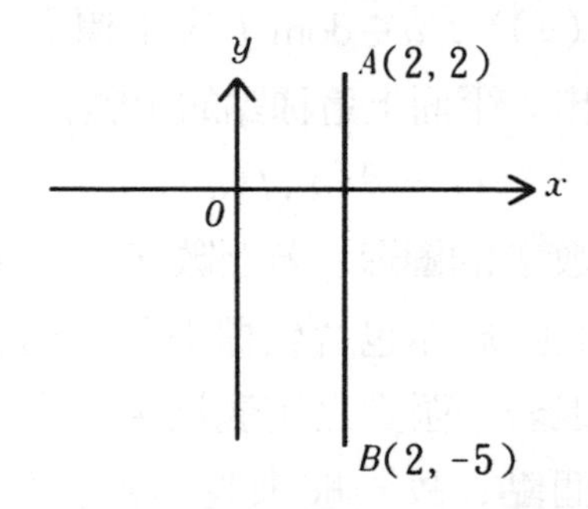

(3) 直線 $\overleftrightarrow{AB}$ 的圖形如下，爲一水平直線故斜率爲

$\frac{2-2}{4-1} = 0$。

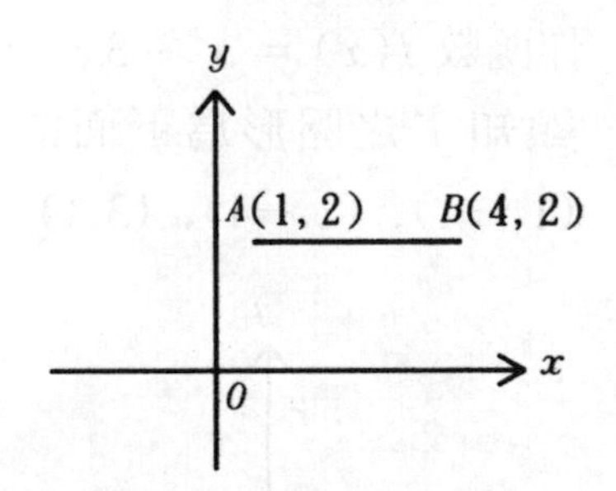

(4) 直線 $\overleftrightarrow{AB}$ 的圖形如下，斜率爲

$$\frac{-4-(-2)}{-5-(-1)} = \frac{-2}{-4} = \frac{1}{2}。$$

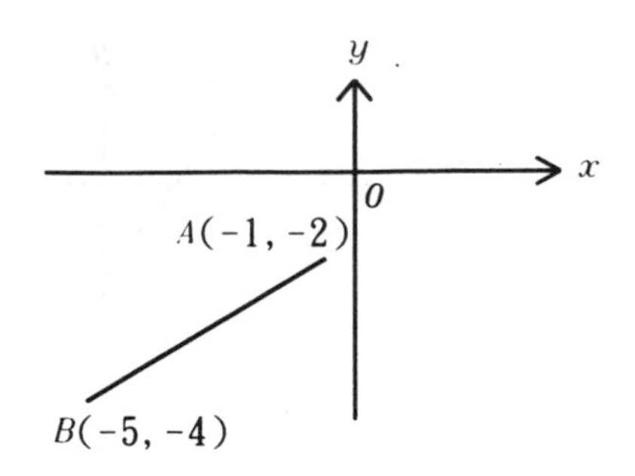

對實值函數 f（譬如，由代數式子定出的函數）而言，由於 $(a, f(a))$，$a \in \mathrm{dom}\, f$ 表坐標平面上的一點，故而可具體的以圖形表出。平面上這種點的全體，記為

$$G = \{(a, f(a)) \mid a \in \mathrm{dom}\, f\},$$

為函數 f 的**圖形**。若函數 f 之定義域包含有限個元素，則由定義知，其圖形亦包含坐標平面上的有限個點，因而理論上可完全描出。但若一函數之定義域中包含無限多元素，則其圖形亦包含無限多個點，故一般來說常無法完全作出。此時，可描出圖形上「足夠」的點，以平滑曲線連結，以表函數圖形的部分近似，這種作圖法即為**描點法**，為一直接簡便的作圖法。

例 4　作函數 $f(x) = x^2 - 3x + 1$，$x \in \{-1, 0, 1, 2, 3\}$ 的圖形。

解　顯知 f 之圖形為下面的各點全體：$\{(-1, 5), (0,1), (1, -1), (2, -1), (3,1)\}$，如下圖

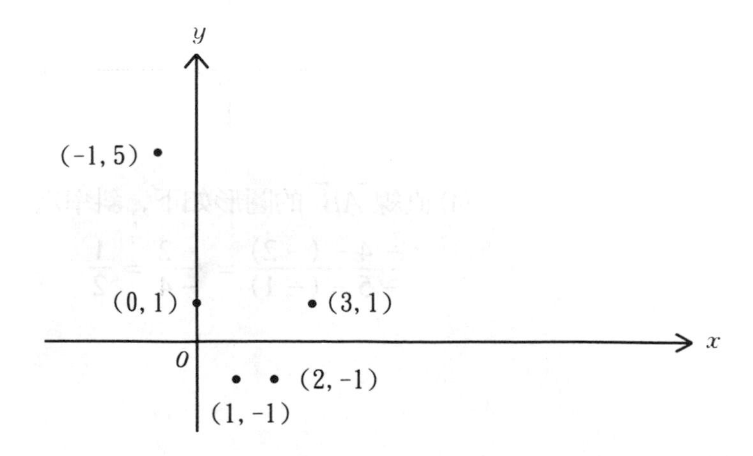

例 5　作函數 $f(x) = -1$ 的圖形。

解　由於函數 $f(x) = -1$ 爲**常數函數**，它對定義域 $\boldsymbol{R}$ 上的每一點之值均同爲 -1，圖形的每一點的縱坐標均爲 -1，從而知它的圖形爲一水平直線如下圖所示：

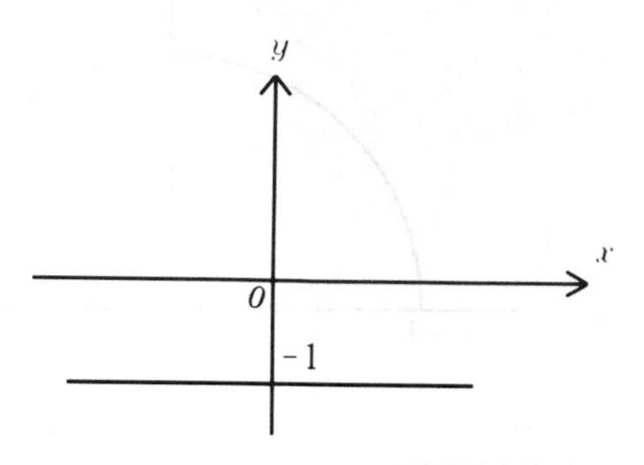

例 6　作函數 $f(x) = \frac{2}{5}x - 1$ 的圖形。

解　由函數圖形的意義知，函數 $f(x) = \frac{2}{5}x - 1$ 的圖形爲一次方程式 $y = \frac{2}{5}x - 1$ 的圖形，爲一直線，因爲 $(0, -1)$，$\left(\frac{5}{2}, 0\right)$ 爲直線上二點，故知圖形如下所示：

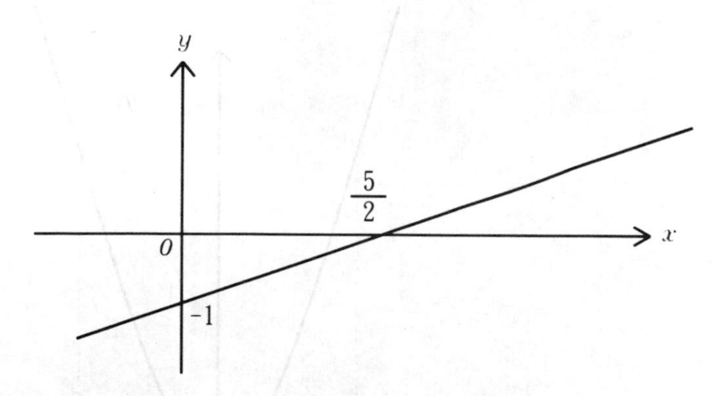

例 7　作下面函數 $f(x) = \sqrt{1 - x^2}$ 的圖形。

解　此函數的定義域爲 $[-1, 1]$。因爲

$$y = f(x) = \sqrt{1 - x^2} \Rightarrow y^2 + x^2 = 1,$$

故知函數的圖形爲以原點爲圓心之單位圓的一部分，又由 $y = \sqrt{1-x^2} \geqq 0$ 知，圖形爲上半圓如下圖所示。

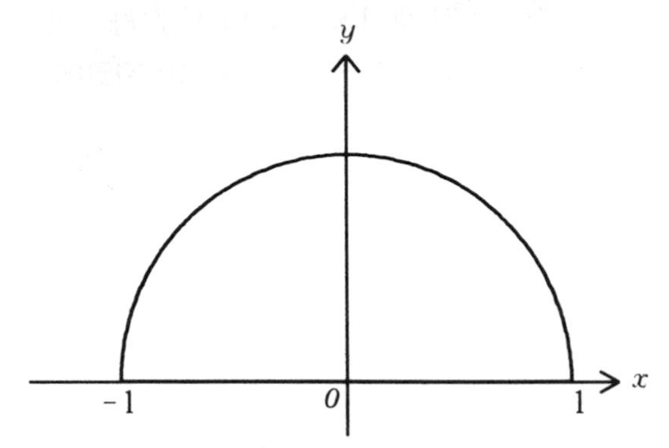

例 8 作下面函數的圖形：$f(x) = x^2$。

解 此函數的定義域爲所有的實數全體 $\boldsymbol{R}$。求出一組數的函數值如下表：

x	-2	-1	-0.5	0	0.5	1	2
$f(x)$	4	1	0.25	0	0.25	1	4

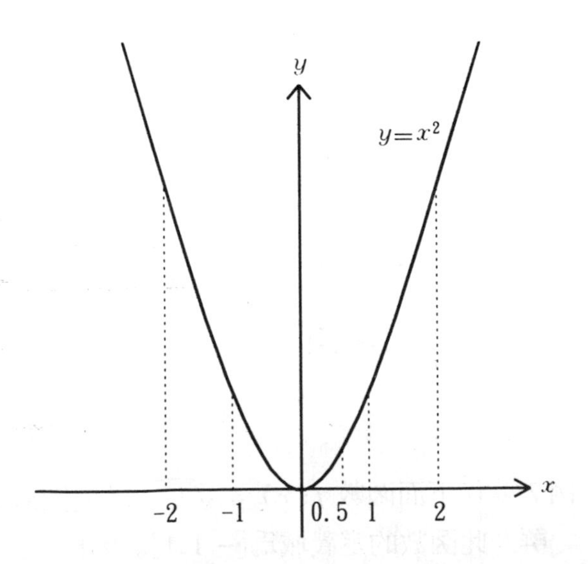

利用描點法作出圖形上的一組點並以平滑曲線連結而得函

數的近似部分圖形，如上圖所示。其中爲作圖方便，兩軸單位長不取相等。

上面例 8 之函數是一具下面形式的二次函數：

$$f(x) = ax^2 + bx + c，a \neq 0$$

於 $a=1$，$b=c=0$ 的情形。二次函數之圖形稱爲**拋物線**。因爲由物理的理論可證明，如果將一物體斜向拋入空中，則該物體運動的軌跡就是一個二次函數的圖形。拋物線是對稱於一直線的曲線，對稱直線就稱爲拋物線的**對稱軸**或**軸**，拋物線和其對稱軸的交點，稱爲拋物線的頂點，如下圖所示：

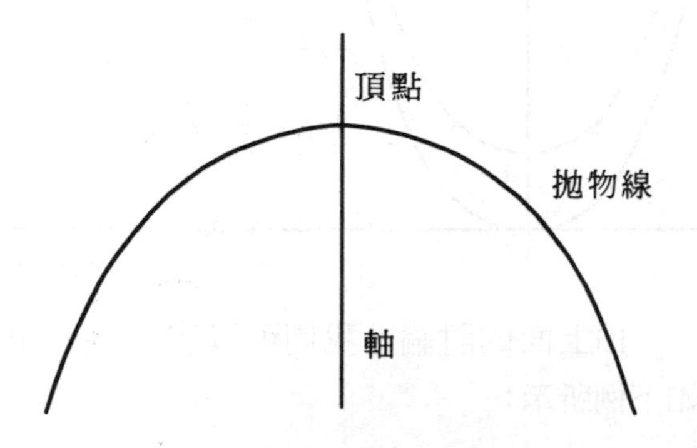

例 8 之圖形，就是以 y 軸爲對稱軸，原點爲頂點，且「開口」向上的拋物線；而函數 $g(x) = -x^2$ 的圖形，則是以 y 軸爲對稱軸，原點爲頂點，但「開口」向下的拋物線。同樣地，函數 $f(x) = ax^2$ $(a \neq 0)$ 的圖形都是以 y 軸爲對稱軸，原點爲頂點的

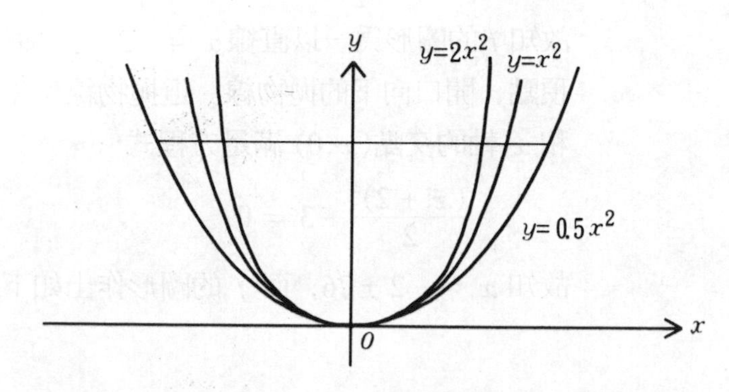

拋物線，當 $a>0$ 時開口向上，當 $a<0$ 開口向下。對函數值 $y=ax^2$ 取定時，如果 $|a|$ 越大，則對應的 $|x|$ 值就越小，所以 $|a|$ 越大時，函數 $f(x)=ax^2$ 的圖形之開口就越窄，如上圖所示。

另外，我們可以很容易了解，將 $y=x^2$ 的圖形向 y 軸的正向移動 4 單位時，即可得函數 $y=f(x)=x^2+4$ 之圖形，如下左圖所示；又如 $y=(x-1)^2$ 的圖形，則可由 $y=x^2$ 的圖形向右移動 1 單位而得，如下列右圖所示。

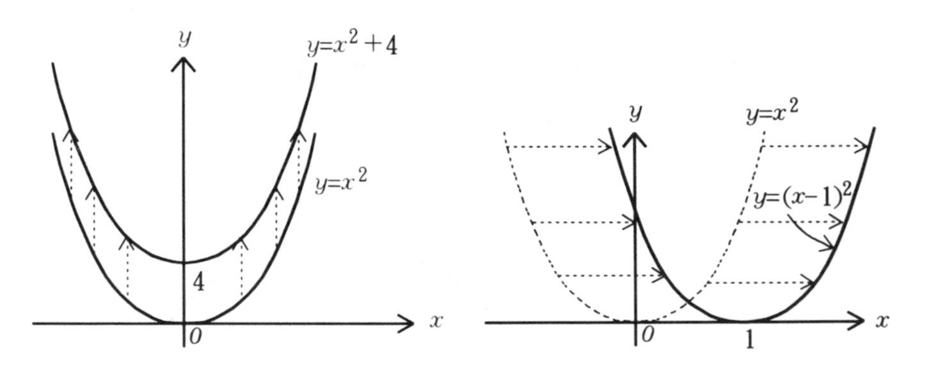

由上面的討論，我們可以容易地作出任何二次函數的圖形，如下例所示：

例 9　作函數 $f(x)=-\dfrac{x^2}{2}-2x+1$ 的圖形。

解　令 $y=-\dfrac{x^2}{2}-2x+1$，配方得

$$y=-\frac{(x+2)^2}{2}+3,$$

故知 f 的圖形爲一以直線 $x=-2$ 爲對稱軸，以點 $(-2,3)$ 爲頂點，開口向下的拋物線。這拋物線和 y 軸的交點爲 $(0,1)$，和 x 軸的交點 $(x,0)$ 滿足方程式

$$-\frac{(x+2)^2}{2}+3=0,$$

故知 $x=-2\pm\sqrt{6}$，而 f 的圖形作出如下：

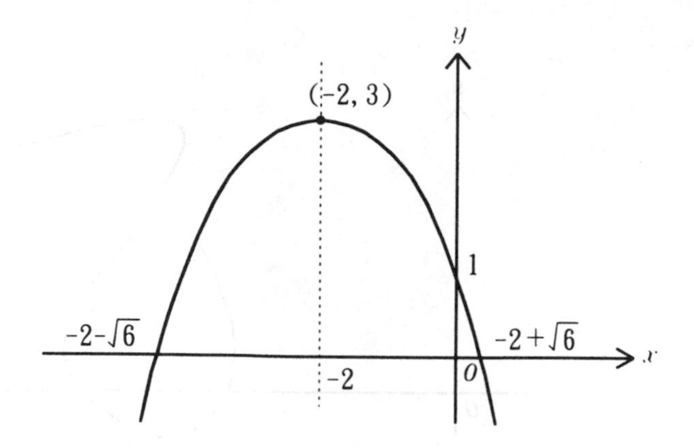

若一函數的圖形爲已知，則對任一 $a \in \mathrm{dom}\ f$ 而言，它的函數值 $f(a)$ 即可由圖形得知。因爲過 x 軸上直線坐標爲 a 的點，作垂直於 x 軸的直線，必與函數圖形交於點 $(a, f(a))$，因此過這一點作垂直於 y 軸的直線，則它和 y 軸之交點的直線坐標即爲 $f(a)$，從而知一函數的圖形甚有助於對此函數的具體認識。

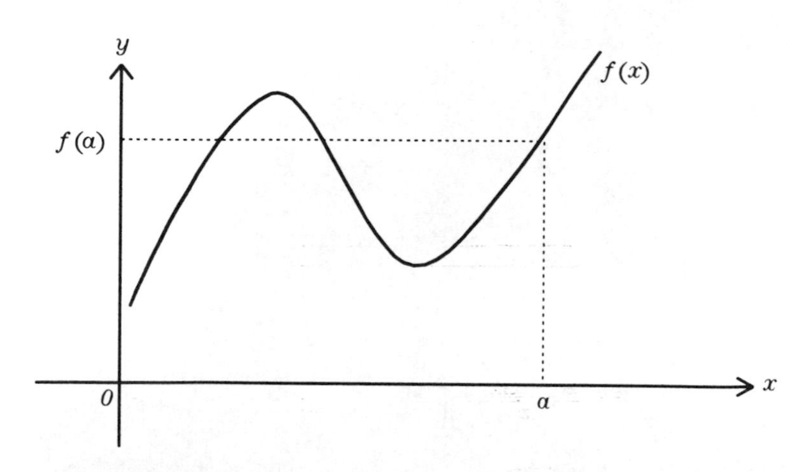

由函數圖形的定義可知，對坐標平面上的一曲線而言，若垂直於 x 軸的直線和這曲線交於兩點或更多點，則這曲線必不爲一函數的圖形：

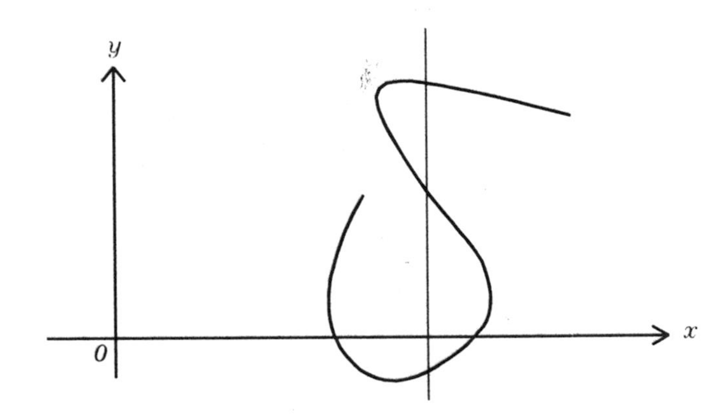

而對坐標平面上的一曲線而言，若垂直於 x 軸的直線與這曲線不交於兩點或更多點，則以這曲線上之點的縱坐標對應於其橫坐標，即可得一函數，且這曲線本身即爲其上述所定之函數的圖形。

習　題

於下面（1～2）題中，驗證 A，B，C 三點成一直角三角形，並求此三角形的斜邊長及面積：

1. $A(1,0)$，$B(-2,3)$，$C(5,4)$
2. $A(6,-1)$，$B(2,3)$，$C(-3,-2)$
3. 設 $A(6,-1)$，$B(2,3)$，求線段 $\overline{AB}$ 上三個四等分點的坐標。

A，B，C 三點共線的充要條件是 $\overleftrightarrow{AB}$ 及 $\overleftrightarrow{AC}$ 二直線有相同的斜率。下面（4～5）題中，檢驗 A，B，C 是否共線：

4. $A(1,3)$，$B(-5,12)$，$C(21,-36)$
5. $A(2,-1)$，$B(5,7)$，$C(-7,-25)$
6. 點 $C(x,y)$ 與 $A(x_1,y_1)$，$B(x_2,y_2)$ 二點共線的充要條件是什麼？
7. 設 $A(x_1,y_1)$，$B(x_2,y_2)$ 爲方程式 $ax+by+c=0$，其中 $b\neq0$，圖形上任意二相異點。證明：$\overleftrightarrow{AB}$ 的斜率爲 $-\dfrac{a}{b}$。從而知方程式 $ax+by+c=0$，表斜率爲 $-\dfrac{a}{b}$ 的直線。
8. 設 $A(x_1,y_1)$，$B(x_2,y_2)$ 爲平面上兩點，證明：$C(x,y)$ 在 A，B 連線上的充要條件爲 $C(x,y)$ 滿足下面的方程式：

$$(y-y_2)(x_2-x_1)=(x-x_2)(y_2-y_1),$$

此 A，B 連線的方程式，稱爲 A，B 連線的**兩點式**。

利用第 8 題的方程式，求下面各題（9～12）中 A，B 連線的兩點式：

9. $A(-2,1)$，$B(3,2)$
10. $A(4,-1)$，$B(5,-1)$
11. $A(3,2)$，$B(3,-4)$
12. $A(2,1)$，$B(3,-2)$
13. 設直線 L 過點 $P(-3,2)$，且斜率爲 -4，證明：(x,y) 在 L 線上的充要條件 (x,y) 滿足下面的方程式：

$$y-2=-4(x-(-3))。$$

14. 設直線 L 過點 $P(0,k)$，且斜率為 m，證明：(x,y) 在 L 線上的充要條件 (x,y) 滿足下面的方程式：$y=mx+k$。此方程式，稱 L 的**斜截式**，k 稱為 L 的 y 截距。

仿第 14 題，於下面各題（15～17）中求過 A 點而斜率為 m 的直線之方程式：

15. $A(3,4)$，$m=-2$

16. $A(-1,-3)$，$m=\dfrac{2}{5}$

17. $A(-2,0)$，$m=0$

下面各題（18～20）中，求方程式所表之直線的斜截式，並求直線的斜率和 y 截距：

18. $3x-5y=7$

19. $2x+y-3=0$

20. $4x+3y=0$

於下面各題（21～26）之圖形，是否可為一函數的圖形？何故？

21.

22.

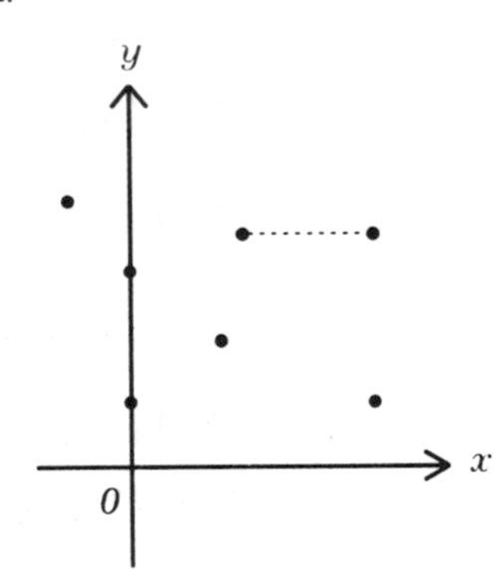

23.

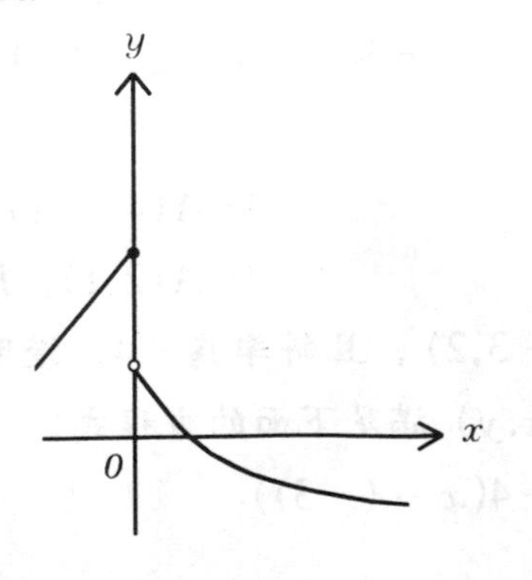

24.

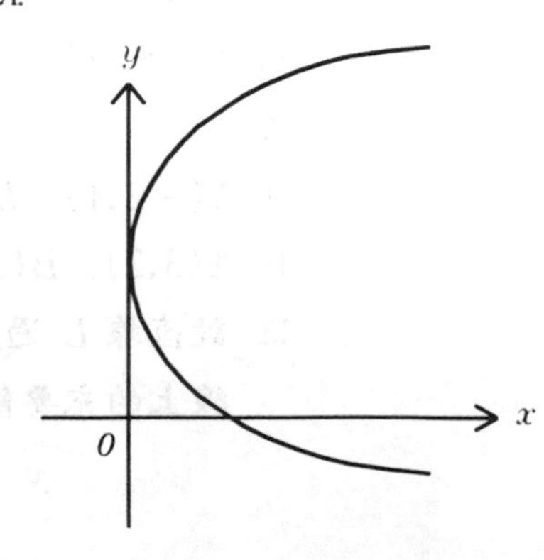

25.

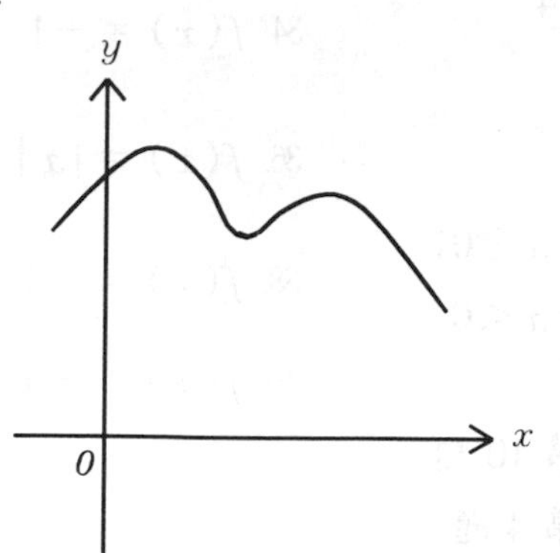

26.

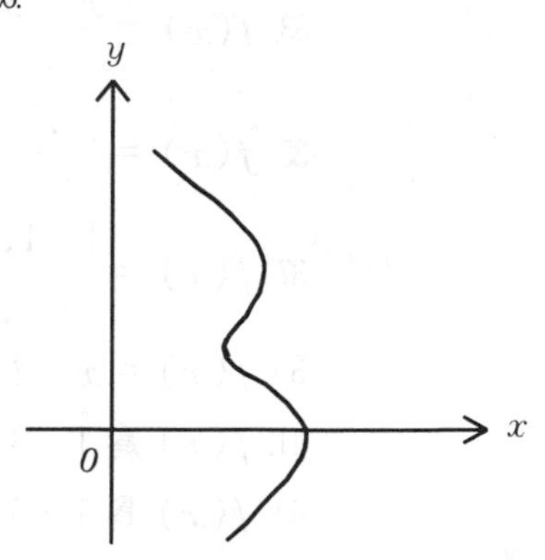

27. 下圖爲函數 f 的圖形，求 $f(x)$，並求 $f(-4)$，$f(-1)$，$f(2)$，$f(6)$，$f(9)$。

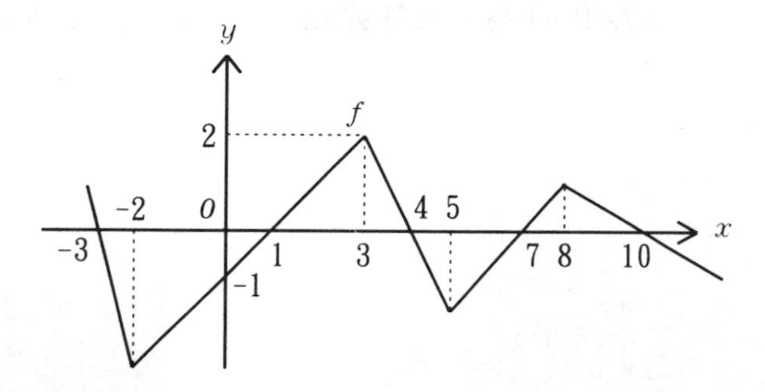

28. 設 f 爲一實函數，且 $\mathrm{dom}\, f = \boldsymbol{R}$。若 $f(-x) = f(x)$，$x \in \mathrm{dom}\, f$，則稱 f 爲**偶函數**；若 $f(-x) = -f(x)$，$x \in \mathrm{dom}\, f$，則稱 f 爲**奇函數**。於下面各題條件下，問 $f \cdot g$，$f \circ g$，$g \circ f$ 各爲偶函數或奇函數？

(1) f，g 均爲奇函數。　　(2) f，g 均爲偶函數。

(3) f 爲奇函數，g 爲偶函數。

29. 怎樣的函數既爲奇函數又爲偶函數？試舉一既不爲奇函數又不爲偶函數的函數。

30. 偶函數的圖形有怎樣的特色？奇函數的圖形有怎樣的特色？

作出下面各函數的圖形（31～44）：

31. $f(x) = -2x + 3$　　32. $f(x) = 3x + 2$

33. $f(x)=\dfrac{x^2-3x-4}{x+1}$

34. $f(x)=-1$

35. $f(x)=\dfrac{\sqrt{x^2}}{x}$

36. $f(x)=|x|$

37. $f(x)=\begin{cases} 1，當 x \geqq 0； \\ -1，當 x<0。\end{cases}$

38. $f(x)=-2x^2+3$

39. $f(x)=x-2x^2$

40. $f(x)=-x^2+4x-1$

41. $f(x)$ 爲 1－3 節第 10 題。

42. $f(x)$ 爲 1－3 節第 4 題。

43. $f(x)$ 爲 1－3 節第 3 題。

44. $f(x)=\max\{3x, x^2+1\}$

（其中 44 題中之符號 $\max\{a, b\}$ 表 a，b 二者之大者）

1－5　可逆函數

在前面，我們曾將函數看作是能對某種「原料」產生作用，製出「產品」的機器。在此我們要介紹的是，某種特別的函數，它有某種相對應的函數，具有抵消原有函數之作用的功能。也就是說它能將原來函數之「產品」還原爲投入的「原料」。在這裡我們要用對應的概念來說明。

若函數 f 將定義域中的任二相異的元素，均對應到不同的像，則稱這樣的函數爲**一對一函數**，也就是說

$$f \text{ 爲一對一} \Leftrightarrow (x, y \in \operatorname{dom} f, x \neq y \Rightarrow f(x) \neq f(y))$$
$$\Leftrightarrow (f(x) = f(y) \Rightarrow x = y)。$$

譬如，$f(x) = 5x + 2$ 爲一對一函數，因 $f(x) = f(y) \Rightarrow 5x + 2 = 5y + 2 \Rightarrow x = y$。設一函數 f 爲一對一，則由一對一函數的定義可知，對 $\operatorname{ran} f$ 中的任一元素 y 而言，在 $\operatorname{dom} f$ 中有唯一的元素 x 使 $f(x) = y$。若令此 x 對應於 y，則得一以 $\operatorname{ran} f$ 爲定義域的函數。由於這樣的函數由 f 唯一確定，故以 f^{-1} 表之，即

$$f^{-1}: y \longrightarrow x,\ y \in \operatorname{ran} f\ (\text{其中 } x \in \operatorname{dom} f,\text{ 且 } f(x) = y)。$$

如下圖所示：

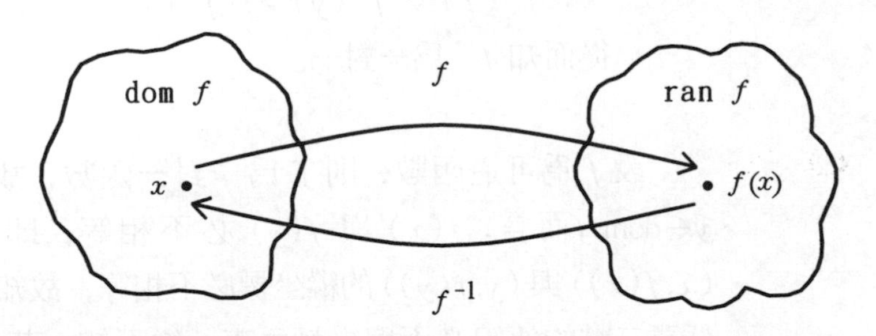

即知

$$f^{-1} \circ f(x) = x,\ x \in \operatorname{dom} f;$$
$$f \circ f^{-1}(x) = x,\ x \in \operatorname{ran} f。$$

亦即知合成函數 $f \circ f^{-1}$，$f^{-1} \circ f$ 分別爲定義於 $\operatorname{ran} f$ 及 $\operatorname{dom} f$ 上的

恆等函數（把定義域中的元素投射到它自己的函數）。函數 f^{-1}稱爲 f 的**反函數**，而稱 f 爲**可逆**。易知，函數 f 爲可逆時，它的反函數 f^{-1}也爲一對一（見例 2），故而也爲可逆，且它的反函數 $(f^{-1})^{-1}=f$。

例 1　函數 $f(x)=3x-5$ 是否爲可逆？若爲可逆，則求它的反函數。

解　因爲

$$f(x)=f(y)\Rightarrow 3x-5=3y-5\Rightarrow x=y,$$

即知 f 爲一對一，故知 f 爲可逆。它的反函數 f^{-1} 把原來函數之任意函數值 $y=f(x)$ 還原爲 x，也就是 $f^{-1}(y)=x$。從而由 $f(x)=y$，即得

$$f(f^{-1}(y))=3(f^{-1}(y))-5=y,$$

$$f^{-1}(y)=\frac{y+5}{3},$$

爲所求的反函數。

例 2　設函數 f 爲一對一，證明：f^{-1} 也爲一對一。

證　對任意 x，$y\in \mathrm{dom}\, f^{-1}=\mathrm{ran}\, f$ 而言，

$$f^{-1}(x)=f^{-1}(y)\Rightarrow f(f^{-1}(x))=f(f^{-1}(y))\Rightarrow x=y$$

從而知 f^{-1} 爲一對一。

設 f 爲可逆函數，則 f 爲一對一函數，故對不等之任意 x，$y\in\mathrm{dom}\, f$而言，$f(x)$ 與 $f(y)$ 必不相等，即 f 之圖形上二點 $(x,f(x))$ 與 $(y,f(y))$ 的縱坐標必不相等，故知可逆函數之圖形上任意二點的連線必不與縱軸垂直。從而知，若有一與縱軸垂直的直線，和函數圖形的交點多於一點，這函數必不爲可逆。譬如下面左圖爲可逆函數的圖形，而右圖則否。

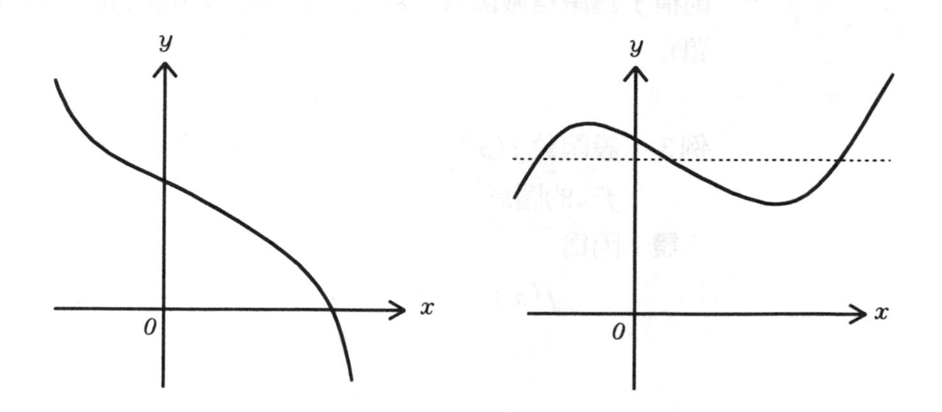

如前所述我們往往可由函數的圖形，判斷此函數是否爲可逆。在此我們更要提到，可由一可逆函數的圖形，作出其反函數的圖形。當坐標平面上，兩軸的單位長相等時，可逆函數 f 及其反函數 f^{-1}的圖形，是對直線 $y=x$ 爲對稱的。如下圖所示。關於這點的證明，在此則從略。

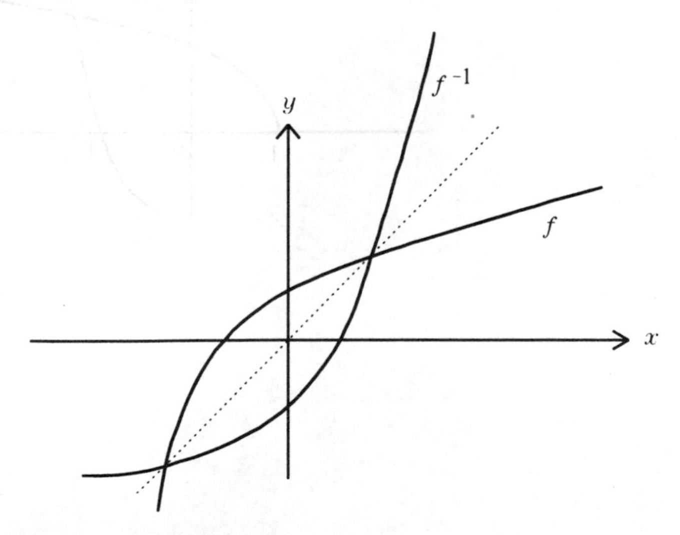

對實函數 f 而言，若

$$x < y \Rightarrow f(x) < f(y),$$

則稱 f 爲**嚴格增函數**；若

$$x < y \Rightarrow f(x) > f(y),$$

則稱 f 爲**嚴格減函數**。易知，嚴格增減函數均爲可逆（見習題第 1 題）。

例 3　設函數 $f(x)=x^2-1$，$x>0$，證明 f 爲可逆，並作出 f 與 f^{-1} 的圖形。

證　因爲

$$
\begin{aligned}
f(x)=f(y) &\Rightarrow x^2-1=y^2-1,\ x,y>0\\
&\Rightarrow (x+y)(x-y)=0,\ x,y>0\\
&\Rightarrow x=y,
\end{aligned}
$$

故知 f 爲一對一函數，從而知 f 爲可逆函數，f 與 f^{-1} 的圖形作出如下：

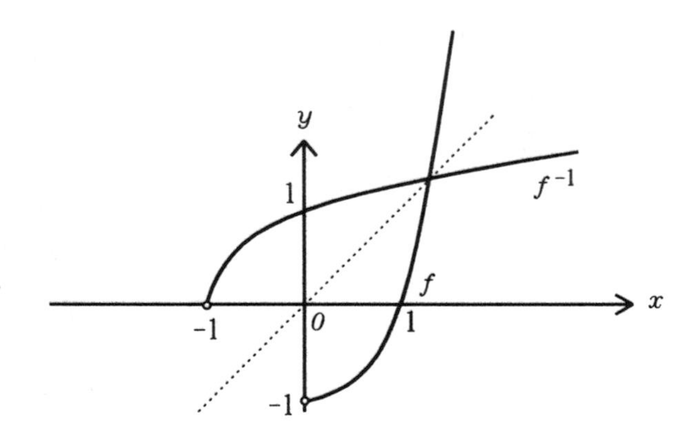

習　題

1. 證明嚴格增（減）函數爲可逆，且其反函數亦爲嚴格增（減）函數。

下面各題（2～5）的圖形，是否爲可逆函數的圖形？若爲可逆函數的圖形，則於同一坐標平面上作出它及它的反函數的圖形：

2.

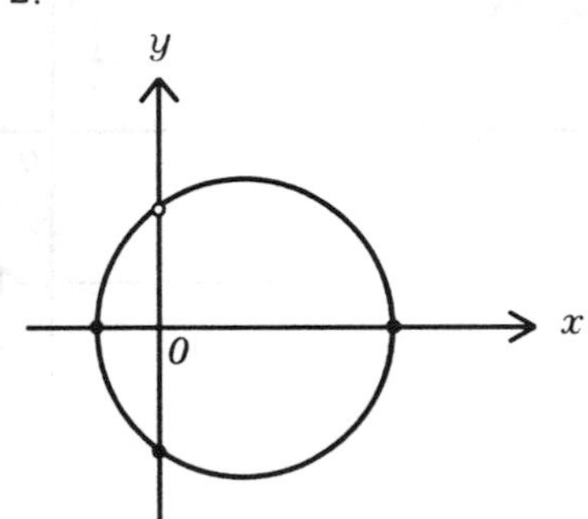

3.

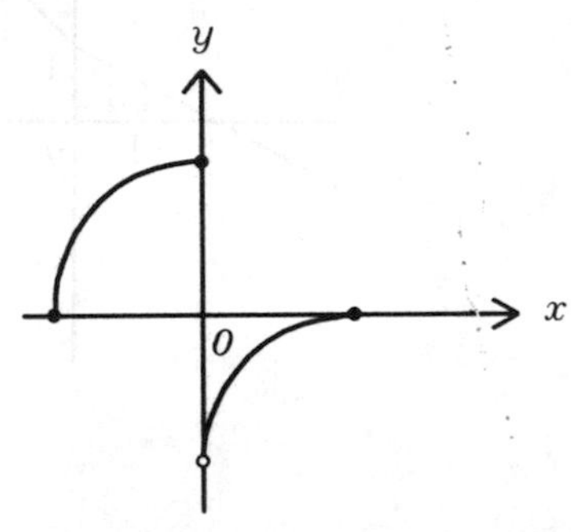

4.

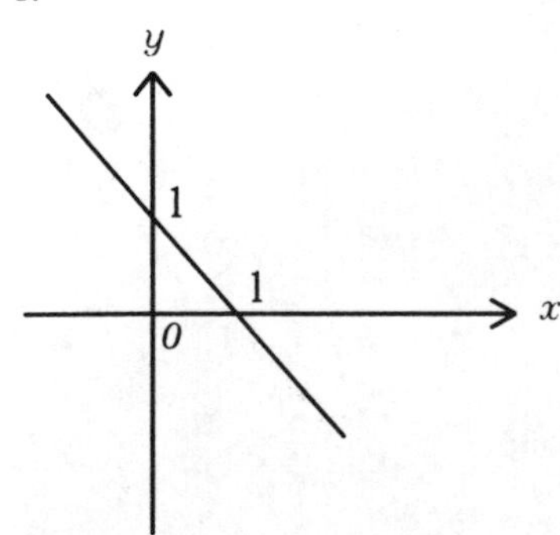

5.

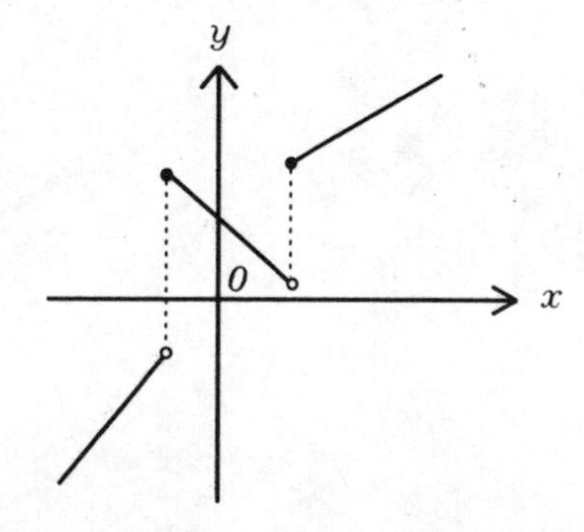

試證下列各題（6～11）之函數均爲可逆。求各函數的反函數，並在同一坐標平面上作出它和它的反函數的圖形：

6. $f(x)=5x+4$

7. $g(x)=-x+3$

8. $h(x)=-2x^2+3$，$x\geqq 0$

9. $k(x)=\sqrt{2x+1}$，$x\geqq 0$

10. $m(x)=\sqrt[3]{x-1}$

11. $n(x)=\dfrac{1+x}{x}$，$x>0$

12. 設 f，g 均爲可逆函數，證明 $f \circ g$ 亦爲可逆函數。

13. 設 f，g 之圖形如下：求 $f \circ g\,(0)$，$g \circ f\,(0)$，$f \circ g\,(1)$，$g \circ f\,(1)$，$f \circ g\,(-1)$，$g \circ f\,(-1)$，$f^{-1} \circ g\,(5)$，$f^{-1} \circ g\,(0)$，$f^{-1} \circ g\,(-4)$，$g \circ f^{-1}\,(-1)$，$g \circ f^{-1}(3)$，$g \circ f^{-1}\left(\dfrac{1}{2}\right)$。

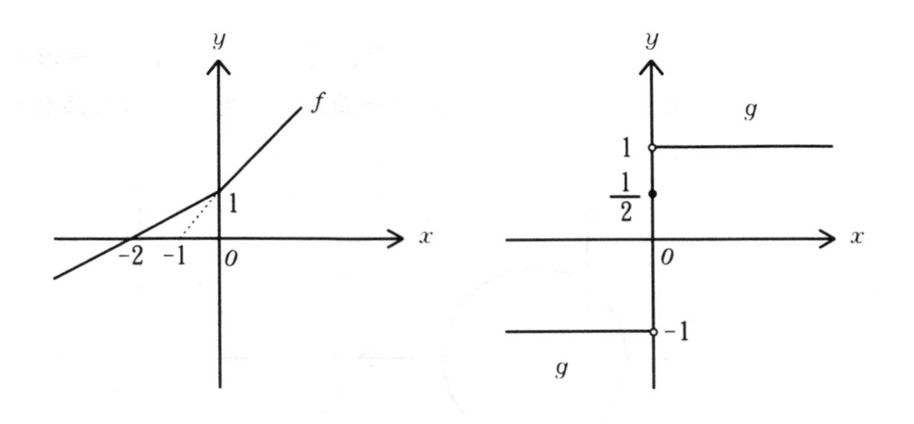

1－6　函數的應用

函數在許多領域上有廣泛的應用，本節下面將舉數例以為說明，並藉以介紹一些相關的概念。

生產總成本：

通常一公司在一定時間內，生產一種物品的**總成本**可分為兩大項，即**固定成本**及**變動成本**。固定成本常指生產設備的設置成本，此一成本與生產的物品數量無關；而變動成本則指因生產物品而遭致的成本，通常此一成本都因產品數量的增加而增加。若以 TC 表總成本，以 FC 表固定成本，以 VC 表變動成本，以 x 表產品的數量，則

$$TC(x) = FC + VC(x)。$$

例 1　設某公司生產某產品的固定成本為 10,000 元，每一單位產品的製造成本為 25 元，並且售價為 33 元時，所生產的產品可賣光。試求：

⑴ 總成本函數 TC。

⑵ 總收入函數 TR。

⑶ 淨收益函數 NP。

⑷ 至少生產多少產品，可使這公司不致虧本？

⑸ 生產量為 x 個時，每個產品的平均成本為何？

解　⑴ 易知總成本函數為

$$TC(x) = 10,000 + 25x。$$

⑵ 總收入函數為

$$TR(x) = 33x。$$

⑶ 淨收益函數為

$$\begin{aligned} NP(x) &= TR(x) - TC(x) \\ &= 33x - 10,000 - 25x \end{aligned}$$

$$= 8x - 10,000。$$

(4) 所求的 x 應滿足 $NP(x) \geqq 0$，即 $x \geqq 1,250$。

(5) 生產 x 個的單位平均成本爲

$$AV(x) = \frac{TC(x)}{x} = \frac{10,000}{x} + 25。$$

上例(4)中所求的生產量 x，乃淨收益爲 0 的數目，乃表賺回固定成本的生產量，這可由下式看出：

$$設\ TC(x) = FC + kx,\ TR(x) = px\ ,$$

則

$$NP(x) = 0 \Rightarrow TR(x) - TC(x) = 0$$
$$\Rightarrow FC + kx - px = 0$$
$$\Rightarrow x = \frac{FC}{(p-k)}。$$

這一生產量稱爲**破均衡點**。

直線折舊：

資產或設備常因年久老舊不堪使用，而需要更新。通常企業界對於昂貴的更新費用，多藉設立一個折舊基金，由每年的利潤撥出部分，稱爲**折舊**，置於折舊基金，以應來日所需。在稅負上，資產設備的購置，可以分年折舊。在法定的折舊法中，最簡單的乃所謂的直線折舊法，即對使用設備所遭致的花費，可依其使用年限 D 平均每年折舊，若此設備的購置金額爲 C，而 D 年後，此設備的**殘值**爲 S，則每年的折舊爲$\frac{C-S}{D}$。當然，使用年限及殘值並無法事先知曉，而須預作評估。在折舊的概念下，此設備使用 t 年後的**簿面價值**爲

$$B(t) = C - \frac{(C-S)t}{D},\ 0 \leqq t \leqq D。$$

例 2 設某公司新購設備價值 270,000 元，估計使用 10 年，並以 45,000 元的殘值售出，試以直線折舊法列出這設備各年的

簿面價值，及累計折舊金額。

解　此題中 $C = 270,000$，$D = 10$，$S = 45,000$，

故年折舊$\dfrac{C-S}{D} = 22,500$。而得下表：

第 t 年末	年折舊	累計折舊	簿面價值
1	22,500	22,500	247,500
2	22,500	45,000	225,000
3	22,500	67,500	202,500
4	22,500	90,000	180,000
5	22,500	112,500	157,500
6	22,500	135,000	135,000
7	22,500	157,500	112,500
8	22,500	180,000	90,000
9	22,500	202,500	67,500
10	22,500	225,000	45,000

市場供需問題：

在某一固定時期內，顧客對某物品（或服務）所願（或所能）承購的量，稱爲該物品（或服務）的**市場需求量**。一般來說，一物品的市場需求量爲該物品價格的函數，但它亦受許多其他因素的影響，譬如，雨傘的需求受氣候情況的影響。此外顧客的所得，喜惡的癖好，相關且競爭物品的價格等，亦與之相關。但爲使討論簡便起見，常將價格以外的諸因素，視爲恆常不變。通常的情形是，價格的提高會導致需求量減低，即需求爲價格的減函數，這是因爲價格的提高，不僅造成全面購買力的降低，同時亦可能造成顧客尋求其他物品作替代。

至於一物品的**市場供給量**，乃指在一固定期間內，其他諸因素恆常的情況下，生產者願意提供出售的物品數量。顯然，供給

量爲價格的增函數，因爲較高的價格，自會引起多事生產以供所求的意願。眞正的物價，實由可能的顧客及同業公司間的交互活動而決定。在此，我們要舉出兩個極端的例子以爲說明。其一是，同業公司可能很多，以致任何一家公司，均無法在價格或產量上，造成對整個市場供給量的重大影響。另一個極端是，供給的公司僅有一家，因而它能完全控制價格與供給量，這一極端的結構，稱爲**專賣**（壟斷）。

例3　某公司生產一種產品，其單位價格爲 p，而市場需求量 $D(p)$ 與市場供給量 $S(p)$ 則如下二函數所示：

$$D(p) = 36 - \frac{p^2}{4}，S(p) = 5p - 20。$$

試將此二函數圖形畫於同一坐標平面上，並求二圖形交點的坐標。

解　因爲價格 $p \geqq 0$，且供應與需求量 $S(p)$，$D(p)$ 亦應均 $\geqq 0$，故圖形在第一象限內。易知需求函數爲拋物線的部分，爲一減函數；供給函數則爲直線的一部分，且爲增函數作圖如下：

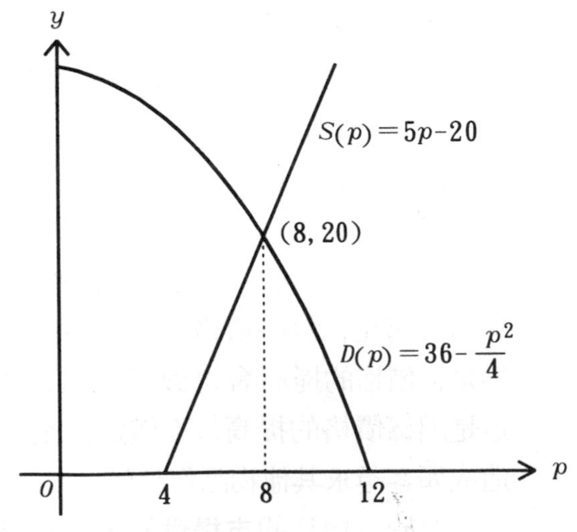

上例中，若產品的售價 p 大於8，則因價格好，供給量乃告增加，而消費者則因價格升高，致需求量減低，以致造成供過於求；反之，若價格小於8，則會造成供不應求的現象。經濟上，供與求互相調整的結果，售價當在8元始能均衡。而上述的調整現象，就是經濟上的基本的**供需律**。一般而言，一物品的供給與需求函數之圖形的交點所對應的價格，乃稱為**均衡價格**，為此物品的**市場價格**。

其他的例子

例4 某地計程車費率，不考慮計時的情形是：起程1.5公里之內為35元，其後每次跳表為5元，可走0.4公里。(1)試將車資表為里程的函數。(2)分別求乘坐$\frac{5}{4}$公里，8.7公里及12.5公里的車資。(3)車資為165元時，約搭乘多遠的距離？

解 (1)設車行 x 公里的車資為 $f(x)$，則

$$f(x)=\begin{cases}35, & x\in[0,1.5);\\ 40, & x\in[1.5,1.9);\\ \quad\vdots\end{cases}$$

故知

$f(x)=35$，當 $x\in[0,1.5)$；

$f(x)=35+5(n+1)$，

當 $x\in[1.5+0.4n,1.5+0.4(n+1))$，

$n\geqq 0$

(2)故知所求 $f\left(\frac{5}{4}\right)=35$；又因

$$1.5+0.4n\leqq 8.7<1.5+0.4(n+1)\Leftrightarrow n=18,$$

故知 $f(8.7)=35+5(18+1)=130$；又，

$$1.5+0.4n\leqq 12.5<1.5+0.4(n+1)\Leftrightarrow n=27,$$

故知 $f(12.5)=35+5(27+1)=175$。

(3)因為

$$165=f(x)=35+5(n+1),$$

$\Leftrightarrow x \in [1.5 + 0.4n, 1.5 + 0.4(n+1))$,

$n + 1 = 26$, $n = 25$。

故知 $x \in [1.5 + 0.4(25), 1.5 + 0.4(26))$，即約搭乘 11.5 至 11.9 公里之間。

例 5 設有一正方形的紙板，邊長爲 30 公分，想從它的四角截去四個邊長爲 x 公分的小正方形，以便製成一個無蓋的盒子，求所製成之盒子的體積。

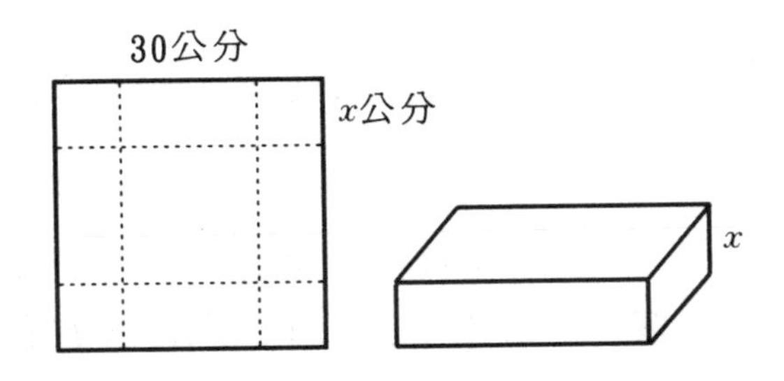

解 易知，盒子的底爲邊長 $30 - 2x$ 公分的正方形，而高爲 x 公分，故知所求的體積爲 $v = (30 - x)^2 x$ 立方公分。

習　題

1. 某人於 1985 年初創業時，其企業值 500,000 元，此後每月的平均收入爲 45,000 元，平均支出爲 22,000 元，不計利息，試求創業 t 個月後，此企業的價值 $W(t)$，並求 1990 年底時，此企業值多少？
2. 一家書店作結束營業大拍賣，每本書售價 450 元；若買 5 本，則每本售價爲 420 元，若買 10 本，則每本售價爲 400 元，若買 10 本以上，則超過的部分每本售價爲 350 元。求購買 x 本書的費用函數 $C(x)$。
3. 一個燈具製造公司的製造固定成本爲 10,000 元，每具的製造成本爲 250 元，問

   ⑴若製造 1,200 具，則每具的平均製造成本爲何？

   ⑵若製造 x 具，則每具的平均製造成本爲何？

   ⑶若每具的售價較製造成本高出三成（30%），則製造 x 具時，每具的售價爲何？
4. 一公司製造某種產品的開工成本爲 2,000 元，每製造一產品的成本爲 2.75 元，每個售價爲 4 元，求總成本及淨收益函數，並求這一生產的破均衡點。
5. 設一公司生產一物品的固定成本爲 FC，生產一物品的變動成本爲 k，售價爲 p，證明此一生產的破均衡點，乃平均單位生產成本爲 p 的生產量。
6. 某公司製造 x 單位產品時，可得淨收益爲

   $$NP(x) = -x^2 + 60x - 500,$$

   ⑴試作出 $NP(x)$ 的圖形。

   ⑵求此生產的破均衡點。

   ⑶生產爲何時，會遭致損失？

(4)製造多少個時，可得最大淨利?

7. 設某公司新購設備價值 450,000 元，估計使用 12 年，以至殘值爲 0 作廢爲止。公司打算以直線折舊法處理此一設備。

(1)求出年折舊費。

(2)仿例 2，列出這設備各年的簿面價值，及累計折舊金額。

(3)求出表此設備使用 t 年後的簿面價值之函數。

8. 某旅館購買一批傢俱值 1,860,000 元，打算每年以 21,750 元以直線折舊法折舊，並計劃 8 年後汰舊換新。

(1)這批傢俱在 8 年後的殘值爲何?

(2)求出表此批傢俱使用 t 年後的簿面價值之函數。

9. 設供給函數爲 $S(p) = p^2 + 2p - 7$，需求函數爲 $D(p) = -p^2 + 17$。試將二函數之圖形畫於同一坐標平面上，並求其均衡價格及在此價格下的供給量。

10. 設供給函數爲 $S(p) = \dfrac{10}{p}$，需求函數爲 $D(p) = p - 3$。試將二函數之圖形畫於同一坐標平面上，並求其均衡價格及在此價格下的供給量。

11. 設市場上某種魚的價格每公斤 p 元時，一般顧客的需求量爲每天 $D(p) = \dfrac{43,200}{p-90}$ 公斤，而就此一價格而言，魚市場每天的供給量爲 $S(p) = 2p - 390$ 公斤。試將供需二函數之圖形畫於同一坐標平面上，並求其均衡價格及在此價格下此種魚每天的銷售量。設由於此種魚的大量捕獲，使得在此價格下此種魚的每天供應量提高爲 $2p - 210$ 公斤，試求新的均衡價格。

12. 假設某公賣物品每週的需求量 x 爲其單位售價 p 的函數如下:

$$x = D(p) = 3,000 - 50p,$$

試將每週的販賣收入表爲需求量 x 的函數 $R(x)$。

13. 某觀光飯店每一單人套房每天租金爲美金 80 元，而對團體大量的租住，則有特價優待，規定租住 5 間以上時，每多一間每房租金減少美金 4 元，但最低不得少於美金 40 元。

對有人居住的房間而言，此飯店每天需花費美金 6 元的清洗整理費用。問

(1)租 12 間套房時，每間租金爲何?

(2)租 28 間套房時，每間租金爲何?

(3)設一個團體租住套房 x 間，試將總租金 $R(x)$ 及淨利 $P(x)$ 表出，並作出 $P(x)$ 的圖形。

14. 要將可圍 200 公尺長的籬笆，圍成兩個相鄰共用一邊且大小相等的矩形空間，如下圖，試將圍得的區域之面積，表爲圖中矩形邊長 x(公尺) 的函數，並求所能圍得的最大面積。

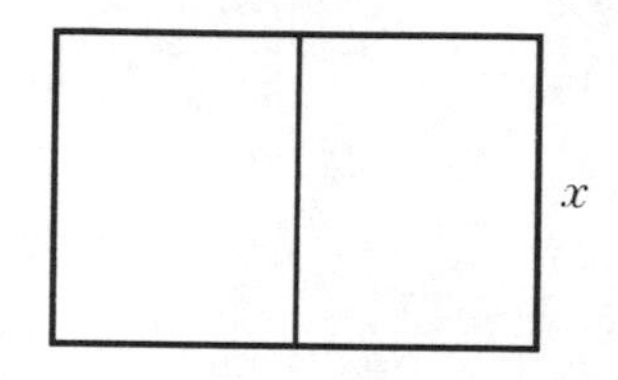

15. 設一長方體的盒子的底爲一邊長 x 的正方形，它的體積爲 200，試將它的表面積表爲底邊長 x 的函數。

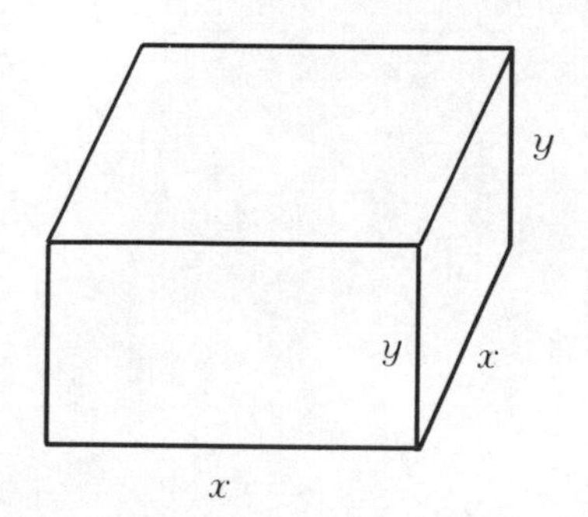

第二章　導函數

2-1　函數的平均變率，曲線的斜率

微積分課程要探討的主要課題之一，就是函數的變化情形。一般來說，一函數隨著自變數的變動，函數值就跟著變動。以函數 $f(x)$ 來說，當自變數 x 有一個增量 Δx 時，函數值從 $f(x)$ 變爲 $f(x+\Delta x)$，而有一函數值的增量

$$\Delta f(x,\Delta x) = f(x+\Delta x) - f(x),$$

稱爲自變數自 x 有一增量 Δx 時，函數值的**差分**，可以簡記爲 Δf。差分 Δf 和自變數的增量 Δx 的商$\dfrac{\Delta f}{\Delta x}$，稱爲函數 f 在自變數從 x 變動到 $x+\Delta x$ 之間的**平均變率**。當函數爲**線性函數**（圖形爲直線的函數）$f(x)=ax+b$ 時，對任意的 x 和 Δx 而言，

$$\frac{\Delta f}{\Delta x} = \frac{[a(x+\Delta x)+b]-(ax+b)}{\Delta x} = a,$$

爲一常數，爲表 $f(x)$ 之圖形的直線 $y=ax+b$ 之斜率；當函數爲一般的函數時，平均變率通常會因 x 和 Δx 的變動而改變，關於這點，可從幾何意義而了解。

由次頁圖可知，平均變率 $\dfrac{\Delta f}{\Delta x}$ 表 f 的圖形上二點 $P(x,f(x))$，$Q(x+\Delta x,f(x+\Delta x))$ 的連線（稱爲 f 圖形的一個**割線**）的斜率。當 Δx 變小，Q 點即沿著 f 的圖形向 P 點接近，此時割線以 P 點固定而轉動。若 Δx 任意變小，則割線即轉動而貼附於圖上的

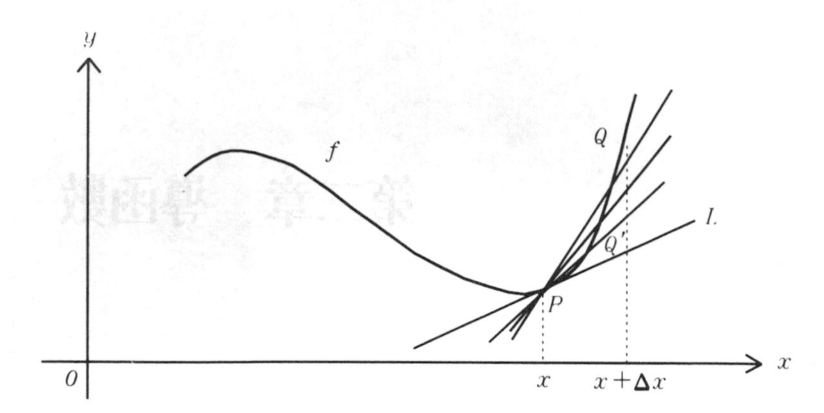

直線 L。我們稱直線 L 爲 f 的圖形在 P 點處的**切線**，而 L 的斜率則稱爲 f 的圖形在 P 點處的**斜率**。

例 1　求函數 $f(x)=x^2$ 之圖形在它上面各點的斜率。

解　首先求出平均變率

$$\frac{\Delta f}{\Delta x}=\frac{f(x+\Delta x)-f(x)}{\Delta x}=\frac{(x+\Delta x)^2-x^2}{\Delta x}$$
$$=\frac{\Delta x(2x+\Delta x)}{\Delta x}=2x+\Delta x,$$

當 Δx 任意變小時，$\dfrac{\Delta f}{\Delta x}$ 的值即可任意接近 $2x$，換句話說，所求 $f(x)=x^2$ 之圖形在它上面橫坐標爲 x 之點 (x,x^2) 處的斜率爲 $2x$。

由上例知對函數 $f(x)=x^2$ 而言，當 Δx 任意變小時，$\dfrac{\Delta f}{\Delta x}$ 的值即可任意接近 $2x$，對這樣的事實，我們以下面的式子來表明:

$$\lim_{\Delta x\to 0}\frac{\Delta f}{\Delta x}=2x,$$

我們並稱當 Δx 趨近於 0 時，$\dfrac{\Delta f}{\Delta x}$ 的**極限**爲 $2x$，我們也稱上面的極限爲 f 在 x 處的**瞬間變率**，記爲 $\dfrac{df}{dx}$，即

$$\frac{df}{dx} = \lim_{\Delta x \to 0} \frac{\Delta f}{\Delta x}。$$

例 2　求拋物線 $y = x^2$ 上斜率爲 $-\frac{4}{3}$ 之切線的方程式。

解　由例 1 知，拋物線 $y = x^2$ 上橫坐標爲 x 之點 (x, x^2) 處的切線斜率爲 $2x$，故知拋物線上具斜率爲 $-\frac{4}{3}$ 之切線的切點爲 $\left(-\frac{2}{3}, \frac{4}{9}\right)$，從而知所求切線的方程式爲：

$$y - \frac{4}{9} = \left(-\frac{4}{3}\right)\left[x - \left(-\frac{2}{3}\right)\right],$$

$$12x + 9y + 4 = 0。$$

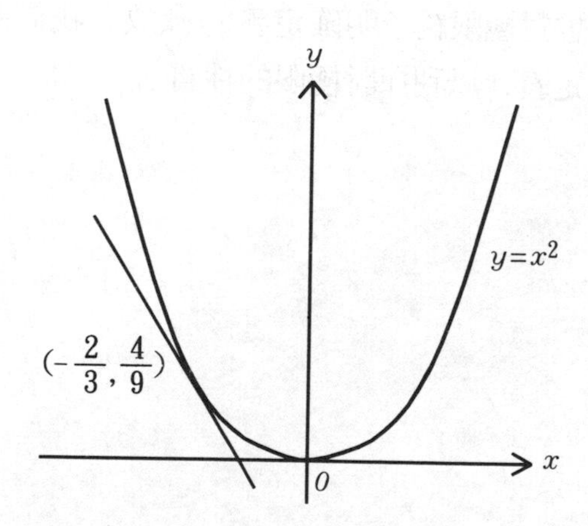

例 3　設 $f(x) = \frac{1}{x}$，求 f 在 $x = 2$ 處的瞬間變率。

解　因爲

$$\Delta f(2, \Delta x) = f(2 + \Delta x) - f(2) = \frac{1}{2 + \Delta x} - \frac{1}{2}$$

$$= \frac{2 - (2 + \Delta x)}{2(2 + \Delta x)} = -\frac{\Delta x}{2(2 + \Delta x)},$$

故知 $\frac{\Delta f}{\Delta x} = -\frac{1}{2(2 + \Delta x)}$，從而所求瞬間變率爲

$$\frac{df}{dx} = \lim_{\Delta x \to 0} \frac{\Delta f}{\Delta x} = \lim_{\Delta x \to 0} \frac{-1}{2(2+\Delta x)} = -\frac{1}{4}。$$

在這之前，我們曾對線性函數、表抛物線的二次函數及例 3 的倒數函數，求平均變率，並對後二者令 Δx 趨近於 0，而求出瞬間變率。在那時候，求 Δx 趨近於 0 平均變率的極限時，我們是藉著對數的直覺，而正確的求出來。然而僅憑直覺，並不都能有效解決問題。譬如對函數 $f(x) = |x|$ 來說，$\Delta f(0,\Delta x) = f(0+\Delta x) - f(0) = |\Delta x|$，故知

$$\frac{\Delta f}{\Delta x} = \frac{|\Delta x|}{\Delta x},$$

從而當 Δx 趨近於 0 時，就很難憑直覺求出極限來。這是因爲我們不曾對極限給予明確定義的緣故。我們將在下節明確的提出極限的定義，以利探討極限的性質。

習　題

於下面各題 (1～8) 中，試估計圖上之點的斜率 (於圖上無切線時，你得先作出切線才行)：

1.

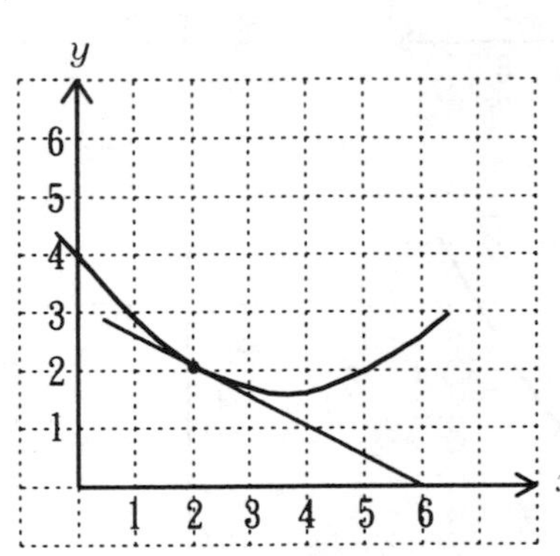

2.

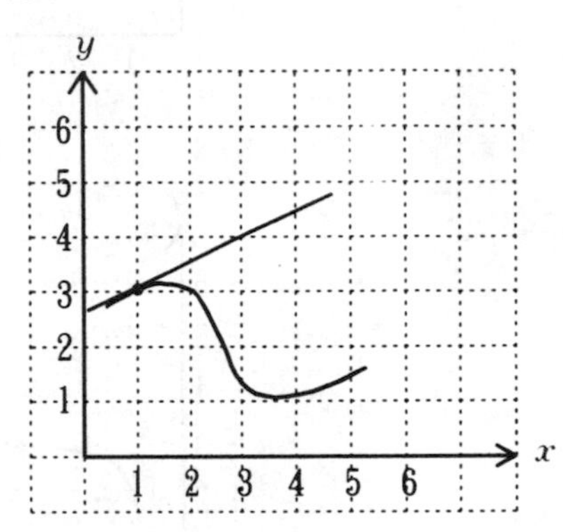

3.

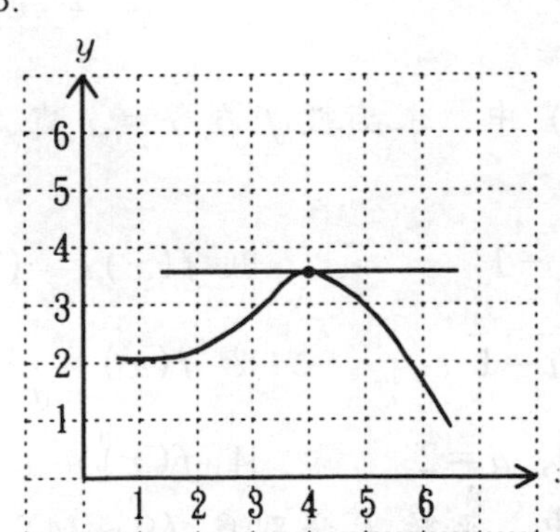

4.

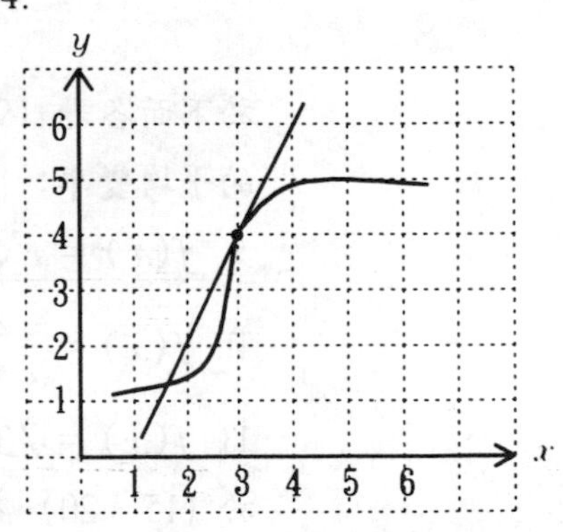

5.

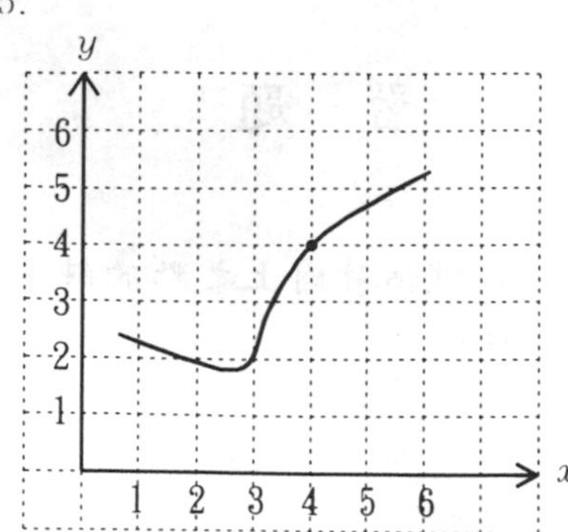

6.

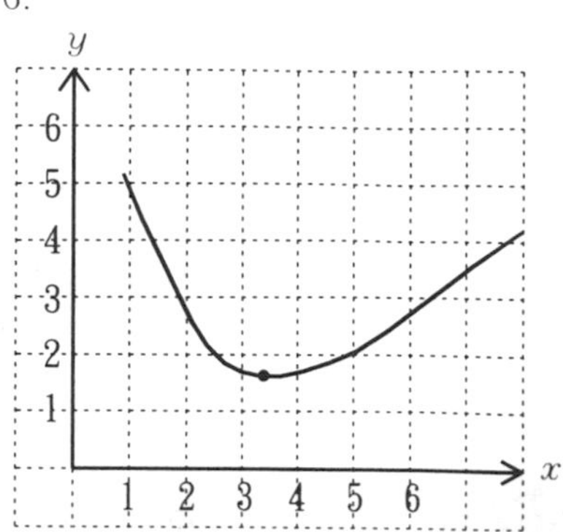

7.

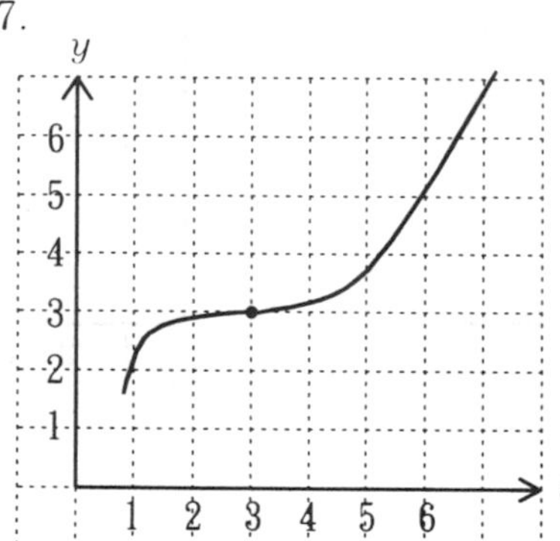

8.

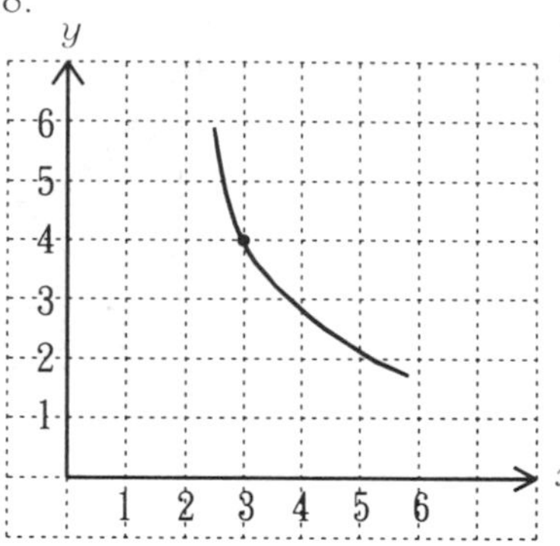

於下面各題（9～14）中，求函數 f 在 $x=a$ 處，當增量爲 Δx 時的平均變率：

9. $f(x)=x^3$，$a=-1$

10. $f(x)=(2x+1)^2$，$a=0$

11. $f(x)=\dfrac{2}{x+1}$，$a=1$

12. $f(x)=\dfrac{x}{x-2}$，$a=1$

13. $f(x)=\sqrt[3]{3x+2}$，$a=2$

14. $f(x)=x^3-\sqrt{x}$，$a=1$

於（15～20）各題中，函數 f 分別爲（9～14）的函數，求 f 在 $x=a$處的瞬間變率：

21. 求曲線 $y=3x^2+2x+1$ 在點$(-1,2)$處的切線方程式。

22. 求曲線 $y=\dfrac{x+4}{x^2-x+1}$ 在點$(-1,1)$處的切線方程式。

2−2　極限的意義及性質

在上節中，我們曾於介紹瞬間變率時，引入**極限**的觀念。這一概念是**微積分**課程中最基本也最重要的概念之一。因爲這一課程的兩個主題即**微分**和**積分**，均須藉極限的概念來建立。極限這概念的意義，差不多可以由字面了解到，它指的是一種「終極境界」的意思。然而意義上，它和一般的習慣，卻是有些區別。譬如，對某一固定個數的一堆物品，如果每日取走一個，終究會取盡，這是習慣的終極境界。但對某一單位量的物質，譬如一段繩索，每日取走現有量的一半（設想技術上做得到），則由常識知，其剩餘量當日漸減少，然而因爲每天僅取走餘量（爲正量）的一半，所以剩餘仍永爲正量（所謂日取其半萬世不竭），而這種「日取其半」的過程，可以無休止的延續。由於人的生命有限，故永遠無法看到終極境界。雖然如此，卻因餘量漸減且趨向窮盡的境地，在微積分上，就稱餘量的**極限**爲 0。也就是說，縱使在無窮未來的任何一日的餘量均爲正，由於餘量可向 0（無有）的境地任意接近（只要時間夠長的話），所以稱餘量的極限爲 0。

函數的極限概念，一般來說，是考慮自變數 x 向一定數 a 趨近時，$f(x)$ 之值的變化趨勢的問題。首先以一個簡單的一次函數來說明。譬如，設 $f(x)=3x+2$，而要考慮的是自變數 x 向 1 接近時，函數值 $f(x)$ 的變化情形。因爲

$$x<y \Leftrightarrow 3x+2<3y+2 \Leftrightarrow f(x)<f(y),$$

故知 $x<1$ 時，$f(x)<f(1)=5$，且 x 越向 1 靠近時，函數值 $f(x)$ 越向 $f(1)$ 靠近；同樣的，當 $x>1$ 時，$f(x)>f(1)$，且 x 越向 1 靠近時，$f(x)$ 亦漸減而向 $f(1)$ 靠近。事實上，因

$$|f(x)-f(1)|=3|x-1|,$$

故知當 x 與 1 很接近時，$f(x)$ 也隨著與 $f(1)$ 很接近。下面的對應表就顯示上述的趨勢：

x	0.7	0.8	0.9	0.95	0.999	1.001	1.05	1.1	1.2	1.3
$f(x)$	4.1	4.4	4.7	4.85	4.997	5.003	5.15	5.3	5.6	5.9

我們稱函數 $f(x)$ 於 x 趨近於 1 時的極限爲 5，而記爲

$$\lim_{x\to1}(3x+2)=5。$$

同樣的，我們也可觀察出

$$\lim_{x\to-2}\frac{3x-2}{x+3}=-8。$$

現在再觀察下面一個較複雜的問題：令

$$f(x)=\frac{x^2-4}{x+2},$$

試求 $\lim_{x\to-2}f(x)$ 的值。在這例中，我們不能像前舉的二例一樣，將式中的 x 以 -2 代入，而求得結果，因爲 $x=-2$ 時，式中的分母值爲 0。今觀察下表：

x	−2.5	−2.4	−2.1	−2.01	−2.001	−1.999	−1.99	−1.9	−1.6	−1.5
$f(x)$	−4.5	−4.4	−4.1	−4.01	−4.001	−3.999	−3.99	−3.9	−3.6	−3.5

我們發現，只要 $x\neq-2$，當 x 接近於 -2 時，$f(x)$ 的值就接近於 -4，故可猜測

$$\lim_{x\to-2}\frac{x^2-4}{x+2}=-4,$$

關於這點是可以做如下的分析：對於靠近於 -2 的 x 來說，因

$$f(x)=\frac{x^2-4}{x+2}=x-2,$$

也就是說，對靠近於 -2 的 x 來說，x 的函數值 $f(x)=x-2$ 就很接近於 -4，所以知

$$f(x)=\lim_{x\to-2}\frac{x^2-4}{x+2}=\lim_{x\to-2}(x-2)=-4,$$

如下圖所示：

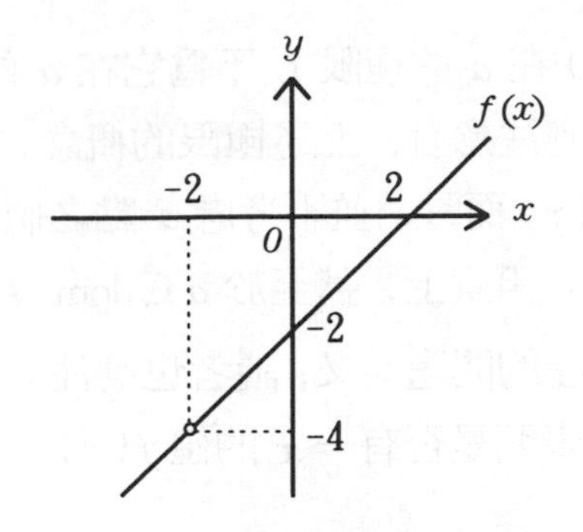

一般來說，一個函數 $f(x)$ 於 x 趨近於一數 a 時的極限，也採類似的意義，也就是於 $x \neq a$ 但很接近於 a 時，函數值 $f(x)$ 是不是很接近於一數 L。如果是，就稱函數 $f(x)$ 於 x 趨近於 a 時的**極限**為 L；但若是不管 x 如何接近於 a，函數值 $f(x)$ 仍無法向一數任意接近，就稱函數 $f(x)$ 於 x 趨近於 a 時的極限**不存在**。對於可以用圖形具體表出的函數，它在一點的極限是不是存在，可從圖形上幫助了解：對下圖所示的函數 $f(x)$ 來說

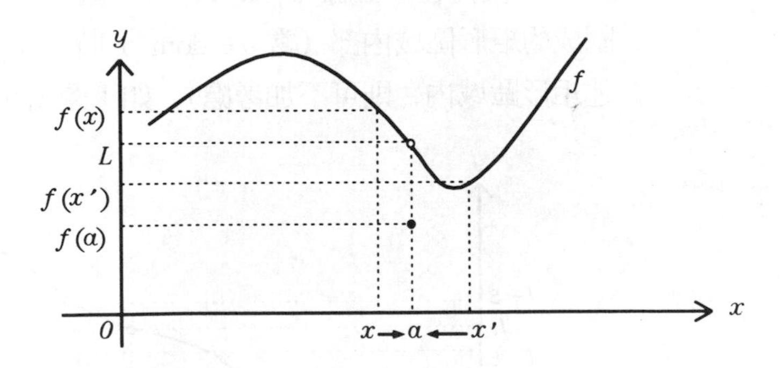

當 x 向 a 接近時，它的函數值 $f(x)$ 就向 L 接近，並且可以任意接近，所以知

$$\lim_{x \to a} f(x) = L。$$

上面的極限式也可略表為

$$f(x) \longrightarrow L，當\ x \longrightarrow a。$$

當函數 $f(x)$ 於 x 趨近於 a 時的極限為 L 時，我們亦簡稱函數 $f(x)$ 在 a 的極限為 L。讀者應該注意到，在上述這個例子中，函

數 $f(x)$ 在 a 的極限 L 不爲它在 a 的函數值 $f(a)$。

所應注意者，上述極限的概念，是指考慮趨近於 a 之 x 的函數值 $f(x)$ 而言，並不考慮 a 點之值 $f(a)$（當 $a \in \mathrm{dom}\ f$ 時）是否靠近 L。事實上，甚至於 $a \notin \mathrm{dom}\ f$ 的情況下，也可考慮$\lim\limits_{x \to a} f(x)$ 是否存在的問題。又，讀者也應注意到「$f(x) \to L$，當 $x \to a$」一詞並未表明是否有一 x 的值 $f(x)$ 等於 L，事實上這二者完全是兩回事。

上面稱函數值 $f(x)$ 可向 L 任意接近，只要 x 很接近 a，意指只要 $|x-a|$ 很小，則可使 $|f(x)-L|$ 很小；也就是說，在 y 軸上對應於坐標爲 L 之點的很小鄰近，均能在 x 軸上，找到坐標爲 a 之點的一個鄰近，使得 a 之鄰近內的任一異於 a 之點 x 的函數值 $f(x)$ 均落在上述之 L 的鄰近內；也就是說，於 y 軸上坐標爲 L 之點的上下，任作垂直於 y 軸的二直線 $y=L\pm\varepsilon$，則可在 x 軸上坐標爲 a 之點的左右，對應作出垂直於 x 軸的二直線 $x=a\pm\delta$，使得在二直線 $x=a\pm\delta$ 間的函數圖形，均在上述四直線所圍成的矩形區域內部（當 $a\in\mathrm{dom}\ f$ 時，點 $(a, f(a))$ 是否在上述矩形區域內，則可不加考慮），如下圖所示：

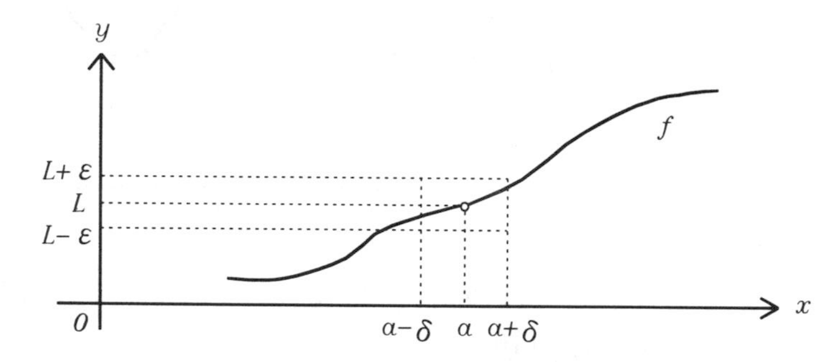

下面我們先要藉上述對函數極限的幾何說明，來解說函數極限不存在的情形：

例 1 設 $f(x)=\dfrac{|x|}{x}$，求$\lim\limits_{x\to 0} f(x)$。

解 因爲當 $x>0$時，$f(x)=\dfrac{x}{x}=1$；當 $x<0$時，$f(x)=\dfrac{-x}{x}$

$=-1$；而 0 不在 dom f 中，故知 f 之圖形如下：

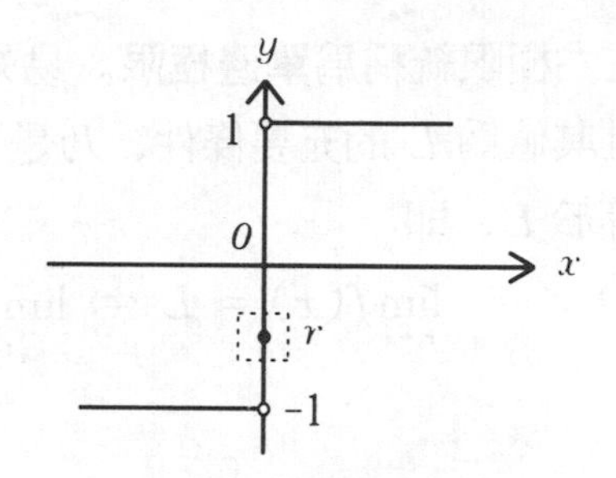

對 y 軸上任一數 r 而言，若 r 異於 1 或 -1，可取 $\varepsilon < \min\{|1-r|,|-1-r|\}$，則對任意正數 δ 而言，四直線 $y = r \pm \varepsilon$，$x = \pm\delta$ 所圍的矩形區域內不包含函數圖形的任意點；又，若 r 等於 1(或 -1)，則取 $\varepsilon = \frac{1}{2}$，則函數圖形在 y 軸左邊(右邊)的點不在上述矩形區域內，故知 f 在 0 的極限不存在。

上例也可從圖形藉直觀得知 f 在 0 的極限不存在。因爲在 y 軸的右邊，圖形的縱坐標恆爲 1，在 y 軸的左邊，圖形的縱坐標恆爲 -1，故當 x 向 0 靠近時，函數圖形無法向一固定的點靠近。同樣的道理，下圖所示的函數在 a 的極限也不存在：

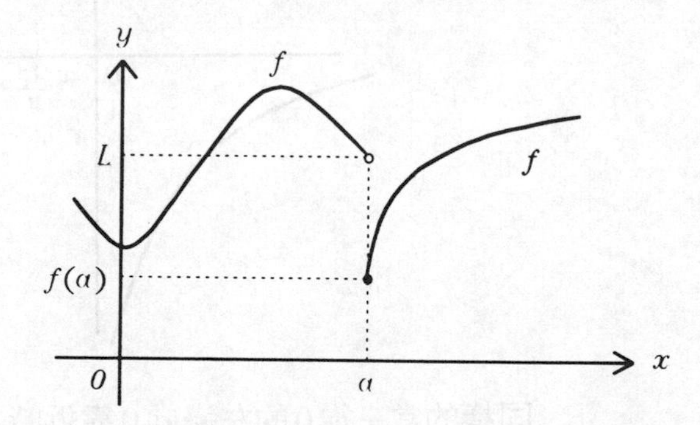

雖然如此，但當 x 從 a 的左邊向 a 靠近時，函數圖形的縱坐標向 L 靠近，當 x 從 a 的右邊向 a 靠近時，函數圖形縱坐標向 $f(a)$ 靠近，我們稱 f 在 a 的**左右極限**分別爲 L 及 $f(a)$，記爲

$$\lim_{x\to a^-} f(x) = L, \ \lim_{x\to a^+} f(x) = f(a)。$$

左右極限統稱爲**單邊極限**。易知，函數 f 在一點 a 之極限存在並且其值爲 L 的充要條件，乃是 f 在 a 的兩個單邊極限均存在且同等於 L，即

$$\lim_{x\to a} f(x) = L \Leftrightarrow \lim_{x\to a^+} f(x) = L = \lim_{x\to a^-} f(x)。$$

例 2 設 $f(x) = \dfrac{1}{x}$，求 $\lim\limits_{x\to 0} f(x)$。

解 當 x 從 0 的右邊向 0 靠近時，$f(x)$ 的值可以很大，而且可以任意增大。因對任意正數 $M > 0$ 而言，

$$0 < x < \frac{1}{M} \Rightarrow f(x) = \frac{1}{x} > M。$$

故知 x 由右方向 0 靠近時，函數值無法向任一數靠近，即 $\lim\limits_{x\to 0} f(x)$ 不存在。

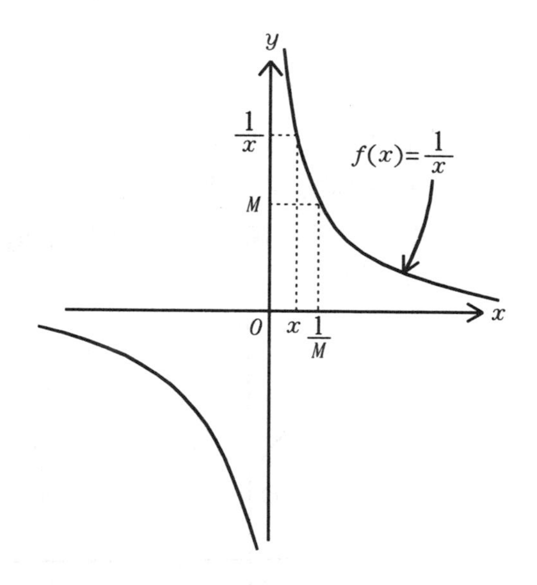

同樣的當 x 從 0 的左邊向 0 靠近時，$f(x)$ 的值爲負，且其絕對值可以很大，而能任意增大，故知 $\lim\limits_{x\to 0^-} f(x)$ 亦不存在。自然 $\lim\limits_{x\to 0} f(x)$ 不存在。

像例 2 一樣，函數值可以趨於任意大的情形，我們稱其極限**發散到無限大**；而於函數值可趨於絕對值爲任意大的負數時，我們稱其極限**發散到負無限大**，均爲極限不存在。要表現發散到正負無限大的情形，以例 2 爲例記爲

$$\lim_{x\to0^+}\frac{1}{x}=\infty,\ \lim_{x\to0^-}\frac{1}{x}=-\infty,$$

同樣的，我們易知

$$\lim_{x\to0^+}\frac{1}{x^2}=\infty,\ \lim_{x\to0^-}\frac{1}{x^2}=\infty,$$

並將二個單邊極限合記爲

$$\lim_{x\to0}\frac{1}{x^2}=\infty。$$

由上面的幾個例子可知，一函數 f 在一點 a 處的極限：$\lim_{x\to a}f(x)$ 可能存在（此時其值爲一實數），也可能不存在。而當它存在時，它的值未必即等於函數在該點的函數值 $f(a)$。又當它不存在時，可能函數在該點的兩個單邊極限均存在但不相等（像例 1），也可能函數在該點的兩個單邊極限中有一（或二者均）不存在，而不存在時，可能發散到正負無限大（像例 2）。

當一函數的圖形可以很容易認知時，我們可易由極限的幾何意義來判知，一函數在一點的極限是否存在。在求函數的極限值時，由於極限的意義與我們對數的經驗和直覺相當契合（譬如：「x 接近於 2 時，x^2 的值接近於 4」是我們很容易接受的事實），所以相信很多讀者都知道：$\lim_{x\to2}x^2=4$。但是往後在微積分課程上將碰到的極限問題，常是無法像上面一般處理，這就是爲什麼在這之前，我們要對函數極限的意義，做那樣詳細的說明。然而求函數的極限，確也無須均藉定義仔細來推求。我們要介紹一些由經驗、直覺或圖形的直觀，所容易接受的**極限定律**於下，並將舉例說明如何藉著它們來求函數的極限。

定理 2－1　常數定律

設 $f(x)=c$，爲一常數函數，則對任意常數 a 而言，

$$\lim_{x\to a} f(x)=\lim_{x\to a} c=c。$$

定理 2－2　恆等函數定律

設 $f(x)=x$，則對任意常數 a 而言，$\lim_{x\to a} f(x)=\lim_{x\to a} x=a$。

定理 2－3　加法定律

設下面二極限存在：

$$\lim_{x\to a} f(x)=A，\lim_{x\to a} g(x)=B，$$

則

$$\lim_{x\to a}(f(x)+g(x))=A+B=\lim_{x\to a} f(x)+\lim_{x\to a} g(x)。$$

定理 2－4　乘法定律

設下面二極限存在：

$$\lim_{x\to a} f(x)=A，\lim_{x\to a} g(x)=B，$$

則

$$\lim_{x\to a}(f(x)g(x))=AB=(\lim_{x\to a} f(x))(\lim_{x\to a} g(x))。$$

定理 2−5　除法定律

設下面二極限存在：

$$\lim_{x\to a} f(x) = A,\ \lim_{x\to a} g(x) = B \neq 0,$$

則

$$\lim_{x\to a}\frac{f(x)}{g(x)} = \frac{A}{B} = \frac{\lim_{x\to a} f(x)}{\lim_{x\to a} g(x)}。$$

定理 2−6　開方定律

設 $a>0$，n 爲正整數，則 $\lim_{x\to a}\sqrt[n]{x} = \sqrt[n]{a}$。

例 3　設 $f(x) = x^n$，其中 n 爲自然數，求 $\lim_{x\to a} f(x)$。

解　由定理 2 − 2，2 − 4 知

$$\lim_{x\to a} x^2 = \lim_{x\to a}(x\cdot x) = (\lim_{x\to a} x)(\lim_{x\to a} x) = a\cdot a = a^2,$$

$$\lim_{x\to a} x^3 = \lim_{x\to a}(x\cdot x\cdot x) = (\lim_{x\to a}(x\cdot x))(\lim_{x\to a} x) = a^2\cdot a = a^3,$$

仿上易知

$$\lim_{x\to a} f(x) = \lim_{x\to a} x^n = \lim_{x\to a}(\overbrace{x\cdot x\cdot\cdots\cdot x}^{n\text{ 個}}) = \overbrace{a\cdot a\cdot\cdots\cdot a}^{n\text{ 個}} = a^n。$$

例 4　設 $\lim_{x\to a} f(x)$ 存在，且 α 爲一常數，則 $\lim_{x\to a}\alpha f(x)$ 是不是存在？

解　由常數定律及乘法定律知，

$$\lim_{x\to a}\alpha f(x) = (\lim_{x\to a}\alpha)(\lim_{x\to a} f(x)) = \alpha(\lim_{x\to a} f(x))。$$

例 5 設 $f(x)=a_nx^n+a_{n-1}x^{n-1}+\cdots+a_1x+a_0$ 爲一多項函數，c 爲任一常數，求$\lim\limits_{x\to c}f(x)$。

解 由例 3，4 知

$$\begin{aligned}\lim_{x\to c}f(x)&=\lim_{x\to c}(a_nx^n+a_{n-1}x^{n-1}+\cdots+a_1x+a_0)\\&=a_n(\lim_{x\to c}x^n)+a_{n-1}(\lim_{x\to c}x^{n-1})+\cdots+a_1(\lim_{x\to c}x)\\&\quad+\lim_{x\to c}a。\\&=a_nc^n+a_{n-1}c^{n-1}+\cdots+a_1c+a_0\\&=f(c)。\end{aligned}$$

例 6 設 $f(x)=(2x^4-3x^3+5x-3)(7x^3+8x^2+x-10)$，求 $\lim\limits_{x\to -1}f(x)$。

解 由於 $f(x)$ 展開後爲一多項函數，故由例 5 知

$$\begin{aligned}\lim_{x\to -1}f(x)&=f(-1)\\&=(2(-1)^4-3(-1)^3+5(-1)-3)\\&\quad(7(-1)^3+8(-1)^2+(-1)-10)\\&=(2+3-5-3)(-7+8-1-10)=30。\end{aligned}$$

例 7 設 $f(x)=(-6x^4+4x^3-5x^2+9)^5$，求$\lim\limits_{x\to 1}f(x)$。

解 由於 $f(x)$ 展開後爲一多項函數，故知

$$\begin{aligned}\lim_{x\to 1}f(x)&=\lim_{x\to 1}(-6x^4+4x^3-5x^2+9)^5\\&=(-6+4-5+9)^5=(2)^5=32。\end{aligned}$$

例 8 求下面極限：

$$\lim_{x\to 1}\frac{x^3+2x^2-x-3}{x+1}。$$

解 由於有理式的分子和分母的極限均存在，且分母的極限爲 2，故由除法定律知

$$\lim_{x\to 1}\frac{x^3+2x^2-x-3}{x+1}=\frac{\lim_{x\to 1}(x^3+2x^2-x-3)}{\lim_{x\to 1}(x+1)}$$
$$=\frac{-1}{2}。$$

例 9　求下面極限：

$$\lim_{x\to 2}\frac{x-2}{x^2-4}。$$

解　因爲分母的極限爲

$$\lim_{x\to 2}(x^2-4)=0,$$

故知不能直接利用除法定律。因爲分子的極限亦爲 0，故知 $x-2$ 爲分子與分母的公因式，而可消去，故知

$$\lim_{x\to 2}\frac{x-2}{x^2-4}=\lim_{x\to 2}\frac{x-2}{(x-2)(x+2)}=\lim_{x\to 2}\frac{1}{x+2}$$
$$=\frac{1}{4}。$$

例10　求下面極限：

$$\lim_{x\to 1}\frac{\frac{1}{3}-\frac{1}{3x}}{x^2-1}。$$

解　因爲分子與分母的極限均爲 0，故可經代數運算來消去使分母的極限爲 0 的因素，以便於求解：

$$\lim_{x\to 1}\frac{\frac{1}{3}-\frac{1}{3x}}{x^2-1}=\lim_{x\to 1}\frac{x-1}{3x(x-1)(x+1)}$$
$$=\lim_{x\to 1}\frac{1}{3x(x+1)}=\frac{1}{6}。$$

例11　求下面極限：

$$\lim_{x\to 8}\frac{\frac{2}{x}-\frac{x-5}{12}}{\sqrt[3]{x}-2}。$$

解 由開方定律知分母的極限爲

$$\lim_{x \to 8} \sqrt[3]{x} - 2 = \sqrt[3]{8} - 2 = 2 - 2 = 0,$$

而易知分子的極限亦爲 0，故經代數運算得

$$\lim_{x \to 8} \frac{\frac{2}{x} - \frac{x-5}{12}}{\sqrt[3]{x} - 2}$$

$$= \lim_{x \to 8} \frac{24 - x^2 + 5x}{12x(\sqrt[3]{x} - 2)}$$

$$= \lim_{x \to 8} \frac{-(x-8)(x+3)[(\sqrt[3]{x})^2 + 2\sqrt[3]{x} + 4]}{12x(x-8)}$$

$$= \lim_{x \to 8} \frac{-(x+3)[(\sqrt[3]{x})^2 + 2\sqrt[3]{x} + 4]}{12x}$$

$$= -\frac{11}{8}。$$

上面例 11 中我們用到開方定律求分母的極限值，下面的定律則爲開方定律的推廣：

定理 2-7 推廣開方定律

> 設 $\lim\limits_{x \to a} f(x)$ 存在，且其極限在函數 $g(x) = \sqrt[n]{x}$ $(n \geqq 2)$ 的定義域中，$\lim\limits_{x \to a} g(f(x)) = \lim\limits_{x \to a} \sqrt[n]{f(x)} = \sqrt[n]{\lim\limits_{x \to a} f(x)} = g(\lim\limits_{x \to a} f(x))$。

例12 求下面之極限：

$$\lim_{x \to 3} \sqrt[3]{8x + 1 + \sqrt{x+1}}。$$

解 由推廣開方定律知

$$\lim_{x \to 3} \sqrt[3]{8x + 1 + \sqrt{x+1}}$$

$$= \sqrt[3]{\lim_{x \to 3}(8x+1) + \lim_{x \to 3} \sqrt{x+1}}$$

$$= \sqrt[3]{25 + \sqrt{\lim_{x \to 3}(x+1)}}$$

$$= \sqrt[3]{25 + \sqrt{4}} = 3。$$

例13　求下面之極限：

$$\lim_{x \to 2} \frac{\sqrt{4x+1} - x - 1}{3x - 2 - \sqrt{2x+12}}。$$

解　易知分子與分母的極限均為 0，經代數運算得

$$\lim_{x \to 2} \frac{\sqrt{4x+1} - x - 1}{3x - 2 - \sqrt{2x+12}}$$

$$= \lim_{x \to 2} \frac{(\sqrt{4x+1} - x - 1)(\sqrt{4x+1} + x + 1)(3x - 2 + \sqrt{2x+12})}{(3x - 2 - \sqrt{2x+12})(\sqrt{4x+1} + x + 1)(3x - 2 + \sqrt{2x+12})}$$

$$= \lim_{x \to 2} \frac{[(4x+1) - (x+1)^2](3x - 2 + \sqrt{2x+12})}{[(3x-2)^2 - (2x+12)](\sqrt{4x+1} + x + 1)}$$

$$= \lim_{x \to 2} \frac{-x(x-2)(3x - 2 + \sqrt{2x+12})}{(9x+4)(x-2)(\sqrt{4x+1} + x + 1)}$$

$$= \lim_{x \to 2} \frac{-x(3x - 2 + \sqrt{2x+12})}{(9x+4)(\sqrt{4x+1} + x + 1)} = -\frac{4}{33}。$$

讀者應該注意，上面定理 2－3 至 2－5 中，須先有 $\lim_{x \to a} f(x)$ 及 $\lim_{x \to a} g(x)$ 均存在的條件，然後結論才正確。也就是說，除非確知二函數的極限都存在，否則不可將二函數和與積的極限寫成個別函數之極限的和與積；並且，二函數商的極限，還須作為分母的函數的極限不為零，才可以有「商的極限等於極限的商」的結論。因為可能有

$$\lim_{x \to a}(f(x) + g(x)),\ \lim_{x \to a}(f(x)g(x))$$

皆存在，而 $\lim_{x \to a} f(x)$ 及 $\lim_{x \to a} g(x)$ 均不存在，或有一不存在的情形。譬如，令 $f(x)$ 如例 2 所示，而 $g(x) = -f(x)$，則 $f(x) + g(x)$ 為常數函數 0，故知 $\lim_{x \to 0}(f(x) + g(x)) = 0$，但顯然可知 $\lim_{x \to 0} f(x)$ 及 $\lim_{x \to 0} g(x)$ 均不存在。又如，令 $f(x)$ 如前，而令 $g(x)$ 為常數函數 0，則 $f(x)g(x) = 0$，故知，$\lim_{x \to 0}(f(x)g(x)) = 0$，但

$\lim\limits_{x\to 0} f(x)$ 不存在。至於除法定律中，須有分母的極限不爲零的條件，可從下式得到了解：

$$1=\lim_{x\to 0}\frac{x}{x}\neq\frac{\lim\limits_{x\to 0}x}{\lim\limits_{x\to 0}x},$$

上面式子的最右邊不具意義，因爲一分數的分母不可以爲 0。

習　題

判斷下面各題（1～8）之圖形所表的函數 f 在點 a 的極限與單邊極限與是否存在？若爲存在，則其值爲何？

1.

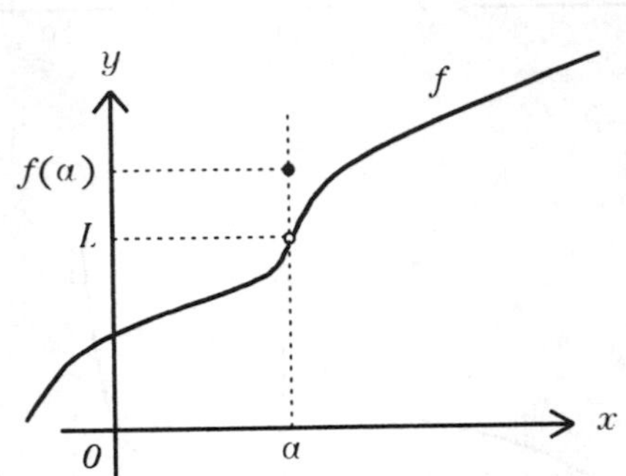

2.

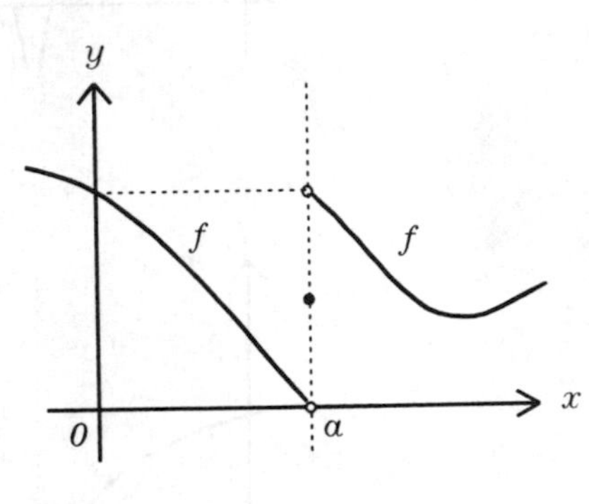

3.

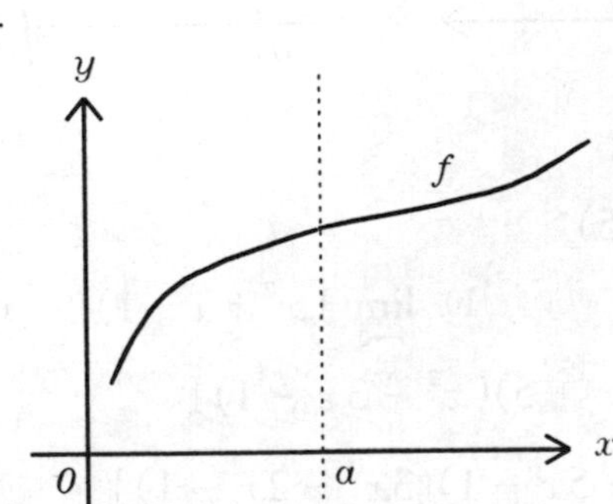

4.

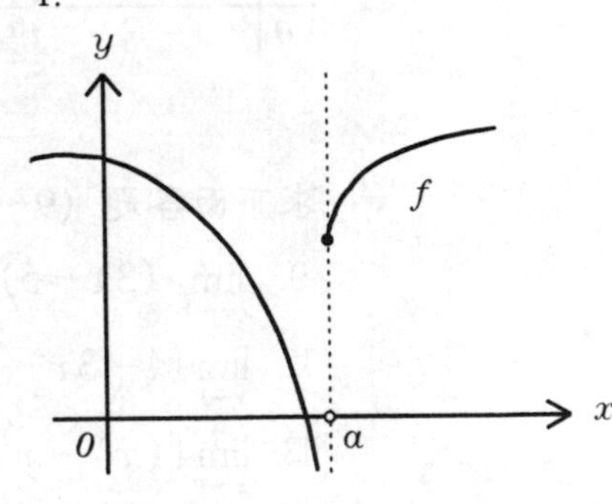

5.

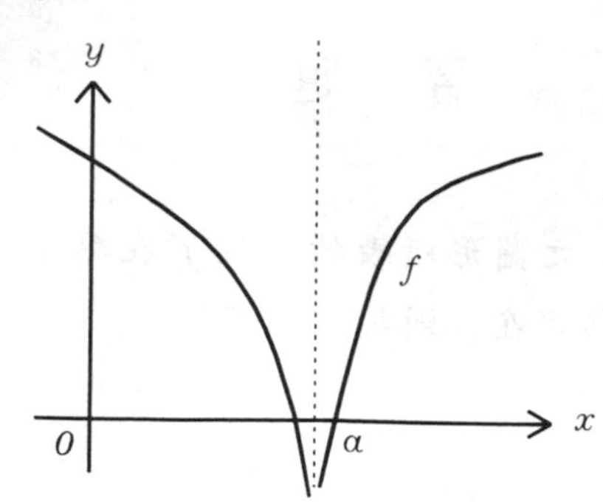

6.

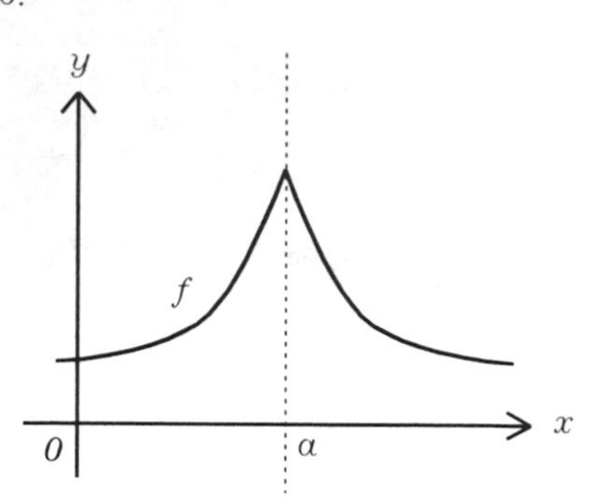

7.

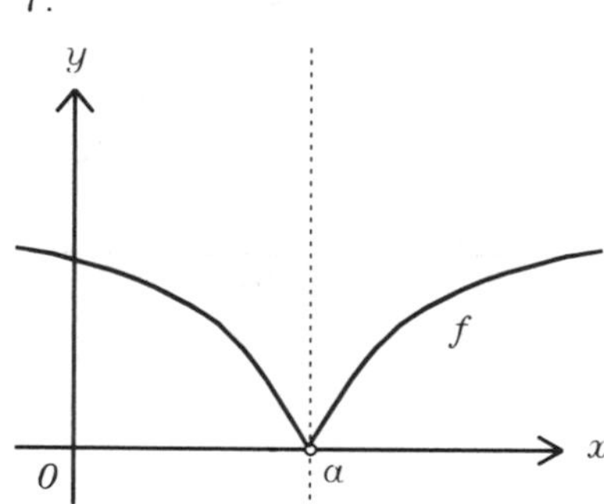

8.

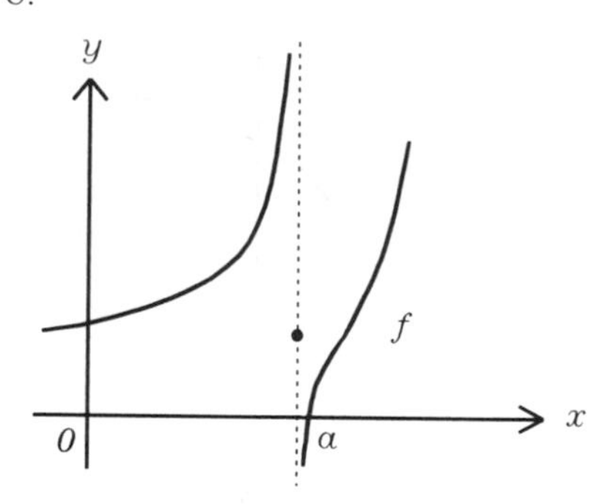

求下面各題 (9～35)：

9. $\lim\limits_{x\to -1}(3x-5)$　　10. $\lim\limits_{x\to 2}(x^2+x-1)$　　11. $\lim\limits_{x\to 1} 0$

12. $\lim\limits_{x\to 2}[(-3x^2-x+5)(x^2-3x-1)]$

13. $\lim\limits_{x\to 3}[(x^3-x^2-5x-1)(3x^2-2x-1)]$

14. $\lim\limits_{x\to 0}(2x^3-x^2+5x-2)^3$

15. $\lim\limits_{x\to -1}[(-3x^2-x+5)^2(-3x+1)^2]$

16. $\lim\limits_{x\to 1}\dfrac{2x^2-x-3}{x^3+2x-1}$　　17. $\lim\limits_{x\to -1}\dfrac{2x^2-x-3}{x+1}$

18. $\lim\limits_{x\to -1}\dfrac{x^2-x-2}{x^3+1}$　　19. $\lim\limits_{x\to -2}(\sqrt{3}+\pi)$

20. $\lim\limits_{x\to 0}\left[x\left(1+\dfrac{1}{x}\right)\right]$　　21. $\lim\limits_{x\to 1}\dfrac{x^3-4x+3}{x-1}$

22. $\lim_{x \to \sqrt{2}} \frac{\sqrt{2}x - 2}{x^2 - 2}$

23. $\lim_{x \to -1} \sqrt[3]{x^2 - 3x + 4}$

24. $\lim_{x \to 1} \frac{\sqrt{3x - 2} + x}{5x}$

25. $\lim_{x \to 1} \frac{x^3 - 1}{\sqrt{x} - 1}$

26. $\lim_{x \to 3} \sqrt[3]{\frac{x^2 - 1}{2 + 5x - 3x^3}}$

27. $\lim_{x \to 1} \frac{\sqrt{x+3} - 2}{x^2 - 1}$

28. $\lim_{x \to 0} \frac{\sqrt{2 - x} - \sqrt{2 + x}}{x}$

29. $\lim_{x \to -1} \frac{\frac{2}{\sqrt{x+2}} + 2x}{\sqrt{x + 5} + 2x}$

30. $\lim_{x \to 2^-} \frac{x - 2}{|x - 2|}$

31. $\lim_{x \to 3^-} \frac{|\sqrt{x} - \sqrt{3}|}{x^2 - 9}$

32. $\lim_{x \to 0^-} (x - 1)|x - 3|$

33. $\lim_{x \to -1} \frac{x - 1}{(x + 1)^2}$

34. $\lim_{x \to 5^+} \frac{\sqrt{(x - 5)^2}}{5 - x}$

35. $\lim_{x \to -4^-} \frac{4 + x}{\sqrt{(x + 4)^2}}$

2－3　導數的意義，函數的導函數

在 2－1 節中，我們曾經介紹過一函數在它的圖形上一點 $(x_0, f(x_0))$ 處（切線）的斜率，爲下面的極限值：

$$\lim_{\Delta x \to 0} \frac{f(x_0) + \Delta x) - f(x_0)}{\Delta x}。$$

於介紹過極限的意義後，我們更知道，上面的極限值也有可能不存在，如下圖的情形：

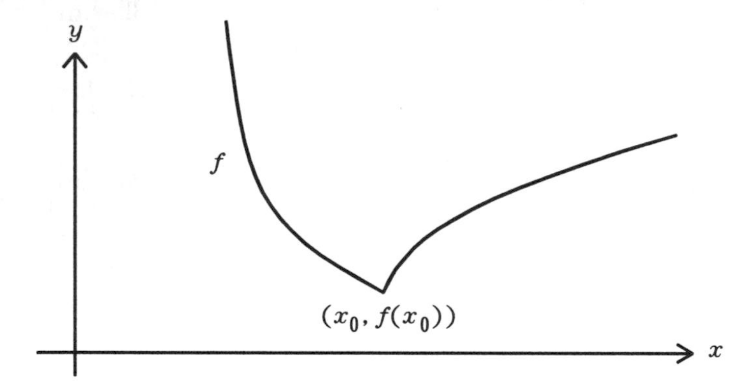

圖上在點 $(x_0, f(x_0))$ 處，圖形不平滑。當上述的極限存在時，即函數 f 的圖形，在點 $(x_0, f(x_0))$ 處爲平滑「連續」的，我們稱函數 $f(x)$ 在 $x = x_0$ 處爲**可微分**，特稱它的極限值爲函數 $f(x)$ 在 $x = x_0$ 處的**導數**，以 $f'(x_0)$ 表之，即

$$f'(x_0) = \lim_{\Delta x \to 0} \frac{f(x_0 + \Delta x) - f(x_0)}{\Delta x}。$$

若令 $x = \Delta x + x_0$，則因 $\Delta x = x - x_0$，且 $\Delta x \to 0$ 時 $x \to x_0$，從而知 $f'(x_0)$ 也可表爲下面的極限式子：

$$f'(x_0) = \lim_{x \to x_0} \frac{f(x) - f(x_0)}{x - x_0}。$$

當然，函數 f 在 x 處爲可微分時，f 在 x 處的導數即爲

$$f'(x) = \lim_{\Delta x \to 0} \frac{f(x + \Delta x) - f(x)}{\Delta x},$$

或亦可記爲

$$f'(x) = \lim_{t \to x} \frac{f(t) - f(x)}{t - x}。$$

上面最後的一個式子中，t 才是變數，而 x 則看作是常數。

例 1　設 $f(x) = x^2$，求 $f'(2)$ 和 $f'(x)$。

解　由定義知

$$f'(2) = \lim_{x \to 2} \frac{f(x) - f(2)}{x - 2} = \lim_{x \to 2} \frac{x^2 - 2^2}{x - 2}$$
$$= \lim_{x \to 2}(x + 2) = 4。$$
$$f'(x) = \lim_{t \to x} \frac{f(t) - f(x)}{t - x}$$
$$= \lim_{t \to x} \frac{t^2 - x^2}{t - x} = \lim_{t \to x}(t + x) = 2x。$$

例 2　設 $f(x) = |x|$，求 $f'(1), f'(-1)$ 和 $f'(0)$。

解　由定義知

$$f'(1) = \lim_{x \to 1} \frac{f(x) - f(1)}{x - 1} = \lim_{x \to 1} \frac{|x| - |1|}{x - 1}$$

由於足夠接近於 1 的數必爲正數，故 $x \to 1$ 時，$|x| = x$，從而由上式知

$$f'(1) = \lim_{x \to 1} \frac{x - 1}{x - 1} = \lim_{x \to 1} 1 = 1,$$

同樣的，易知

$$f'(-1) = \lim_{x \to -1} \frac{-x - 1}{x - (-1)} = \lim_{x \to -1}(-1) = -1,$$
$$f'(0) = \lim_{x \to 0} \frac{|x| - 0}{x - 0} = \lim_{x \to 0} \frac{|x|}{x}。$$

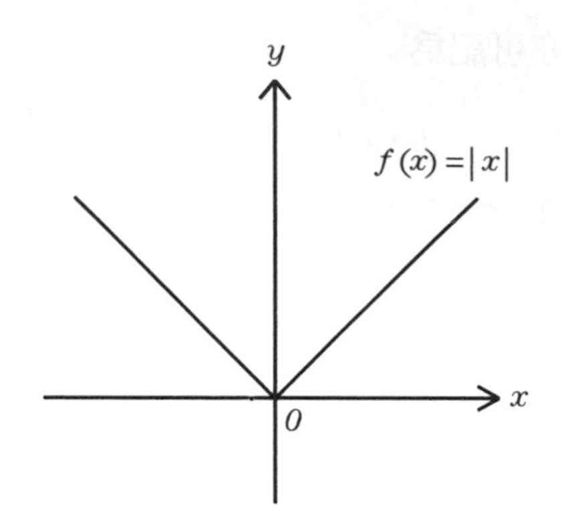

由2－2節例1知，上面的最後一個極限不存在，即知 f 在0不爲可微分。

事實上，上面例2中之絕對值函數，除0外的任何點 x 均爲可微分，且仿例2求法可得：

$$f'(x)=\begin{cases}1, & x>0;\\ -1, & x<0。\end{cases}$$

令 $S=\boldsymbol{R}-\{0\}$，則 f 在S上的每一點都可微分。對 S 上的每一點 x 而言，令它與 f 在 x 的導數相對應，即 $x\to f'(x)$，則得 S 上的一個函數，這個函數稱爲 f 的**導函數**。

對一般的函數 f 而言，令 S 表 f 在該處爲可微分的點的全體，則對任意 $x\in S$ 來說，令 x 對應到 $f'(x)$，即可得一個以 S 爲定義域的函數，記爲 f'，稱爲 f 的**導函數**，即

$$f':x\longrightarrow f'(x),\ x\in S。$$

換句話說，函數 f 在點 $x=x_0$ 的導數，爲它的導函數 $f'(x)$ 在 x_0 的函數值。如果一函數在它的定義域的每一點都可微分，就稱這函數爲**可微分函數**。f' 也可記爲

$$\mathrm{D}f,\ \frac{d}{dx}f \text{ 或 } \frac{df}{dx}。$$

也就是說

$$f'(x)=\mathrm{D}f(x)=\frac{d}{dx}f(x)=\frac{df(x)}{dx}。$$

習慣上，當我們以 $\mathrm{D}f$，$\dfrac{d}{dx}f$ 或 $\dfrac{df}{dx}$ 表 f' 時，常將符號 "D" 和 "$\dfrac{d}{dx}$" 看作是**運算子**，而表示求符號後面之函數 $f(x)$ 的導函數 f'，並稱**對 f 微分**。讀者應該注意，在這裡，符號 $\dfrac{df(x)}{dx}$ 並不表示 d 和 $f(x)$ 的積除以 d 和 x 的積。事實上，d 本身並不表一數，而是表一符號，而 $\dfrac{df(x)}{dx}$ 本身也只是一個符號，不表 $df(x)$ 與 dx 之商。然而在微積分中，$df(x)$ 和 dx 均可單獨表某種意義，而在那種意義下，$f'(x)$ 則確等於 $df(x)$ 除以 dx 的商。我們在這裡提出，是用來說明以 $\dfrac{df(x)}{dx}$ 表 $f'(x)$ 的原因。

當以 $\mathrm{D}f$ 或 $\dfrac{d}{dx}f$ 或 $\dfrac{df(x)}{dx}$ 表 f' 時，它在一點 x_0 的值，慣常表出如下：

$$f'(x_0) = \mathrm{D}f(x)\big|_{x=x_0} = \frac{d}{dx}f\bigg|_{x=x_0} = \frac{d}{dx}f(x)\bigg|_{x=x_0}$$

$$= \frac{df}{dx}\bigg|_{x=x_0} = \frac{df(x)}{dx}\bigg|_{x=x_0},$$

意即將 x_0 代入 $\mathrm{D}f$ 等的變數 x 而得的數值。又，若令 $y=f(x)$，則 f' 及 $\dfrac{df}{dx}$ 可分別表爲 y' 及 $\dfrac{dy}{dx}$，而 $f'(x_0)$ 可表爲 $y'\big|_{x=x_0}$ 及 $\dfrac{dy}{dx}\bigg|_{x=x_0}$ 等。

例3　設 $f(x) = x|x|$，求 $f'(x)$。

解　由於 $x>0$ 時，$f(x) = x^2$；$x<0$ 時，$f(x) = -x^2$；故由例 1 知

$$f'(x) = \begin{cases} 2x，當\ x>0； \\ -2x，當\ x<0。\end{cases}$$

又由定義得

$$f'(0) = \lim_{x\to 0}\frac{f(x)-f(0)}{x-0} = \lim_{x\to 0}\frac{x|x|-0|0|}{x}$$

$$= \lim_{x \to 0} |x| = \lim_{x \to 0} \sqrt{x^2} = 0,$$

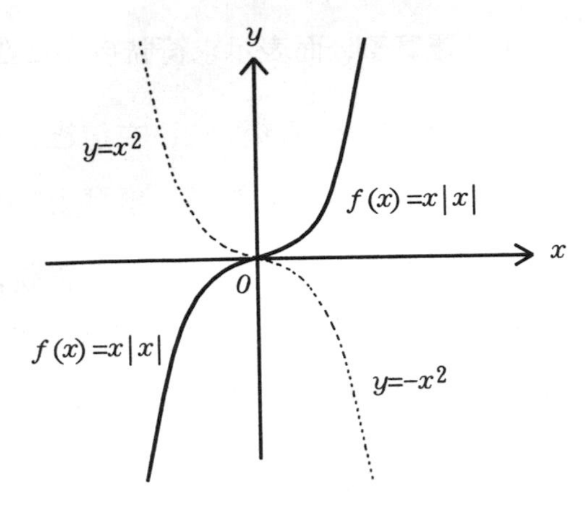

綜上即知 $f'(x) = 2|x|$。

例 4 設 $f(x) = \sqrt[3]{x}$，求 $f'(x)$。

解 設 $x \neq 0$，則

$$f'(x) = \lim_{t \to x} \frac{f(t) - f(x)}{t - x} = \lim_{t \to x} \frac{\sqrt[3]{t} - \sqrt[3]{x}}{t - x}$$

$$= \lim_{t \to x} \frac{1}{\sqrt[3]{t^2} + \sqrt[3]{t}\,\sqrt[3]{x} + \sqrt[3]{x^2}} = \frac{1}{3\sqrt[3]{x^2}},$$

且

$$f'(0) = \lim_{x \to 0} \frac{f(t) - f(x)}{t - 0}$$

$$= \lim_{x \to 0} \frac{\sqrt[3]{t} - \sqrt[3]{0}}{t - 0} = \lim_{x \to 0} \frac{1}{\sqrt[3]{t^2}} = \infty,$$

即知 f 在原點處不可微分。從而知

$$f'(x) = \frac{1}{\sqrt[3]{x^2}},\ x \neq 0。$$

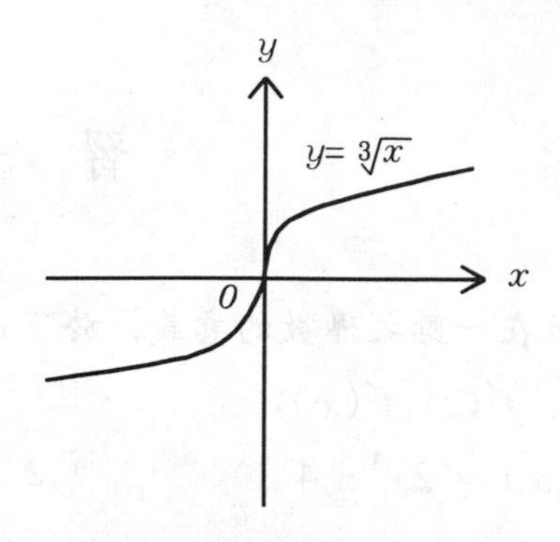

由上面幾例，及導數的意義可知，一函數在一點可微分，正表示函數的圖形在該點處連續不斷，在該點附近平滑，且在該處的切線有斜率。

習　題

依函數在一點之導數的意義，於下面各題(1 ~ 9)中，求 $f'(-1)$，$f'(1)$，$f'(2)$，$f'(x)$：

1. $f(x) = 2x^3 - 4$
2. $f(x) = -x^2 + 3x - 1$
3. $f(x) = x^4 - 3x^2$
4. $f(x) = x + \dfrac{1}{x}$
5. $f(x) = -\dfrac{3}{2x} + 4x$
6. $f(x) = \dfrac{1}{2x+3}$
7. $f(x) = \dfrac{1}{x^3}$
8. $f(x) = x - \sqrt[3]{x}$
9. $f(x) = \dfrac{1}{\sqrt{x}}$

比較下面各題(10 ~ 12)中，函數 f 和 g 在圖上之點的導數的大小：

10.

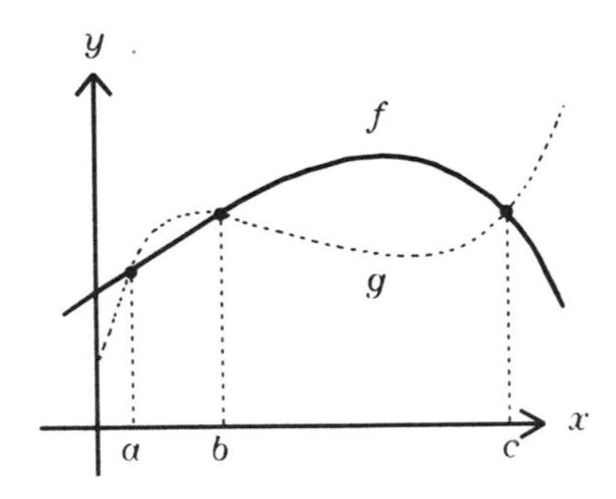

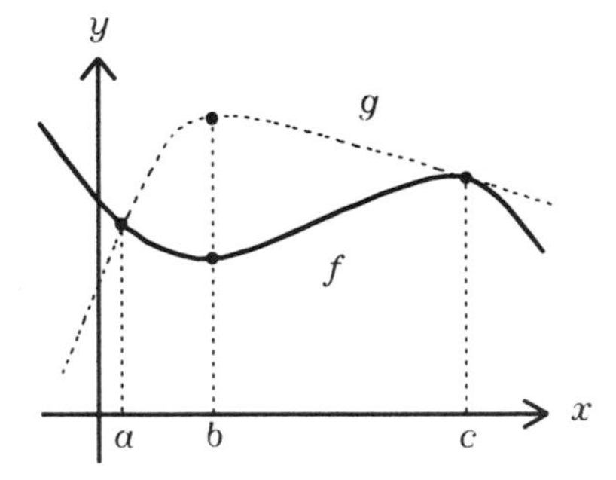

12.

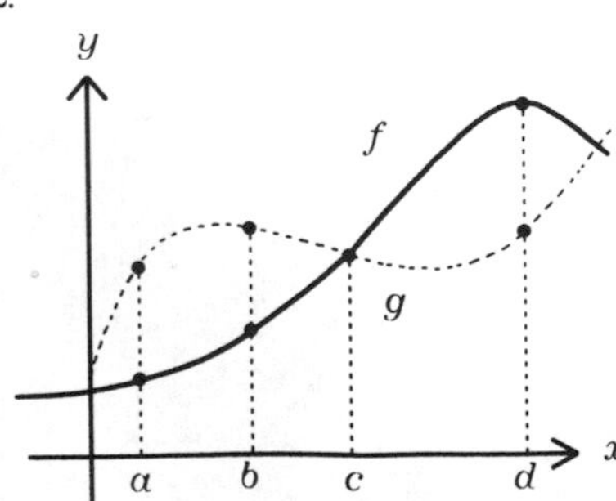

2-4　基本代數函數的導函數，高階導函數

這一節中，我們將依導數的定義，利用極限的定理，導出一些由多項函數經基本的加減乘除及開方等結合而成的**代數函數**的導函數。

定理 2-8

設函數 $f(x)=c$ 爲一常數函數，則
$f'(x)=\mathrm{D}(f(x))=\mathrm{D}(c)=0$。

證明　由定義知，

$$f'(x)=\lim_{t\to x}\frac{f(t)-f(x)}{t-x}=\lim_{t\to x}\frac{c-c}{t-x}=0,$$

即定理得證。

定理 2-9

設 n 爲任意正整數，則 $\mathrm{D}x^n=nx^{n-1}$。

證明　設 $f(x)=x^n$，則

$$\begin{aligned}f'(x)&=\lim_{t\to x}\frac{f(t)-f(x)}{t-x}=\lim_{t\to x}\frac{t^n-x^n}{t-x}\\&=\lim_{t\to x}\frac{(t-x)(t^{n-1}+t^{n-2}x+\cdots+tx^{n-2}+x^{n-1})}{t-x}\\&=\lim_{t\to x}(\underbrace{t^{n-1}+t^{n-2}x+\cdots+tx^{n-2}+x^{n-1}}_{\text{共 } n \text{ 項}})\\&=nx^{n-1},\end{aligned}$$

故定理得證。

定理 2－10

設 k 爲任意常數，f 爲可微分函數，則 kf 也爲可微分函數，且

$$D(kf(x)) = k(f'(x)) = k(Df(x))。$$

證明 因 f 爲可微分函數，故對定義域中的任意 x 來說，極限

$$\lim_{t \to x} \frac{f(t) - f(x)}{t - x}$$

必存在，且它的值爲 $f'(x)$。由導數的定義及 2－1 節例 5 和上式知，

$$\begin{aligned}(kf)'(x) &= \lim_{t \to x} \frac{(kf)(t) - (kf)(x)}{t - x} \\ &= \lim_{t \to x}\left(k \cdot \frac{f(t) - f(x)}{t - x}\right) \\ &= k \cdot \left(\lim_{t \to x} \frac{f(t) - f(x)}{t - x}\right) \\ &= k(f'(x)),\end{aligned}$$

即定理得證。

定理 2－11

設 f 和 g 都爲可微分函數，則 $f+g$ 也爲可微分函數，且

$$D(f(x) + g(x)) = f'(x) + g'(x) = Df(x) + Dg(x)。$$

證明 因爲 f 和 g 都爲可微分，故對它們定義域中的任意 x 來說，下面二值都存在：

$$f'(x) = \lim_{t \to x} \frac{f(t) - f(x)}{t - x},\quad g'(x) = \lim_{t \to x} \frac{g(t) - g(x)}{t - x}。$$

由導數的定義，和定理 2－3 及上面二式，即得

$$\begin{aligned}&D(f(x) + g(x)) \\ &= (f(x) + g(x))'\end{aligned}$$

$$= \lim_{t \to x} \frac{(f(t) + g(t)) - (f(x) + g(x))}{t - x}$$

$$= \lim_{t \to x} \left(\frac{f(t) - f(x)}{t - x} + \frac{g(t) - g(x)}{t - x} \right)$$

$$= \lim_{t \to x} \left(\frac{f(t) - f(x)}{t - x} + \lim_{t \to x} \frac{g(t) - g(x)}{t - x} \right)$$

$$= f'(x) + g'(x)$$

$$= Df(x) + Dg(x),$$

故定理得證。

利用上面的幾個定理，可以很容易的得到下面的定理：

定理 2－12

設函數 $f_1(x)$，$f_2(x)$，…，$f_k(x)$ 等都爲可微分，則

$$D(f_1(x) + f_2(x) + \cdots + f_k(x))$$

$$= Df_1(x) + Df_2(x) + \cdots + Df_k(x)。$$

利用上面的幾個定理，我們可以很容易求得展開的多項函數的導函數，如下例所示：

例 1　求 $D(-x^5 + 2x^3 - 4x^2 + 3x - 5)$。

解　$D(-x^5 + 2x^3 - 4x^2 + 3x - 5)$

$$= D(-x^5) + D(2x^3) + D(-4x^2) + D(3x) + D(-5)$$

$$= -(Dx^5) + (2)(Dx^3) + (-4)(Dx^2) + 3(Dx) + D(-5)$$

$$= -(5x^4) + (2)(3x^2) + (-4)(2x) + 3x^0 + 0$$

$$= -5x^4 + 6x^2 - 8x + 3。$$

例 2　求 $D_x(2x^3y^2 - 2xy + 5y^3)$，其中符號“$D_x$”在說明它後的函數看作是自變數 x 的函數，而其他文字一概看作是常數。我們稱 $D_x f$ 爲**對 f 就 x 微分**。

解 $D_x(2x^3y^2-2xy+5y^3)$

$=2y^2(D_x x^3)-2y(D_x x)+D_x(5y^3)$

$=2y^2(3x^2)-2y(1)+0$

$=6x^2y^2-2y$。

例 3 設 $f(x)=3x^4-x^2+2x-5$，求 f 圖形在其上之點 $(1,-1)$ 處的切線方程式。

解 先求 f 之圖形過點 $(1,-1)$ 處之切線的斜率 $f'(1)$。因為

$$f'(x)=12x^3-2x+2,$$

故得 $f'(1)=12-2+2=12$。由直線之點斜式知，所求切線方程式為

$$y-(-1)=12(x-1),$$

$$12x-y-13=0。$$

由定理 3－5 知，二可微分函數和的導函數，為這二函數的導函數的和。但是二可微分函數之積的導函數，卻不為這二函數的導函數之積。這可從下例看出：$f(x)=x^3, g(x)=x^2$，則 $f(x)g(x)=x^5$，而 $f'(x)=3x^2$，$g'(x)=2x$，$(f(x)g(x))'=5x^4$，由這可知 $(f\cdot g)'\neq f'\cdot g'$。同樣的，二可微分函數之商的導函數，也不為個別函數之導函數的商。至於二函數的積和商的導函數公式，則如下面定理所述：

定理 2－13

設 f 與 g 均為可微分函數，則 $f\cdot g$ 也為可微分函數，且

$$D(f\cdot g)=(f\cdot g)'=f'\cdot g+f\cdot g'。$$

證明 因為 f 與 g 都為可微分，故對定義域中的任意 x 來說，下面二數值必存在：

$$f'(x)=\lim_{t\to x}\frac{f(t)-f(x)}{t-x},\ g'(x)=\lim_{t\to x}\frac{g(t)-g(x)}{t-x}。\quad (1)$$

由導數的定義知,

$$\begin{aligned}
&D(f\cdot g)(x)\\
&=(f\cdot g)'(x)\\
&=\lim_{t\to x}\frac{(f\cdot g)(t)-(f\cdot g)(x)}{t-x}\\
&=\lim_{t\to x}\frac{(f(t)\cdot g(t))-(f(x)\cdot g(x))}{t-x}\\
&=\lim_{t\to x}\frac{(f(t)g(t)-f(x)g(x))+(f(x)g(t)-f(x)g(x))}{t-x}\\
&=\lim_{t\to x}\left(\frac{f(t)-f(x)}{t-x}\cdot g(t)+f(x)\cdot\frac{g(t)-g(x)}{t-x}\right),(2)
\end{aligned}$$

由(1)知上面(2)式最後等號右邊中，前後二項各有一因子的極限存在，而後項的 $f(x)$ 不會因 t 向 x 趨近而改變（因對變數 t 而言，它爲常數），所以要考慮的只有 $\lim_{t\to x}g(t)$ 是不是存在的問題。由於 g 在 x 爲可微分，故知

$$\begin{aligned}
\lim_{t\to x}g(t)&=\lim_{t\to x}\left(\frac{g(t)-g(x)}{t-x}\cdot(t-x)+g(x)\right)\\
&=\lim_{t\to x}\frac{g(t)-g(x)}{t-x}\cdot\lim_{t\to x}(t-x)+\lim_{t\to x}g(x)\\
&=g'(x)\cdot 0+g(x)\\
&=g(x)。
\end{aligned}$$

由上面的討論知，(2)式的極限存在，即

$$\begin{aligned}
(f\cdot g)'(x)&=\lim_{t\to x}\frac{f(t)-f(x)}{t-x}\cdot\lim_{t\to x}g(t)\\
&\quad+\lim_{t\to x}f(x)\cdot\lim_{t\to x}\frac{g(t)-g(x)}{t-x}\\
&=f'(x)\cdot g(x)+f(x)\cdot g'(x)\\
&=(f'\cdot g+f\cdot g')(x),
\end{aligned}$$

故知 $D(f\cdot g)=f'\cdot g+f\cdot g'$，即定理得證。

在上面定理的推演中，我們證明了：函數 g 在 x 爲可微分時，

$$\lim_{t\to x} g(t) = g(x)。$$

事實上，這個極限式正表明函數 g 在 x 處爲連續的意思。我們從下面各圖來觀察，函數 f 的圖形，在 $x=a$ 處的是否斷裂，及 x 趨近於 a 時 f 的極限是否存在，就可了解上述的意思了：

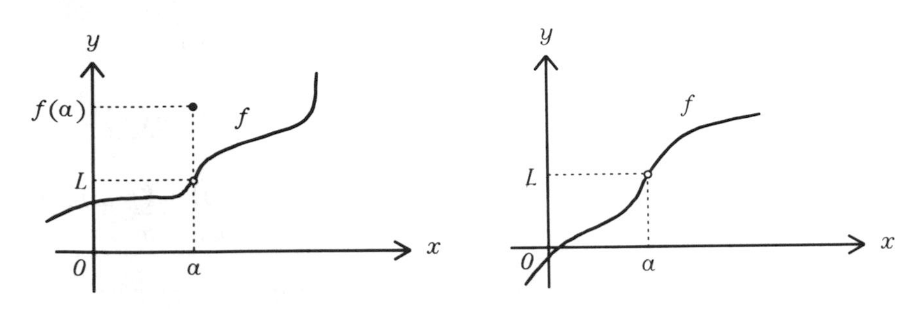

這二圖中 f 的圖形，都在橫坐標爲 a 的地方「斷而不連」，雖然 $\lim_{x\to a} f(x)$ 都存在，但它的值並不是 $f(a)$；事實上，對後圖來說，$f(a)$ 並無意義；而下面二圖中，f 的圖形也都在橫坐標爲 a 的地方「斷而不連」：

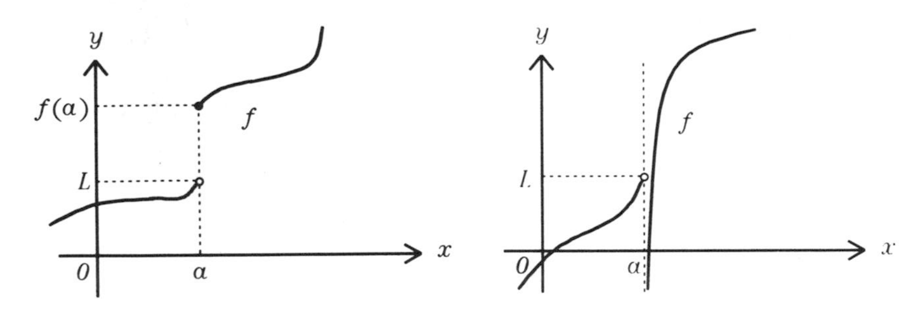

而這二情形，$\lim_{x\to a} f(x)$ 則都不存在。次頁所示的函數圖形在橫坐標爲 a 處則「連結」不斷，且顯然可見 $\lim_{x\to a} f(x) = f(a)$。

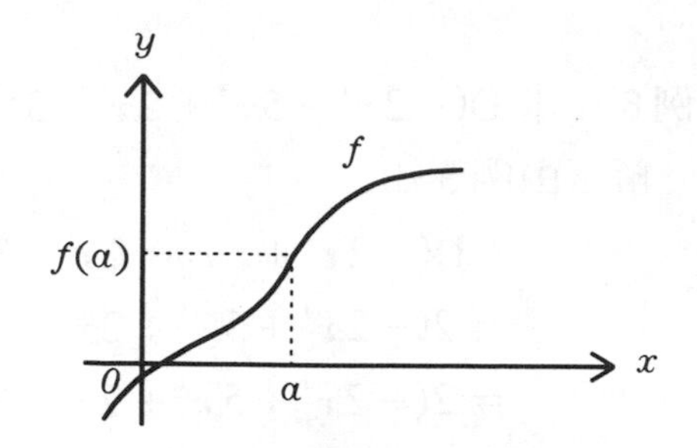

上面的一段，可說是暫時的離題，去說明一函數在一點爲連續的意義，而我們也可說，在定理 2－11 的證明中，我們獲得下面的一個副產品：

定理 2－14

設函數 f 在 a 處爲可微分，則 f 在 a 處爲連續。

讀者是否看出上面定理之逆是不成立的？下面我們要再回到求基本函數之導函數的主流中，下面幾例即爲定理 2－13 的直接應用：

例 4　求 $\mathrm{D}[(4x^3-2x^2-5)(x^4+3x^2-x+4)]$。

解

$$\begin{aligned}&\mathrm{D}[(4x^3-2x^2-5)(x^4+3x^2-x+4)]\\&=[\mathrm{D}(4x^3-2x^2-5)](x^4+3x^2-x+4)+(4x^3-2x^2-5)\\&\quad[\mathrm{D}(x^4+3x^2-x+4)]\\&=(12x^2-4x)(x^4+3x^2-x+4)\\&\quad+(4x^3-2x^2-5)(4x^3+6x-1)。\end{aligned}$$

例 5　設 f 爲可微分函數，利用定理 2－13，證明：$\mathrm{D}f^2=2f\cdot f'$。

證

$$\begin{aligned}\mathrm{D}f^2&=\mathrm{D}(f\cdot f)=(\mathrm{D}f)\cdot f+f\cdot(\mathrm{D}f)\\&=f'\cdot f+f\cdot f'\\&=2f\cdot f'。\end{aligned}$$

例 6 求 $D(-2x^4+5x^3+2x-3)^2$。

解 由例 5 知,

$$
\begin{aligned}
& D(-2x^4+5x^3+2x-3)^2 \\
&= 2(-2x^4+5x^3+2x-3)[D(-2x^4+5x^3+2x-3)] \\
&= 2(-2x^4+5x^3+2x-3)(-8x^3+15x^2+2)。
\end{aligned}
$$

例 5 的結果實爲下面定理的特例:

定理 2－15

設 f 爲可微分函數, n 爲任意正整數, 則 $D(f^n)=nf^{n-1}\cdot f'$。

證明 因爲 f 爲可微分函數, 故知下面的數值存在:

$$f'(x)=\lim_{t\to x}\frac{f(t)-f(x)}{t-x},$$

並由定理2－12, 及極限的性質知, 下式成立:

$$\lim_{t\to x}(f(t))^k=(f(x))^k,\text{ 其中 } k \text{ 爲正整數。} \tag{1}$$

由定義知

$$
\begin{aligned}
& D(f^n(x)) \\
&= (f^n(x))' \\
&= \lim_{t\to x}\frac{f^n(t)-f^n(x)}{t-x} \\
&= \lim_{t\to x}\Big(\frac{f(t)-f(x)}{t-x}\cdot((f(t))^{n-1}+(f(t))^{n-2}f(x)+\cdots \\
&\quad +(f(t)(f(x))^{n-2}+(f(x))^{n-1}\Big) \\
&= \lim_{t\to x}\frac{f(t)-f(x)}{t-x}\cdot\lim_{t\to x}((f(t))^{n-1}+(f(t))^{n-2}f(x)+\cdots \\
&\quad +f(t)(f(x))^{n-2}+(f(x))^{n-1})
\end{aligned}
$$

(共 n 項, 其中由(1)式知各項極限均爲 $(f(x))^{n-1}$)

$$= n(f(x))^{n-1}\cdot f'(x)$$

$= (n(f^{n-1}) \cdot f')(x)$,

即知定理得證。

例7　求 $D(5x^3 - 3x^2 + 1)^7$。

解　由定理 2－13 得,

$$D(5x^3 - 3x^2 + 2)^7 = 7(5x^3 - 3x^2 + 2)^6(D(5x^3 - 3x^2 + 2))$$
$$= 7(5x^3 - 3x^2 + 2)^6(15x^2 - 6x)。$$

關於二函數之商的導函數，則如下面定理所述:

定理 2－16

設 f 和 g 都爲可微分函數，則 $\frac{f}{g}$ 也爲可微分函數，且

$$D\frac{f}{g} = \frac{f' \cdot g - f \cdot g'}{g^2}。$$

證明　先證明 $f = 1$ 的特別情形。設 x 爲定義域中的任意一點（必然 $g(x) \neq 0$），因 g 爲可微分函數，故下面的數值必存在:

$$g'(x) = \lim_{t \to x} \frac{g(t) - g(x)}{t - x},$$

且下式也成立:

$$\lim_{t \to x} g(t) = g(x)。$$

由定義及上面二式知

$$D\left(\frac{1}{g}(x)\right) = \lim_{t \to x} \frac{\frac{1}{g}(t) - \frac{1}{g}(x)}{t - x}$$

$$= \lim_{t \to x} \frac{\frac{1}{g(t)} - \frac{1}{g(x)}}{t - x}$$

$$= \lim_{t \to x}\left(\frac{g(t) - g(x)}{t - x} \cdot \frac{-1}{g(t)g(x)}\right)$$

$$= \left(\lim_{t \to x} \frac{g(t) - g(x)}{t - x}\right) \cdot \frac{-1}{g(x)} \left(\lim_{t \to x} \frac{1}{g(t)}\right)$$

$$= g'(x) \cdot \frac{-1}{g^2(x)},$$

即得

$$D\left(\frac{1}{g}\right) = \frac{-g'}{g^2}。$$

由上式及定理 2－11 即得

$$D\left(\frac{f}{g}\right) = D\left(f \cdot \frac{1}{g}\right) = (Df) \cdot \frac{1}{g} + f \cdot \left(D\frac{1}{g}\right)$$

$$= f' \cdot \frac{1}{g} + f \cdot \frac{-g'}{g^2},$$

$$D\left(\frac{f}{g}\right) = \frac{f' \cdot g - f \cdot g'}{g^2},$$

即定理得證。

例 8　求 $D\frac{1}{x^5}$。

解　由定理 2－14 知

$$D\frac{1}{x^5} = \frac{D(1) \cdot x^5 - 1 \cdot D(x^5)}{(x^5)^2} = \frac{0 \cdot x^5 - 5x^4}{x^{10}} = \frac{-5}{x^6}。$$

由例 8 的結果，我們得知

$$D(x^{-5}) = D\frac{1}{x^5} = \frac{-5}{x^6} = (-5)(x^{-6}) = (-5)x^{-5-1},$$

也就是定理 2－7 中 $n = -5$ 也成立的意思。事實上，仿照例 8 前部的求法，可以證得定理 2－7 及定理 2－7 中的 n 爲負整數時，定理也仍成立。我們將它和定理 2－7 及定理 2－6 合併，而述爲下面定理 2－17，我們將證明定理中 n 爲負整數的情形，而定理 2－18的證明則類似，留供讀者作練習之用。

定理 2－17

設 n 爲任意整數，則 $Dx^n = nx^{n-1}$。

證明 設 n 爲負整數，則 $m=-n$ 爲正整數，故得

$$\mathrm{D}x^n = \mathrm{D}x^{-m} = \mathrm{D}\left(\frac{1}{x^m}\right) = \frac{-\mathrm{D}x^m}{x^{2m}} = -\frac{mx^{m-1}}{x^{2m}}$$
$$= (-m)x^{m-1-2m} = (-m)x^{-m-1} = nx^{n-1},$$

即定理得證。

定理 2－18

設 n 爲任意整數，則 $\mathrm{D}f^n = nf^{n-1}\cdot f'$。

例9 求 $\mathrm{D}\dfrac{3+x^2+x^4}{x^3}$。

解I

$$\mathrm{D}\frac{3+x^2+x^4}{x^3} = \frac{\mathrm{D}(3+x^2+x^4)x^3-(3+x^2+x^4)\mathrm{D}(x^3)}{(x^3)^2}$$
$$= \frac{(2x+4x^3)x^3-(3+x^2+x^4)(3x^2)}{x^6}$$
$$= \frac{x^6-x^4-9x^2}{x^6} = 1-x^{-2}-9x^{-4}。$$

解II

$$\mathrm{D}\frac{3+x^2+x^4}{x^3} = \mathrm{D}(3x^{-3}+x^{-1}+x) = -9x^{-4}-x^{-2}+1$$
$$= \frac{-9-x^2+x^4}{x^4}。$$

例10 求下面的數值：

$$\mathrm{D}\frac{(1+x)^2(3-x^2-x^3)^3}{(3+2x-4x^3)^5}\bigg|_{x=1}。$$

解 $$\left. D\frac{(1+x)^2(3-x^2-x^3)^3}{(3+2x-4x^3)^5}\right|_{x=1}$$

$$= D[(1+x)^2(3-x^2-x^3)^3(3+2x-4x^3)^{-5}]\Big|_{x=1}$$

$$= \{[D(1+x)^2(3-x^2-x^3)^3](3+2x-4x^3)^{-5} + (1+x)^2(3-x^2-x^3)^3 D(3+2x-4x^3)^{-5}\}\Big|_{x=1}$$

$$= \{[2(1+x)(3-x^2-x^3)^3+3(1+x)^2(3-x^2-x^3)^2(-2x-3x^2)](3+2x-4x^3)^{-5}+(1+x)^2(3-x^2-x^3)^3[(-5)(3+2x-4x^3)^{-6}(2-12x^2)]\Big|_{x=1}$$

$$= \{[2(2)(1)^3+3(2)^2(1)^2(-5)](1)^{-5}-5(2)^2(1)^3(1)^{-6}(2-12)\}$$

$$= -56+200 = 144。$$

例11 求 $D\sqrt{x}$，$x>0$。

解 因爲在這之前，我們不曾討論這一類型函數的微分問題,所以只有從定義著手。對任意 $x>0$ 而言，由定義知

$$D\sqrt{x} = \lim_{t\to x}\frac{\sqrt{t}-\sqrt{x}}{t-x} = \lim_{t\to x}\frac{1}{\sqrt{t}+\sqrt{x}} = \frac{1}{2\sqrt{x}}。$$

上例中，$\sqrt{x} = x^{\frac{1}{2}}$，而

$$Dx^{\frac{1}{2}} = D\sqrt{x} = \frac{1}{2\sqrt{x}} = \left(\frac{1}{2}\right)(x^{-\frac{1}{2}})$$

$$= \left(\frac{1}{2}\right)x^{\frac{1}{2}-1},$$

即知公式

$$Dx^n = nx^{n-1}$$

於 $n=\dfrac{1}{2}$時亦成立。事實上，對任意實數 r 而言，上式於 $n=r$ 時仍成立。但因其證明須用及實數指數的意義，故待日後適當的地方再加證明，今將之述爲下二定理做爲求導函數的依據。

定理 2－19

設 r 爲任意實數，則 $\mathrm{D}x^r = rx^{r-1}$，$x>0$。

定理 2－20

設 r 爲任意實數，f 爲可微分函數，且 $f>0$，則 $Df^r = rf^{r-1}\cdot f'$。

例12　求 $\mathrm{D}(x^4+2x+1)^{\sqrt{2}}\Big|_{x=0}$。

解　$\mathrm{D}\sqrt{2}(x^4+2x+1)^{\sqrt{2}-1}\cdot \mathrm{D}(x^4+2x+1)\Big|_{x=0}$

$= \sqrt{2}(0^4+0+1)^{\sqrt{2}-1}\cdot[4(0)^3+2] = 2\sqrt{2}$。

例13　求 $\mathrm{D}\sqrt[3]{(4x^2+2x+1)^2}$。

解　$\mathrm{D}\sqrt[3]{(4x^2+2x+1)^2}$

$= \mathrm{D}(4x^2+2x+1)^{\frac{2}{3}}$

$= \left(\frac{2}{3}\right)(4x^2+2x+1)^{-\frac{1}{3}}\cdot \mathrm{D}(4x^2+2x+1)$

$= \left(\frac{2}{3}\right)(4x^2+2x+1)^{-\frac{1}{3}}\cdot(8x+2)$。

一個可微分函數 f 的導函數 f' 也是一個函數，如果 f' 本身也是可微分，那麼它的導函數 $(f')'$ 簡記爲 f''，稱爲 f 的**二階導函數**，並稱 f' 爲 f 的**一階導函數**。如果 f'' 仍是可微分，那麼它的導函數，記爲 f''' 或 $f^{(3)}$，稱爲 f 的**三階導函數**。同樣的，f 的**四階**、**五階**，以至於 n **階導函數**，分別記爲 $f^{(4)}$，$f^{(5)}$，$f^{(n)}$ 等，皆可類似定義。函數 f 在一點 x_0 的 n **階導數**，則是指函數 $f^{(n)}$ 在 $x=x_0$ 處的值而言。函數 $f^{(n)}$ 也可記爲

$$\mathrm{D}^n f，\frac{d^n}{dx^n}f，或 \frac{d^n f}{dx^n}，$$

它後面兩個式子中，n 的書寫位置，是把「運算子」D 寫爲$\frac{d}{dx}$，而由$\left(\frac{d}{dx}\right)^n$ 變形得來的。

例14　設 $f(x)=2x^5-3x^2-3$，求 $f(1), f'(1), f''(1)$，$f^{(3)}(1)$，$f^{(4)}(1)$，$f^{(5)}(1)$，$f^{(6)}(1)$。

解　易知，

$$f'(x)=10x^4-6x，f''(x)=40x^3-6，$$
$$f^{(3)}(x)=120x^2，f^{(4)}(x)=240x，$$
$$f^{(5)}(x)=240，f^{(6)}(x)=0。$$

故得，

$$f(1)=-4，f'(1)=4，f''(1)=34，f^{(3)}(1)=120，$$
$$f^{(4)}(1)=240，f^{(5)}(1)=240，f^{(6)}(1)=0。$$

例15　設 $f(x)=\frac{3}{x^2}+2\sqrt{x}$，求 $f'(x)$，$f''(x)$，$f^{(3)}(x)$。

解　因爲 $f(x)=3x^{-2}+2x^{\frac{1}{2}}$，故得

$$f'(x)=-6x^{-3}+2\left(\frac{1}{2}\right)x^{-\frac{1}{2}}=\frac{-6}{x^3}+\frac{1}{\sqrt{x}}$$

$$f''(x)=18x^{-4}-\left(-\frac{1}{2}\right)x^{-3}=\frac{18}{x^4}-\frac{1}{2\sqrt{x^3}}$$

$$f^{(3)}(x)=-72x^{-5}+\left(\frac{3}{2}\right)x^{-\frac{5}{2}}=-\frac{72}{x^5}+\frac{3}{2\sqrt{x^5}}。$$

例16　求 $\frac{d^2}{dx^2}\frac{x}{\sqrt{x+1}}$。

解

$$\frac{d^2}{dx^2}\frac{x}{\sqrt{x+1}}$$
$$=\frac{d}{dx}\left(\frac{d}{dx}\frac{x}{\sqrt{x+1}}\right)$$

$$= \frac{d}{dx}\left(\frac{\sqrt{x+1} - x\dfrac{1}{2\sqrt{x+1}}}{x+1}\right)$$

$$= \frac{d}{dx}\left(\frac{2(x+1) - x}{2(x+1)^{\frac{3}{2}}}\right)$$

$$= \frac{d}{dx}\left(\frac{x+2}{2(x+1)^{\frac{3}{2}}}\right)$$

$$= \frac{2(x+1)^{\frac{3}{2}} - 3(x+2)\sqrt{x+1}}{4(x+1)^{3}}$$

$$= \frac{-\sqrt{x+1}(x+4)}{4(x+1)^{3}}。$$

習 題

求下面各題 (1～18):

1. $D(5x-4)$
2. $D(2+\sqrt{3})$
3. $D(-3x^3+2x^2-1)$
4. $D((x^2+5)(3x^3-x^2-7))$
5. $D(x^5(2x+3)(x^2+3))$
6. $D((2x^3-3x+1)^2-2)^2$
7. $D(3-x+2x^3+x^4)^3$
8. $D((2x^2-1)^3(2x^3+x-2)^2(3-x)^3)$
9. $D\dfrac{(x+2)^3}{\sqrt{x}}$
10. $D\dfrac{1-2x}{3+2x}$
11. $D\dfrac{1+x+x^2}{1-x-x^2}$
12. $D\dfrac{(1+2x+x^3)^2}{(2+3x-2x^2)^3}$
13. $D\dfrac{(1+2x)(2-3x)^2(3+4x)^3}{x^2(2x-3)^3(3x+4)^5}$
14. $D\sqrt{\dfrac{1-2x}{1+2x}}$
15. $D\left(\dfrac{x(x+1)}{x^2+1}\right)^3$
16. $D\dfrac{\sqrt{3x+1}}{2x-1}$
17. $D\sqrt{\dfrac{1-2x}{3+2x^2}}$
18. $D\left.\dfrac{x+\dfrac{x+1}{x+2}}{2x-\dfrac{x-3}{x+4}}\right|_{x=1}$
19. 設 f，g，h 皆爲可微分函數，以這三個函數及其一階導函數，來表出 $D(f\cdot g\cdot h)$。
20. 設 f，g 爲二階可微分，以這兩個函數及其一階與二階導函數，來表出 $D^2(f\cdot g)$。

設 f，g 二函數在 a 處爲可微分，且 $f(a)=1$，$g(a)=-1$，$f'(a)=2$,$g'(a)=-1$,$f''(a)=3$，$g''(a)=-2$，求下列各題之值(21 ～ 25):

21. $(2f-3g)'(a)$
22. $((f+g)^2)'(a)$

23. $\left(\dfrac{2f}{3g}\right)'(a)$

24. $((-3f+2g)^3)''(a)$

25. $(f^3\cdot g)''(a)$

於下面各題(26 ～ 31) 中求 y'':

26. $y=3x^5+5x^3-2x^2-7$

27. $y=(2x^2+3x-1)^2$

28. $y=(3x-1)^2(2x+3)^3$

29. $y=\dfrac{2x^4-1}{x^2}$

30. $y=\sqrt[3]{x^2}+(x-1)^3$

31. $y=\dfrac{2x-1}{x^2+x-1}$

32. 求曲線 $y=x^3-2x+3$ 在其上一點(1,2) 處的切線方程式。

33. 求曲線 $y=(2x-1)^3(x^2+1)(x^3-3)$ 在其上一點(0,3) 處的切線方程式。

34. 求曲線 $y=\dfrac{x}{5-x^2}$ 在其上一點(−2, −2) 處的切線方程式。

35. 求曲線 $y=\dfrac{x^2}{1+x+x^2}$ 在其上一點(−1,1) 處的切線方程式。

36. 設拋物線 $y=4x-x^2$,求平面上之點(5, −1) 到此拋物線的切線方程式。

2－5　隱函數的微分法

一般而言，一個方程式的圖形未必是一函數圖形。譬如方程式 $x^2+y^2=1$ 的圖形爲一圓，即不爲一函數的圖形（見下圖），因爲垂直於 x 軸的直線，會與圖形交於兩點：

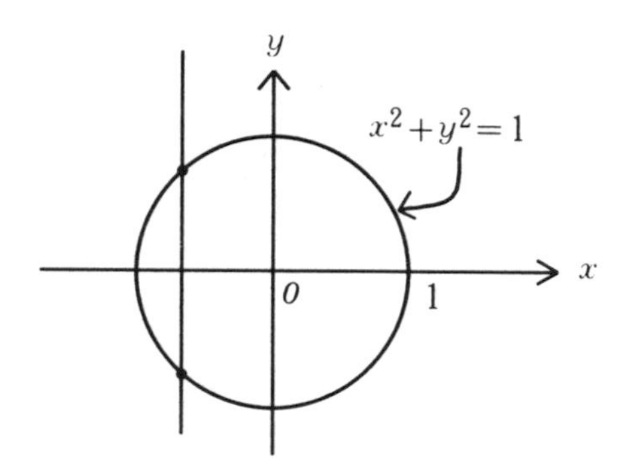

我們知道，導數的概念是就函數而言的，而且表過函數圖形上之點的切線之斜率。因而，我們無法對一方程式談及導數的問題。然而對上述方程式之圖形（爲一圓）而言，過其上一點的切線，乃是我們熟知的一個幾何概念，所以我們希望能對一方程式，也賦予類似導數的概念。爲此，我們可就方程式 $x^2+y^2=1$ 適當的限制 y 值，以得函數。譬如對上述之圓的方程式，限制 y 值爲非負，即得函數

$$y_1 = f(x) = \sqrt{1-x^2},$$

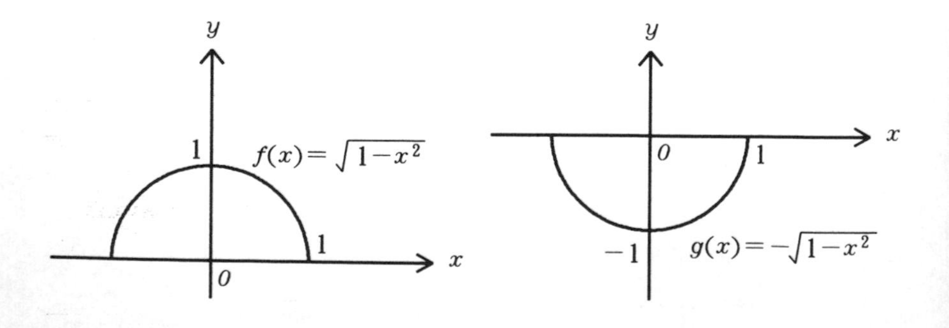

而若限制 y 値為非正，則得函數

$$y_2 = g(x) = -\sqrt{1-x^2}。$$

我們即稱 f 與 g 以隱函數的形式表於方程式 $x^2+y^2=1$ 中。一般而言，若一函數 f 的圖形為某一方程式 $F(x,y)=0$ 之圖形的一部分，則稱函數 f 以**隱函數**的形式表於方程式 $F(x,y)=0$ 中。

就一般的隱函數而言，要想將此函數的對應法則，以一明確的公式表示出來——稱為**顯函數**，往往並不容易，甚或不可能。所以在求隱函數在某點的導數時，常藉隱函數的微分法來直接處理，即於方程式中，將一變數視為另一變數的可微分函數，而對等號兩邊就獨立變數微分。譬如設 y 為 x 的可微分函數，則可對等號兩邊就 x 微分，然後解出 $\frac{dy}{dx}$ 來。以方程式 $x^2+y^2=1$ 為例，設 y 為 x 的可微分函數表於此方程式中。則此方程式表明 x^2 及 $((y)(x))^2$ 之和即為常數函數 1，故知

$$D_x(x^2+y^2) = D_x(1),$$

$$2x + 2y\left(\frac{dy}{dx}\right) = 0,$$

$$\frac{dy}{dx} = -\frac{x}{y}。$$

上面的結果，與將 y 表為 x 之顯函數而求得的結果是一致的。譬如，若 $y=\sqrt{1-x^2}$，則

$$\frac{dy}{dx} = -\frac{x}{\sqrt{1-x^2}} = -\frac{x}{y},$$

而若 $y=-\sqrt{1-x^2}$，則

$$\frac{dy}{dx} = \frac{x}{\sqrt{1-x^2}} = \frac{-x}{-\sqrt{1-x^2}} = -\frac{x}{y}。$$

例1　設 y 為 x 之可微分函數，且 $xy-x^2+y-5=0$，試求 $\frac{dy}{dx}$。

解　對方程式等號兩邊就 x 微分

$$\left(\frac{d}{dx}\right)(xy - x^2 + y - 5) = \left(\frac{d}{dx}\right)(0),$$

$$\left(y + x\left(\frac{dy}{dx}\right)\right) - 2x + \frac{dy}{dx} = 0,$$

$$\frac{dy}{dx} = \frac{2x - y}{x + 1}。$$

讀者試由例 1 中表隱函數之方程式，解出 y 爲 x 的顯函數，然後求 $\frac{dy}{dx}$，以檢驗上面之解的正確性。

例 2 設 $y^2 = x^2 + xy - 3$，求 $\frac{dy}{dx}$。

(在這類題目中，「y 爲 x 之可微分函數」一詞往往省略)

解 對方程式等號兩邊就 x 微分

$$\left(\frac{d}{dx}\right)y^2 = \left(\frac{d}{dx}\right)(x^2 + xy - 3),$$

$$2y\left(\frac{dy}{dx}\right) = 2x + y + x\left(\frac{dy}{dx}\right),$$

$$\frac{dy}{dx} = \frac{2x + y}{2y - x}。$$

例 3 求橢圓 $2x^2 + 3y^2 = 5$ 在其上之點 $(1, -1)$ 處的切線方程式。

解 所求切線之斜率爲 $\left(\frac{dy}{dx}\right)\bigg|_{(1,-1)}$。今先求 $\frac{dy}{dx}$。對方程式等號兩邊就 x 微分

$$\frac{d}{dx}(2x^2 + 3y^2) = \frac{d}{dx}(5),$$

$$4x + 6y\left(\frac{dy}{dx}\right) = 0,$$

$$\frac{dy}{dx} = \frac{-2x}{3y},$$

故得

$$\frac{dy}{dx}\bigg|_{(1,-1)} = \left(\frac{-2x}{3y}\right)\bigg|_{(1,-1)} = \frac{2}{3},$$

從而知所求的切線方程式為

$$y-(-1)=\left(\frac{2}{3}\right)(x-1),$$
$$2x-3y=5。$$

例 4　設(x_0,y_0)為二次曲線$ax^2+bxy+cy^2+dx+ey+f=0$上之一點,試證此二次曲線過點(x_0,y_0)之切線方程式為

$$ax_0x+\frac{b(x_0y+xy_0)}{2}+cy_0y+\frac{d(x+x_0)}{2}+\frac{e(y+y_0)}{2}+f=0。$$

證　所求切線之斜率為$\left(\frac{dy}{dx}\right)\Big|_{(x_0,y_0)}$。今先求$\frac{dy}{dx}$。對方程式等號兩邊就 x 微分:

$$\left(\frac{d}{dx}\right)(ax^2+bxy+cy^2+dx+ey+f)=\left(\frac{d}{dx}\right)(0),$$
$$2ax+b\left[y+x\left(\frac{dy}{dx}\right)\right]+2cy\left(\frac{dy}{dx}\right)+d+e\left(\frac{dy}{dx}\right)=0,$$
$$\frac{dy}{dx}=-\frac{2ax+by+d}{bx+2cy+e},$$
$$\left(\frac{dy}{dx}\right)\Big|_{(x_0,y_0)}=-\frac{2ax_0+by_0+d}{bx_0+2cy_0+e}。$$

從而知所求的切線方程式為

$$y-y_0=-\frac{2ax_0+by_0+d}{bx_0+2cy_0+e}(x-x_0),$$
$$(2ax_0+by_0+d)(x-x_0)+(y-y_0)(bx_0+2cy_0+e)=0,$$
$$2ax_0x+b(x_0y+xy_0)+2cy_0y+d(x+x_0)+e(y+y_0)$$
$$-2(ax_0^2+bx_0y_0+cy_0^2+dx_0+ey_0)=0,$$
$$ax_0x+b\left(\frac{x_0y+xy_0}{2}\right)+cy_0y+d\left(\frac{x+x_0}{2}\right)+e\left(\frac{y+y_0}{2}\right)$$
$$-(ax_0^2+bx_0y_0+cy_0^2+dx_0+ey_0)=0,$$

由於(x_0,y_0)為二次曲線$ax^2+bxy+cy^2+dx+ey+f=0$上之一點,故

$$ax_0^2+bx_0y_0+cy_0^2+dx_0+ey_0+f=0,$$

$$-(ax_0^2 + bx_0y_0 + cy_0^2 + dx_0 + ey_0) = f,$$

將上式代入上面的切線方程式中,即得所求的切線方程式為

$$ax_0x + \frac{b(x_0y + xy_0)}{2} + cy_0y + \frac{d(x + x_0)}{2} + \frac{e(y + y_0)}{2} + f = 0,$$

而本題得證。

例5 求曲線$\sqrt{x^2 + y^2} - x = 8$在其上一點$(-3,4)$處的切線方程式。

解 所求切線之斜率為$\left(\frac{dy}{dx}\right)\Big|_{(-3,4)}$。今先求$\frac{dy}{dx}$。對方程式等號兩邊就 x 微分:

$$\frac{d}{dx}(\sqrt{x^2 + y^2} - x) = \frac{d}{dx}(8),$$

$$\frac{1}{2\sqrt{x^2 + y^2}}\left(2x + 2y\frac{dy}{dx}\right) - 1 = 0,$$

$$x + y\frac{dy}{dx} = \sqrt{x^2 + y^2},$$

將點$(-3,4)$代入上式,並解之得

$$\left(\frac{dy}{dx}\right)\Big|_{(-3,4)} = 2,$$

從而得所求的切線方程式為

$$y - 4 = 2(x - (-3)),$$

$$2x - y + 10 = 0。$$

例6 設$2x - y = 1 + x\sqrt{y}$求$\left(\frac{dy}{dx}\right)\Big|_{(2,1)}$及$\left(\frac{d^2y}{dx^2}\right)\Big|_{(2,1)}$之值。

解 對方程式等號兩邊就 x 微分:

$$\frac{d}{dx}(2x - y) = \frac{d}{dx}(1 + x\sqrt{y}),$$

$$2 - \frac{dy}{dx} = \sqrt{y} + \frac{x}{2\sqrt{y}}\frac{dy}{dx}, \qquad (1)$$

把點$(2,1)$代入(1)式,解之得

$$\left(\frac{dy}{dx}\right)\bigg|_{(2,1)} = \frac{1}{2},$$

爲求$\left(\frac{d^2y}{dx^2}\right)\bigg|_{(2,1)}$，對 (1) 式等號兩邊就 x 微分：

$$\frac{d}{dx}\left(2-\frac{dy}{dx}\right) = \frac{d}{dx}\left(\sqrt{y}+\frac{x}{2\sqrt{y}}\frac{dy}{dx}\right),$$

$$-\frac{d^2y}{dx^2} = \frac{1}{2\sqrt{y}}\frac{dy}{dx} + \frac{2\sqrt{y}-2x\,\frac{1}{2\sqrt{y}}\frac{dy}{dx}}{4y}\frac{dy}{dx} + \frac{x}{2\sqrt{y}}\frac{d^2y}{dx^2},$$

把點(2,1) 及$\left(\frac{dy}{dx}\right)\bigg|_{(2,1)} = \frac{1}{2}$ 代入上式，解之得

$$\left(\frac{2}{2\sqrt{1}}+1\right)\frac{d^2y}{dx^2}\bigg|_{(2,1)} = -\frac{1}{2\sqrt{1}}\cdot\frac{1}{2} - \frac{2\sqrt{1}-(2)\cdot\frac{1}{\sqrt{1}}\cdot\frac{1}{2}}{4(1)}\cdot\frac{1}{2},$$

$$\left(\frac{d^2y}{dx^2}\right)\bigg|_{(2,1)} = \frac{-3}{16}。$$

習 題

於下面各題 (1～4) 中，把 y 表成 x 的顯函數：

1. $4x + 3y + 1 = 0$
2. $-\dfrac{3x}{y} + 4x = 5$
3. $3x^2 - xy + 4x + y + 1 = 0$
4. $4x^2y^2 + 12xy - x^2 - 2x + 8 = 0$

於下列各題(5～8) 中，求 $\dfrac{dy}{dx}$：

5. $x^2y^2 = 1$
6. $y^4 = 3(x^2 + y^2)$
7. $y^2(a + x) = x^2(a - x)$
8. $\dfrac{x + y}{x - y} = x^2\sqrt{y}$

於下列各題(9～16) 中，求方程式之圖形在其上之點(a, b)處的切線方程式：

9. $x^2 + y^2 = 25$，$(a, b) = (-3, 4)$
10. $xy = 2$，$(a, b) = (-2, -1)$
11. $x^2 = y^3$，$(a, b) = (1, 1)$
12. $2x^3 - 9xy + 2y^3 = 0$，$(a, b) = (2, 1)$
13. $\sqrt{2x + y} = x - y$，$(a, b) = (4, 1)$
14. $\dfrac{1}{x^3} + \dfrac{1}{y^3} = 2$，$(a, b) = (1, 1)$
15. $xy^2 - \sqrt{x + y} = y$，$(a, b) = (3, 1)$
16. $x^3 + y^3 = 3xy$，$(a, b) = \left(\dfrac{3}{2}, \dfrac{3}{2}\right)$
17. 求曲線 $x^4 + y^4 = 4xy^3 - 2$ 上水平切線的所在。
18. 證明曲線 $xy^5 + x^5y = 1$ 上沒有水平切線。

19. 求曲線 $x^2 - xy + y^2 = 9$ 上水平切線的所在$\left(\dfrac{dy}{dx} = 0\right)$ 及垂直切線的所在$\left(\dfrac{dx}{dy} = 0\right)$。

20. 設 $x + y = xy^2$，求$\left(\dfrac{d^2y}{dx^2}\right)$。

21. 設 $4xy + 4x^2 = y^2 - x$，求$\left(\dfrac{d^2y}{dx^2}\right)\Big|_{(1,5)}$。

22. 設 $3x^2y = 2xy - \sqrt{x}$，求$\left(\dfrac{d^2y}{dx^2}\right)\Big|_{(1,-1)}$。

23. 設 $xy^2 = 2x^2y + 3\sqrt[3]{y^2}$，求$\left(\dfrac{d^2y}{dx^2}\right)\Big|_{(1,-1)}$。

2－6 函數的微分

在此以前，我們以 $\dfrac{df}{dx}$ 表 f 之導函數 f'，其中 df 與 dx 二符號本身，不表單獨意義，當然自不表 df 除以 dx 之商。本節將定義函數的**微分**，使 df 與 dx 均有其意義，並且使 df 除以 dx 之商即爲 $f' = \dfrac{df}{dx}$。

首先，我們當記得函數 f 在一點 x_0 處之導數爲

$$f'(x_0) = \frac{df}{dx}\bigg|_{x=x_0} = \lim_{\Delta x \to 0} \frac{f(x_0+\Delta x) - f(x_0)}{\Delta x},$$

令其中 $f(x_0+\Delta x) - f(x_0) = \Delta f(x_0, \Delta x)$，表函數 f 於自變數從 x_0 處有一**增量** Δx 時，函數值之增量。換句話說，上述的導數，乃函數值的增量，簡記爲 Δf，與自變數的增量 Δx 的比值，於 Δx 趨近於 0 時的極限。也就是說，於 $\Delta x \neq 0$ 而趨近於 0 時，比值$\dfrac{\Delta f}{\Delta x}$可任意趨近於導數 $f'(x_0)$，我們以下式表出：

$$\frac{\Delta f}{\Delta x} \approx f'(x_0), \text{ 當 } \Delta x \approx 0,$$

亦即，

$$\Delta f \approx f'(x_0)\Delta x, \text{ 當 } \Delta x \approx 0。$$

我們稱這個於 $\Delta x \approx 0$ 時與 Δf 近似的數值 $f'(x_0)\Delta x$ 爲 f 於 x_0 處，當自變數增量爲 Δx（$\neq 0$）時的**微分**，記爲 $df(x_0, \Delta x)$，即是

$$df(x_0, \Delta x) = f'(x_0)\Delta x。$$

對一般可微分函數 f 而言，我們也以 $df(x)$ 或 df 表出 f 於 x 處當自變數增量爲 Δx 時之微分，即

$$df = df(x) = f'(x)\Delta x。$$

當 $g(x) = x$ 時，$g'(x) = 1$，故 $dg = dx = 1 \cdot \Delta x = \Delta x$。從而我們對一可微分函數 f 而言，其微分可記爲

$$df(x) = f'(x)dx。$$

若令 $y = f(x)$，則 df 亦記爲 dy，即知 $dy = f'(x)\,dx$，或知 dy 與 dx 之商爲 $f'(x)$，如下式所示:

$$\frac{dy}{dx} = f'(x)$$

這就是當初以 $\dfrac{dy}{dx}$ 或 $\dfrac{df(x)}{dx}$ 表 $f'(x)$ 的理由了。

例 1　設 $f(x) = x^4$，求 $\Delta f(-1, 0.01)$，$df(-1, 0.01)$。

解　因爲 $f(x) = x^3$，故

$$df = f'(x)dx = (\mathrm{D}x^4)dx = 4x^3dx,$$

從而得

$$\begin{aligned}\Delta f(-1, 0.01) &= f(-1+0.01) - f(-1)\\ &= (-1+0.01)^4 - (-1)^4\\ &= -0.03940399,\\ df(-1, 0.01) &= 4(-1)^3(0.01) = -0.04。\end{aligned}$$

例 2　於下面各題中，求 df。

$$(1) f(x) = x^3 + \frac{1}{x^2} \quad (2) f(x) = x\sqrt[3]{x^2}$$

解　(1) $df = (\mathrm{D}(x^3 + \dfrac{1}{x^2}))dx = (3x^2 - \dfrac{2}{x^3})dx$。

(2) $df = (\mathrm{D}x\sqrt[3]{x^2})dx = \mathrm{D}x^{\frac{5}{3}}dx = \dfrac{5}{3}x^{\frac{2}{3}}dx$。

關於函數的微分，我們可藉幾何意義來了解。並且在幾何說明中，我們可以對 df，dx 及 Δf，Δx 等有具體的了解，且可以看出其間的關係。由於 $dx = \Delta x$，故我們專注於 df 與 Δf 的幾何意義間的關係。設函數 f 在 x_0 爲可微分，則過 f 之圖形上之點 $P(x_0, f(x_0))$ 處的切線 L 之斜率爲 $f'(x_0)$，方程式爲

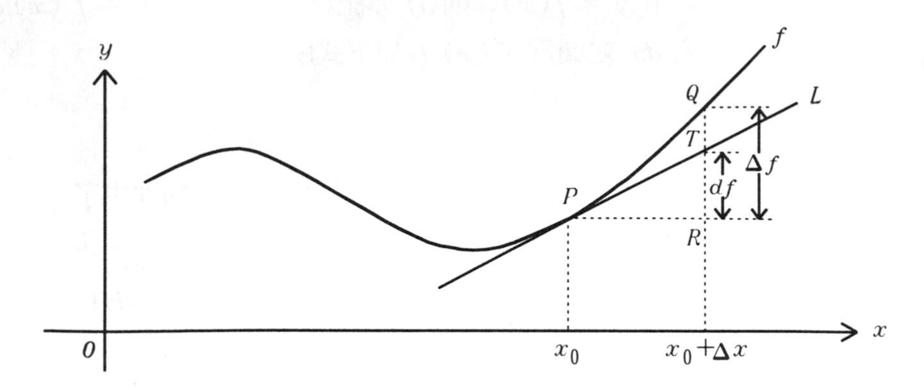

$$y - f(x_0) = f'(x_0)(x - x_0)。$$

L 上橫坐標爲 $x_0+\Delta x$ 之點 T 的縱坐標即爲

$$f(x_0) + f'(x_0)\Delta x$$

故於上圖中，$\overline{TR}$即爲 $df = f'(x_0)\Delta x$，而$\overline{QR}$則爲 Δf。當 Δx 很小時，$\overline{QT}$甚小，而 df 與 Δf 甚爲接近。這可由下面的證明得知：因爲

$$\Delta f - df = (f(x_0 + \Delta x) - f(x_0)) - f'(x_0)\Delta x$$
$$= \left(\frac{f(x_0 + \Delta x) - f(x_0)}{\Delta x} - f'(x_0)\right)\Delta x$$

故知

$$\lim_{\Delta x \to 0}(\Delta f - df)$$
$$= \lim_{\Delta x \to 0}\left(\frac{f(x_0 + \Delta x) - f(x_0)}{\Delta x} - f'(x_0)\right) \cdot \lim_{\Delta x \to 0} \Delta x$$
$$= (f'(x_0) - f'(x_0)) \cdot 0 = 0$$

即知當 Δx 甚小時，Δf 與 df 的值甚爲接近，且可任意接近。這與前述的

$$\Delta f \approx f'(x_0)\Delta x = df$$

是一致的。但我們可注意到，上面極限的趨近於 0，是由兩個趨近於 0 的函數（Δx 的函數）

$$\frac{f(x_0 + \Delta x) - f(x_0)}{\Delta x} - f'(x_0) \text{ 與 } \Delta x$$

之乘積而造成的，從而可以說是一種「雙重」的趨近型態，故當 Δx 趨近於 0 時上述二者的積趨近於 0 的「速度」相當快，故知 Δx 趨近於 0 時，df 爲 Δf 之極佳的近似值。由於 $\Delta f \approx df$，故得下面的結論：$\Delta x \approx 0$ 時，

$$f(x_0+\Delta x) \approx f(x_0) + f'(x_0)\Delta x。$$

這個性質可以有下例所示的應用：

例 3　利用 $\Delta f \approx df$ 之性質，求 $\sqrt{24}$ 的近似值。

解　令 $f(x)=\sqrt{x}$，則 $f'(x)=\dfrac{1}{2\sqrt{x}}$。爲求 $\sqrt{24}$，可令 $x_0=25$，$\Delta x=-1$，則

$$\begin{aligned}\sqrt{24} &= f(x_0+\Delta x) \approx f(x_0)+f'(x_0)\Delta x \\ &= 5+\left(\frac{1}{2\sqrt{25}}\right)(-1) = 4.9。\end{aligned}$$

事實上，$\sqrt{24}$ 的一個很好的近似爲 4.8989794855664，可見例 3 的結果甚好。此例中所取的 $\Delta x=-1$ 其絕對值爲 1，感覺上似乎並不很小。若用同樣的方法求 $\sqrt{2}$ 的近似值，並取 $x_0=1$，$\Delta x=1$，此時 Δx 的絕對值仍爲 1 而所求的

$$\sqrt{2} \approx \sqrt{1} + \frac{1}{2\sqrt{1}}(1) = 1.5$$

與 $\sqrt{2}$ 的很好的近似 1.4142135623731 有相當的誤差。關於這種現象，主要是由於 $f(x)=\sqrt{x}$ 在求 $\sqrt{24}$ 時所取的 $x_0=25$ 處附近的函數圖形，和過對應點的切線相當貼近，而在求 $\sqrt{2}$ 時所取的 $x_0=1$ 處附近的函數圖形，和過對應點的切線，則並不夠貼近使然。當然，只要 $\Delta x \approx 0$，df 自是 Δf 的極佳的近似。

在介紹過函數的微分的意義之後，我們可易將前此所導出的導函數公式，轉換成微分公式，今舉一些示範於下：

導函數	**微分**
(1) $Dc=0$，c 爲常數	(1)′ $dc=0$，c 爲常數

(2) $D(kf)=kDf$，k 爲常數　(2)′ $d(kf)=kdf$，k 爲常數

(3) $D(f+g)=Df+Dg$　(3)′ $d(f+g)=df+dg$

(4) $D(f\cdot g)=(Df)g+f(Dg)$　(4)′ $d(f\cdot g)=(df)g+f(dg)$

(5) $D\left(\frac{f}{g}\right)=\frac{(Df)g-f(Dg)}{g^2}$　(5)′ $d\left(\frac{f}{g}\right)=\frac{(df)g-f(dg)}{g^2}$

(6) $Df^r=rf^{r-1}(Df)$，r 爲常數　(6)′ $df^r=rf^{r-1}(df)$，r 爲常數

(7) $Dx^r=rx^{r-1}$，r 爲常數　(7)′ $dx^r=rx^{r-1}dx$，r 爲常數

此後，求一函數 $f(x)$ 之微分，可先求其導函數 $f'(x)$，而後再乘以 dx，亦可藉上述公式直接求得如下：

$$\begin{aligned} d(x^4-5x^3-7) &= d(x^4)+d(-5x^3)+d(-7) \\ &= 4x^3dx-15x^2dx+0dx \\ &= (4x^3-15x^2)dx。\end{aligned}$$

求微分的方法，也可用來求隱函數之導函數，如下例所示：

例 4　設 $xy^3=3y^2-2xy+x^2$，求 $\frac{dy}{dx}$ 及 $\frac{dx}{dy}$。

解　對方程式等號兩邊求微分，即得

$$d(xy^3)=d(3y^2-2xy+x^2)$$

$$y^3dx+3xy^2dy=6ydy-2ydx-2xdy+2xdx$$

$$(y^3+2y-2x)dx=(6y-3xy^2-2x)dy$$

故得

$$\frac{dy}{dx}=\frac{y^3+2y-2x}{6y-3xy^2-2x},(6y-3xy^2-2x\neq 0);$$

$$\frac{dx}{dy}=\frac{6y-3xy^2-2x}{y^3+2y-2x},(y^3+2y-2x\neq 0)。$$

例 5　新的球形承軸的半徑爲 2 公分，當其磨損到剩下半徑爲 1.95 公分時，其體積損耗了多少立方公分？

解　體積 V 和半徑 r 的關係爲：$V=\frac{4}{3}\pi r^3$，體積的耗損爲

$$\Delta V\approx dV=4\pi r^2dr\Big|_{\substack{r=2\\ dr=-0.05}}$$

$$= 4\pi(2^2)(-0.05) \approx -2.51$$

所求體積的耗損約爲 2.51 立方公分。

微分有時也可用來估計**誤差**。若 Q 爲要量度的量，而 ΔQ 爲 Q 的增量則稱

Q 的**相對誤差**爲 $\dfrac{|\Delta Q|}{Q}$

Q 的**百分誤差**爲 $\dfrac{|\Delta Q|}{Q}(100\%)$

例6　欲從一批球形鋼製承軸(比重7.6)中,選出直徑1公分的合格者,其誤差不得超過2%,今以秤量度承軸重量以測定之,問重量誤差的限度爲何?

解　易知承軸重量 M 與半徑 r 的關係爲:

$$M = \left(\frac{4}{3}\right)\pi r^3(7.6)。$$

故得

$$dM = 4\pi r^2 dr(7.6) = 4\pi r^3\left(\frac{dr}{r}\right)(7.6)$$

$$|dM| = |4\pi r^3(7.6)|\left|\frac{dr}{r}\right|$$

$$\leqq |4\pi r^3(7.6)|(0.02)\ \left(因\left|\frac{dr}{r}\right| \leqq 0.02\right)$$

因 $2r = 1$,故由上式知

$$|dM| \leqq 4\pi(0.5)^3(7.6)(0.02) = 0.2387610376$$

即知合格者的重量誤差不得超過 0.239 公克。

習 題

於下列各題（1～4）中求 dy：

1. $y=-3x^5+9x^2-2x+4$
2. $y=(x^2+2x-1)^3(2x^3+3)^2$
3. $y=(x^2-2x-3)^{\frac{3}{2}}$
4. $y=\dfrac{1-2x}{1+x^2}$

利用 $\Delta f\approx df$ 的性質求下列各題（5～10）的近似值：

5. $\sqrt{120}$　　6. $\sqrt[3]{26.46}$　　7. $\sqrt{63.68}$

8. $\sqrt[3]{124}$　　9. $\sqrt[4]{15}$　　10. $\dfrac{1}{\sqrt{1.2}}$

11. 下面各式爲當 x 甚小時（即 $x\approx 0$）的標準近似公式，試以 $\Delta f\approx df$ 的性質來說明理由，並於各式中指出 x_0 爲何，Δx 爲何。
    (1) $(1+x)^n\approx 1+nx$
    (2) $\sqrt{1+x}\approx 1+\dfrac{x}{2}$

利用求微分（仿例 4），於下列各題（12～15）之隱函數中，求 $\dfrac{dy}{dx}$ 及 $\dfrac{dx}{dy}$。

12. $xy=1$　　13. $3x^2+2xy=5x+1$

14. $x^3+y^3=x^2y$　　15. $x^2+3y^3=xy^2$

16. 某廠商每日生產 x 個商品，則可獲利 p 元，其中 $p=6\sqrt{100x-x^2}$。利用微分的性質，試求從每日生產 10 個商品增加到 12 個商品時，其獲利的近似差額。

17. 量度一圓的半徑爲 8 公分，其可能的最大誤差爲 0.05 公分，問所計算的圓之面積，可能的最大誤差爲何？

18. 一個正立方形金屬盒子每邊長爲 7 公分，今將之加熱，使邊長增加 0.2 公分，求此金屬盒子所增體積的近似值。

19. 一個半徑爲 3 公分的金屬球外，包一層厚爲 0.2 公分的透明硬塑膠護皮，求這層護皮的近似體積。

20. 於度量一正立方體之邊長時，若造成 2% 的誤差，則會造成體積多少的誤差？

第三章　導函數的性質

3－1　函數的極值

在實際的生活中，我們常須面對如何作出**最佳決策**的問題。近代的管理上，則常採用**計量化**的方式，將要作決策的問題用數值來評估，然後藉數學的方法，求出客觀的最佳決策來。這種**計量管理**的作法是，把決策的目標作爲**決策變數**的函數，稱爲**目標函數**，根據客觀條件，用一些數學式子把題意表現出來，而這些數學式子就組成這個問題的**數學模型**，然後求解這數學模型所表的數學問題，當解答適合這問題的題意時，它就可作爲決策的參考和依據了。本節將於稍後探討最簡單的數學模型，即決策目標可表爲一個決策變數的函數之情形。在以實例說明之前，我們須先在此介紹函數極值的意義及求法。

在應用的領域中常用的函數，爲在定義域上每一點都連續的**連續函數**。這種函數具有下述的性質，稱爲**極值存在定理**：對閉區間 $[a,b]$ 上的連續函數 f 而言，必存在 α，$\beta \in [a,b]$，使得

$$f(\alpha) \geqq f(x),\ f(\beta) \leqq f(x),$$

對所有 $x \in [a,b]$ 均成立。事實上，所謂一函數 $f(x)$ 在 $x=x_0$ 處有**極大值**，即意指下式的意思：

$$f(x_0) \geqq f(x)，對所有\ x\ 都成立。$$

我們並稱 x_0 爲函數 f 的一個**極大點**，而 $f(x_0)$ 則稱爲 f 的極大

值。相對於上述的定義，函數 f 的**極小值**和**極小點**的意義，可以很容易的定義和了解，在這裡就不贅述了。極大值和極小值二者，統稱爲**極值**。

本節就是要介紹導函數的一些性質，以便於求得函數極值的所在。實際上，我們並非藉導函數的性質，即可直接求得上述的極值所在，而是求得所謂的**相對極值**的所在。相對極值的意義，是指它與其「很小的鄰近」相較而言的。譬如就下圖所示的連續

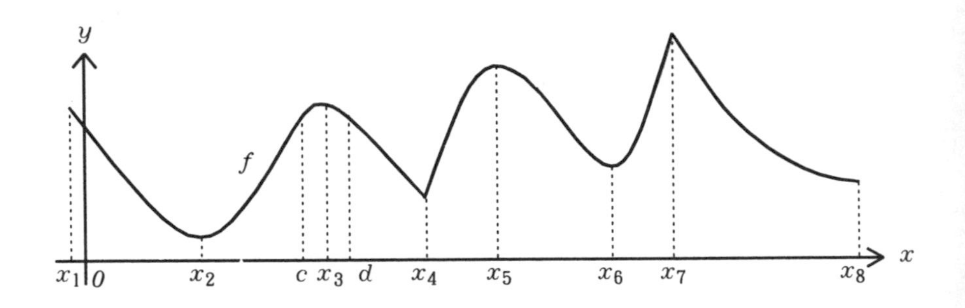

函數 f 而言，由圖可知，雖然圖中的 x_3 不爲 f 在 $[a,b]$ 上的極大點（因爲有無限多的點，譬如圖中的 x_5，它們的函數值較 x_3 的值爲大），但在 x_3 的很小的「鄰近」（譬如圖中的區間 (c,d) 上），$f(x_3)$ 爲極大值。我們稱像這樣，可以在它的一小鄰近上爲極大的點，爲 f 的一個**相對**（或**局部**）**極大點**，而它的函數值，則稱爲**相對**（或**局部**）**極大值**，譬如圖中 x_1，x_3，x_5，x_7 等均爲相對極大點，同時一函數的**相對極小點**和**相對極小值**的意義也可很容易對應了解，而不在這裡再作贅言，圖中的點 x_2，x_4，x_6，x_8 等即是相對極小點。爲區別起見，我們稱前所介紹的，一函數在它定義域上的極大和極小值爲它的**絕對極大**和**絕對極小值**，而**絕對極值**的所在即稱爲**絕對極大**和**極小點**。一般在習慣上，若無特別的指明，我們稱極值時，是指相對極值而言。

因爲絕對極值必爲相對極值，故當求一連續函數在一閉區間上的絕對極值時，可先求得各相對極值（通常爲有限個），然後比較各極值的大小。相對極大中最大者爲絕對極大，相對極小中最

小者爲絕對極小。但讀者應注意到，相對極大值未必比相對極小值爲大。下面將說明，藉導數的性質，來求得相對極值的可能所在。在介紹這之前，先導入一個概念：設 f 爲一函數，若在一點 x_0 的某一鄰近 $(x_0-\delta, x_0+\delta)$ 中 (其中 $\delta>0$)，凡在 x_0 之右側的點，其值 $f(x)$ 均大於 $f(x_0)$，而在 x_0 之左側的點，其值 $f(x)$ 均小於 $f(x_0)$，則稱 f 在 x_0 爲漸增，此時，f 在 x_0 附近的圖形爲向右升高；函數 f 在一點 x_2 爲漸減的意義仿此。下圖中，f 在 x_0，x_1 爲漸增，在 x_2 爲漸減，而在 x_3，x_4 二點，則既非漸增，亦非漸減。

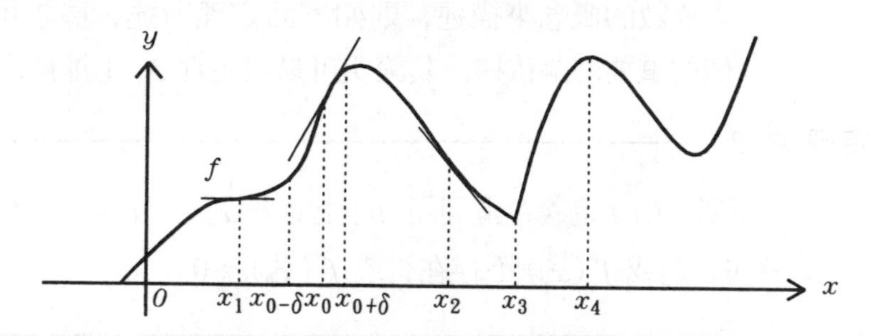

下面定理指明了可微分函數在一點爲漸增或漸減的充分條件：

定理 3－1

設 f 在 x_0 爲可微分，則

(1) $f'(x_0)>0 \Rightarrow f$ 在 x_0 爲漸增。

(2) $f'(x_0)<0 \Rightarrow f$ 在 x_0 爲漸減。

讀者應注意，定理 3－1 的逆命題並不成立，這可從上面圖形中 x_1 的情況看出，在那裡 $f'(x_1)=0$。可知，$f'(x_0)>0$ 只是 f 在 x_0 爲漸增的充分條件，而非必要條件。讀者將不難從直接觀察圖形中發現，函數極值的所在，在圖形上或無切線，或具水平切線，如下圖所示：

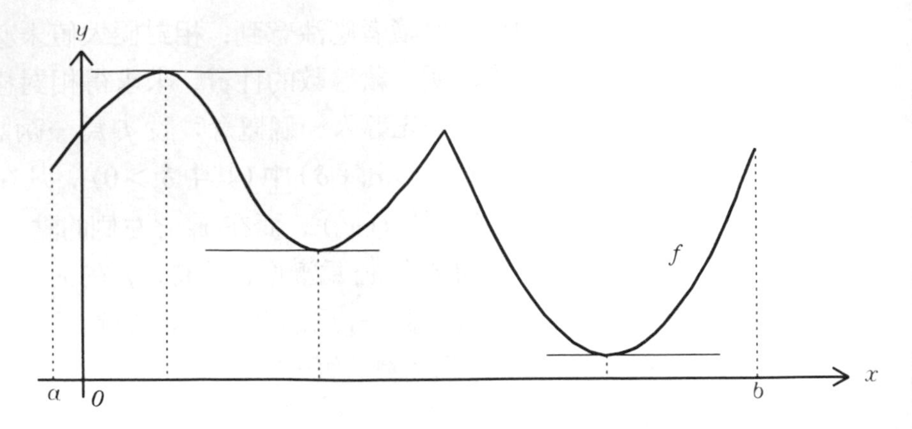

以導數的概念來描述，則如下面定理所述，爲求可微分函數之極值的重要理論依據。其證明可易由定理 3－1 推得。

定理 3－2

設函數 $f(x)$ 定義在區間 $[a,b]$ 上。若 $x_0 \in (a,b)$ 爲 f 之極值所在，則或 $f'(x_0)$ 不存在，或 $f'(x_0)=0$。

證明 若 $f'(x_0)$ 存在，且 $f'(x_0) \neq 0$，則由定理 3－1 知，f 在 x_0 爲漸增或漸減，此與 x_0 爲 f 之極值所在之假設不符，從而知，或 $f'(x_0)$ 不存在，或 $f'(x_0)=0$，而定理得證。

定理 3－2 中特別強調 x_0 爲開區間 (a,b) 上的點（即閉區間的**內點**，因爲若 x_0 爲閉區間 $[a,b]$ 的端點，則結論未必成立，如上圖中 a，b 二點均爲 $f(x)$ 的極值所在，但 f 在 a，b 二點的導數均不爲零。另外，我們還要強調，定理 3－2 的逆命題並不成立，譬如下圖中，$f(x)$ 在 $x=x_1$ 處有水平切線，在 $x=x_2$ 處導數不存在，但 x_1，x_2 二點都不是 $f(x)$ 的極值所在。

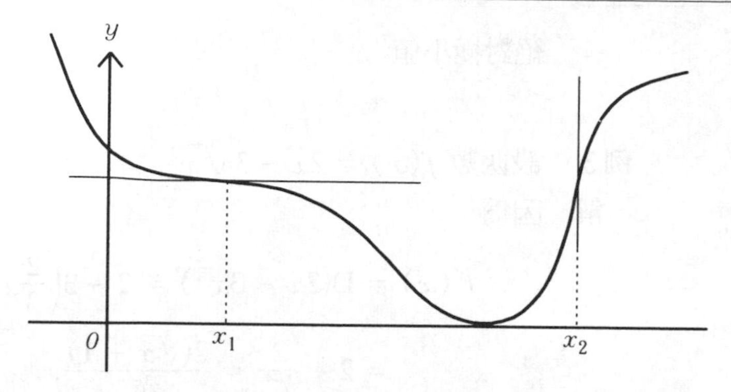

由定理 3 - 2 可知，一函數在一閉區間 $[a, b]$ 上的極值所在，除了兩端點外，就可能在區間內部導數為 0 或導數不存在的地方，這種點稱為函數的**臨界點**。所以求函數的極值時，可藉求函數的導函數，來找出臨界點——即可能的極值出現的所在，並求這些點及閉區間的二端點函數值，以比較大小，則各數值中最大者為函數的絕對極大，而最小者為絕對極小，如下各例所示：

例 1　設函數 $f(x) = 2x^3 - 3x^2 - 12x + 1$，求 f 在區間 $[-2,3]$ 上之絕對極大及絕對極小值。

解　因 $f'(x) = 6x^2 - 6x - 12 = 6(x+1)(x-2)$，故

$$f'(x) = 0 \Rightarrow x = -1,\ 2。$$

而知在 $[-2,3]$ 中，使 $f'(x) = 0$ 之點有 -1，2 兩點，今計算下面各值：

$$f(-1) = 8,\ f(2) = -19,\ f(-2) = -3,\ f(3) = -8。$$

比較上面各數值的大小知，於 $[-2,3]$ 上，f 在 $x = -1$ 處有絕對極大值 $f(-1) = 8$，在 $x = 2$ 處有絕對極小值 $f(2) = -19$。

例 2　設函數 $f(x) = -2x + 3$，求 f 在區間 $[1,4]$ 上之絕對極大及絕對極小值。

解　因 $f'(x) = -2 \neq 0$，故在 $(1,4)$ 上無極值。今因 $f(1) = 1$，$f(4) = -5$，故知 $f(1) = 1$ 為絕對極大值，而 $f(4) = -5$ 為

絕對極小值。

例 3 設函數 $f(x)=2x-3\sqrt[3]{x^2}$，求 f 的臨界點。

解 因爲

$$f'(x)=D(2x-3x^{\frac{2}{3}})=2-3\left(\frac{2}{3}x^{-\frac{1}{3}}\right)$$

$$=2-\frac{2}{\sqrt[3]{x}}=\frac{2(\sqrt[3]{x}-1)}{\sqrt[3]{x}},$$

即知 f 在 $x=0$ 處無導數而 $f'(1)=0$，故 f 的臨界點爲 0，1 兩點。

例 4 設函數 $f(x)=x^4-108x$，求 f 在區間 $[-2,4]$ 上之絕對極大及絕對極小值。

解 因爲 $f'(x)=4x^3-108=4(x^3-27)$，故

$$f'(x)=0\Rightarrow x=3,$$

計算下面各值：

$$f(-2)=232，f(3)=-243，f(4)=-176。$$

比較上面各數值的大小知，於 $[-2,4]$ 上，f 在 $x=-2$ 處有絕對極大值 $f(-2)=232$，在 $x=3$ 處有絕對極小值 $f(3)=-243$。

習　題

下面各題(1 ～ 6) 圖形所示的函數中，若有相對極值，則指出極值的所在：

1.

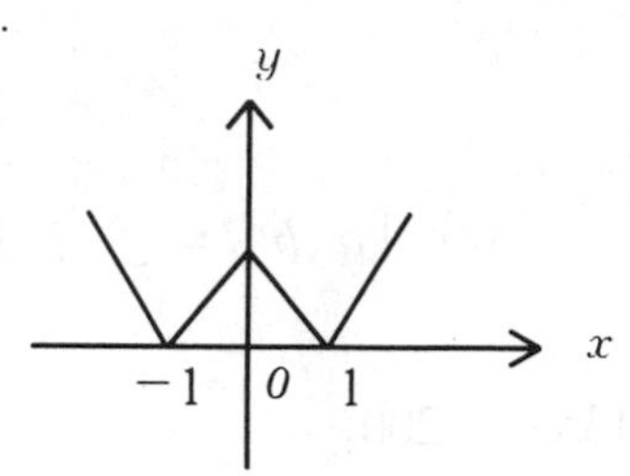

2.

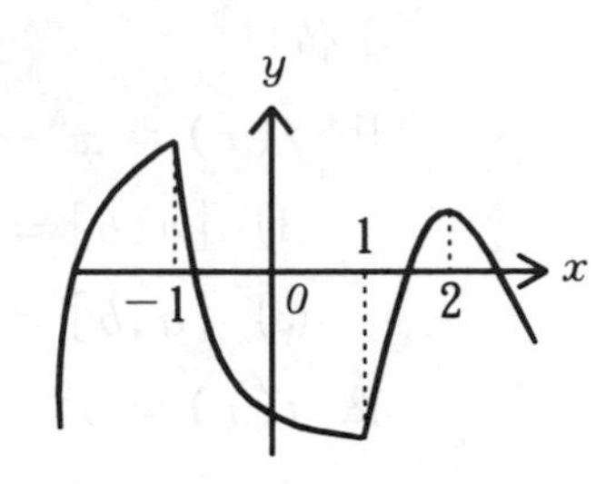

3.

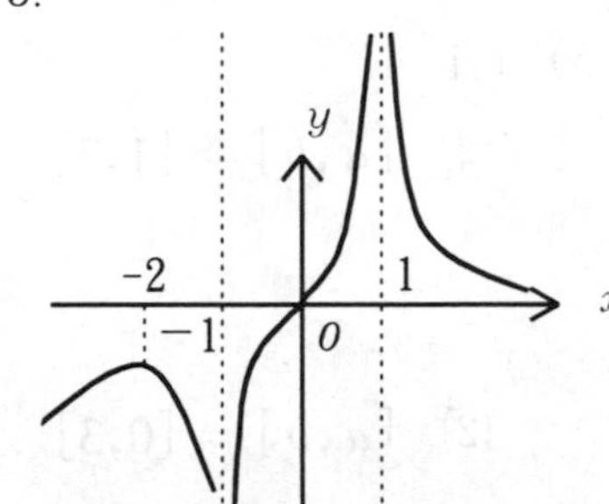

4.

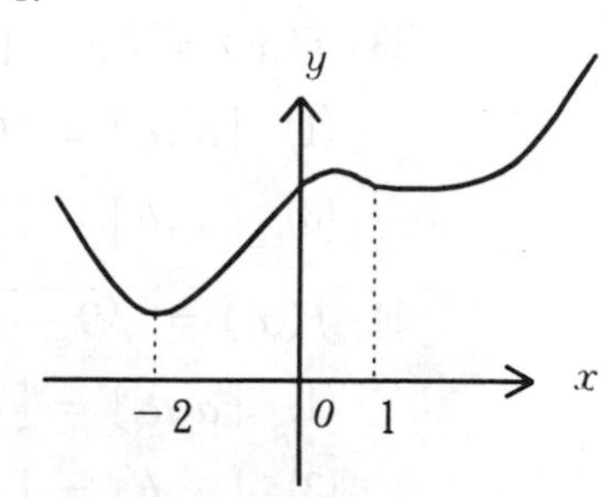

5.

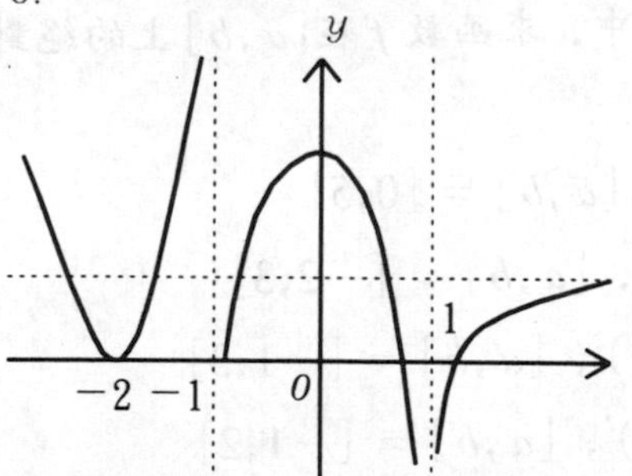

6.

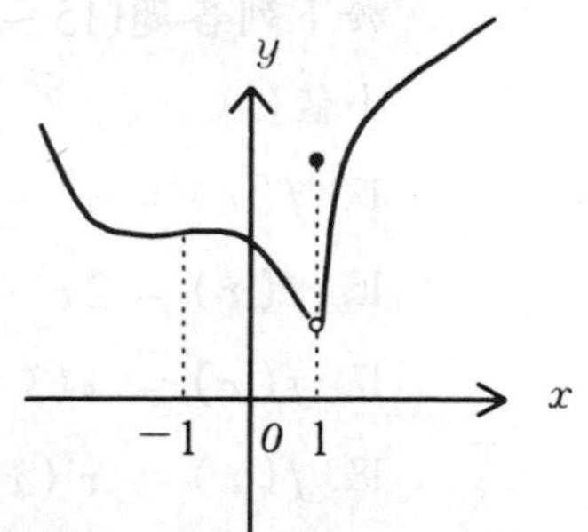

於下列各題(7 ～ 10) 中，求函數 f 的極值：

7. 求函數 $f(x) = x + \dfrac{4}{x}$，$x > 0$ 的絕對極小值。

8. 求函數 $f(x) = 3x + \frac{27}{x}$, $x > 0$ 的絕對極小值。

9. 求函數 $f(x) = 1 - 2x - \frac{8}{x}$, $x > 0$ 的絕對極大值。

10. 求函數 $f(x) = 3 - 2x - \frac{27}{x^2}$, $x > 0$ 的絕對極大值。

於下列各題(11 ~ 14)中，求函數 f 在 $[a,b]$ 上的絕對極大和絕對極小值：

11. $f(x) = x^3 - 12x + 1$

 (1) $[a,b] = [-5,5]$ (2) $[a,b] = [-3,3]$

 (3) $[a,b] = [-3,1]$

12. $f(x) = x^3 - 21x^2 + 135x - 200$

 (1) $[a,b] = [4,10]$ (2) $[a,b] = [3,11]$

13. $f(x) = (x-1)(x-5)^3 + 1$

 (1) $[a,b] = [0,3]$ (2) $[a,b] = [1,7]$

 (3) $[a,b] = [3,6]$

14. $f(x) = \sqrt{9 - x^2}$

 (1) $[a,b] = [-3,3]$ (2) $[a,b] = [0,3]$

 (3) $[a,b] = [-1,1]$

於下列各題(15 ~ 20)中，求函數 f 在 $[a,b]$ 上的絕對極大和絕對極小值：

15. $f(x) = x^3 - x^2$, $[a,b] = [0,5]$

16. $f(x) = 2x^3 - 6x$, $[a,b] = [-2,3]$

17. $f(x) = x(3-2x)^2$, $[a,b] = [-1,3]$

18. $f(x) = x^4(x-1)^2$, $[a,b] = [-1,2]$

19. $f(x) = \sqrt[3]{x-3}$, $[a,b] = [2,4]$

20. $f(x) = \sqrt{x-1} - \frac{x}{2}$, $[a,b] = [1,3]$

於下列各題(21 ~ 26)中，求函數 f 的臨界點：

21. $f(x) = x^3 + x - 2$ 22. $f(x) = x^4 - 4x^3 - 5$

23. $f(x)=\dfrac{1+x}{\sqrt{x}}$　　24. $f(x)=\dfrac{x}{x^2+2}$

25. $f(x)=\sqrt{x^2-4x+4}$　　26. $f(x)=\dfrac{x+4}{\sqrt[3]{x+1}}$

3-2 均值定理，函數的增減區間

本節要介紹的**均值定理**，是可微分函數的一個基本而重要的性質，它在微積分的理論上，提供了重要的依據。從幾何上的意義來看，這個定理實在甚易了解。對一在閉區間 $[a,b]$ 上的可微分函數 f 來說，因爲它在區間上的每一點都有切線，且切線有斜率，所以它在區間上的圖形，是平滑而連續的曲線。對這樣的曲線，在直觀上，我們很容易接受下述的事實：在區間 $[a,b]$ 上，有一點 $\bar{x}$，使曲線在點 $(\bar{x},f(\bar{x}))$ 處的切線 L，平行於二點 $P(a,f(a))$ 及 $Q(b,f(b))$ 的連線 $\overleftrightarrow{PQ}$ 如下圖所示：

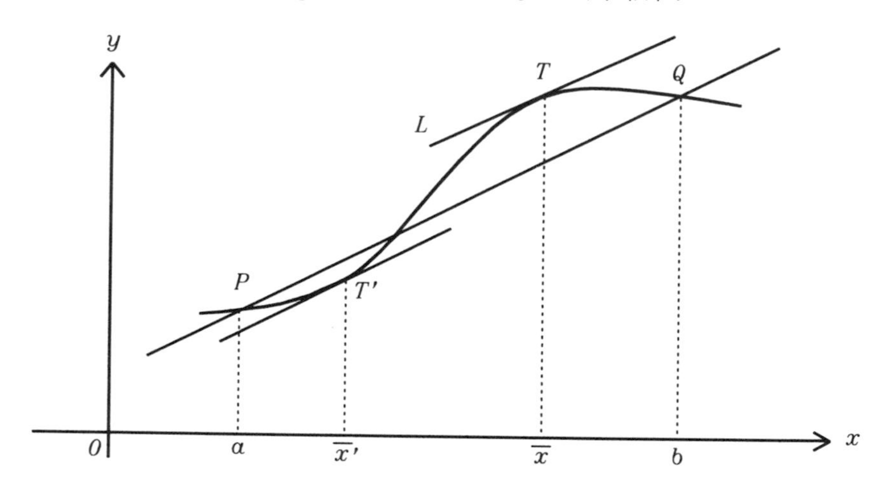

因爲 L 的斜率爲 $f'(\bar{x})$，而 $\overleftrightarrow{PQ}$ 的斜率爲

$$\frac{f(b)-f(a)}{b-a}。$$

由解析幾何的知識知，L 和 $\overleftrightarrow{PQ}$ 平行的充要條件爲二者的斜率相等，即

$$f'(\bar{x})=\frac{f(b)-f(a)}{b-a}。$$

這就是所謂的**均值定理**，在這裡我們只是提出於下，而解析證明則從略。

定理 3－3　均值定理

設函數 f 在區間 (a, b) 上爲連續，在 (a, b) 上爲可微分，則存在一點 $\overline{x} \in (a, b)$，使

$$f'(\overline{x}) = \frac{f(b) - f(a)}{b - a},$$

或

$$f(b) - f(a) = f'(\overline{x})(b - a)。$$

例 1　設函數 $f(x) = x^3 + 2x$，$x \in [a, b] = [1,3]$，求均值定理中的 $\overline{x}$。

解　因爲 $f'(\overline{x}) = 3\overline{x}^2 + 2$，故

$$f'(\overline{x})(b - a) = f(b) - f(a)$$
$$\Leftrightarrow (3\overline{x}^2 + 2)(3 - 1) = 33 - 3$$
$$\Leftrightarrow \overline{x} = \pm\sqrt{\frac{13}{3}},$$

因爲 $\overline{x} \in (1,3)$，故得 $\overline{x} = \sqrt{\frac{13}{3}}$。

均值定理的重要性，在於定理中的點 $\overline{x}$ 的存在性，至於它確實的數値是多少，在應用上並不重要，這可從下面定理的證明中看出。下面定理的第一部分，是我們熟知的性質：「常數函數在各點的導數皆爲 0」的相反性質。

定理 3-4

設函數 f 在區間 (a,b) 上為可微分。
(1)若 $f'(x)=0$,對每一 $x\in(a,b)$ 均成立,則 $f(x)$ 在 (a,b) 上為常數函數。
(2)若 $f'(x)>0$,對每一 $x\in(a,b)$ 均成立,則 $f(x)$ 在 (a,b) 上為嚴格增函數。
(3)若 $f'(x)<0$,對每一 $x\in(a,b)$ 均成立,則 $f(x)$ 在 (a,b) 上為嚴格減函數。

證明 (1)設 $x_0\in(a,b)$,我們只須證明,對任一 $x\in(a,b)$ 來說,都是 $f(x)=f(x_0)$。對 $x\neq x_0$ 來說,由均值定理知,必存在一點 $\bar{x}$ 介於 x 和 x_0 之間,使

$$f(x)-f(x_0)=f'(\bar{x})(x-x_0)。$$

因為 $\bar{x}\in(a,b)$,故知 $f'(\bar{x})=0$,而上式即為

$$f(x)-f(x_0)=0\cdot(x-x_0)=0,$$

$$f(x)=f(x_0),$$

由上面的討論知 $f(x)$ 在 (a,b) 上為常數函數。

(2)對 $(a,\ b)$ 上的任意二點 x,y 來說,設 $x<y$。由均值定理知,存在一點 $\bar{x}$ 介於 x 和 y 之間,使

$$f(x)-f(y)=f'(\bar{x})(x-y)。$$

因 $\bar{x}\in(a,b)$,故知 $f'(\bar{x})>0$,而從上式即知 $f(x)<f(y)$,即 $f(x)$ 在區間 (a,b) 上為嚴格增函數。

(3)因 $f'(x)<0$,故 $-f'(x)>0$,對每一 $x\in(a,b)$ 均成立,而由(2)知 $-f(x)$ 為嚴格增函數,即知 $f(x)$ 為嚴格減函數。

綜合上面的討論知,定理得證。

例 2　設 f 爲可微分函數，且 $f'(x) = (x+1)(x-2)$。問在怎樣的區間上，函數值爲漸增？在怎樣的區間上，函數爲漸減？

解　由下表：(參照本書 1－2 節之不等式解法)

x		-1		2	
$f'(x)$	$+$		$-$		$+$

可知 f' 在 $(-\infty, -1)$ 上之值爲正，故 f 在此區間上爲漸增；f' 在 $(-1,2)$ 上之值爲負，故 f 在此區間上爲漸減；f' 在 $(2,\infty)$ 上之值爲正，故 f 在此區間上爲漸增。

例 3　設 $f(x) = -3x^4 - 2x^3 + 3x^2 + 1$，問 $f(x)$ 在怎樣的區間上，函數值漸增？在怎樣的區間上，函數值漸減？

解　因爲

$$f'(x) = -12x^3 - 6x^2 + 6x = -6x(2x^2 + x - 1)$$
$$= -6x(x+1)(2x-1),$$

由下表：

x		-1		0		$\frac{1}{2}$	
$f'(x)$	$+$		$-$		$+$		$-$

可知，$f(x)$ 在 $(-\infty,-1)$ 上爲漸增，在 $(-1,0)$ 上爲漸減，在 $\left(0,\frac{1}{2}\right)$ 上爲漸增，而在 $\left(\frac{1}{2},\infty\right)$ 上爲漸減。

例 4　設 $f(x) = 4x^3 - 3x^4$，問 $f(x)$ 在怎樣的區間上，函數值爲漸增？在怎樣的區間上，函數值爲漸減？

解　因爲

$$f'(x) = 12x^2 - 12x^3 = 12x^2(1-x),$$

由下表：

x		0		1	
$f'(x)$	+		+		−

故知 $f(x)$ 在（$-\infty,1$）上爲漸增，而在（$1,\infty$）上爲漸減。

由上幾例顯示，可由 f' 的符號變化的情形，而知 f 值的增減，並從而可知 f 的極大點和極小點。今再以一例爲說明：

例5 設 $f(x)=2x^4-x^3+7$，求 f 之極大點和極小點。

解 因 $f'(x)=8x^3-3x^2=x^2(8x-3)$，由下表：

x		0		$\frac{3}{8}$	
$f'(x)$	−		−		+

知 $\frac{3}{8}$ 爲 f 之極小點，而 0 不爲 f 之極大或極小點。事實上，f 在 0 爲漸減，而 f 無極大點。

習　題

1. 均值定理中，$f(a)=f(b)=0$ 時的特殊情形，稱爲洛爾定理，讀者試敍述這個定理。
2. 設 $f(x)=x^3-6x^2+10x$，$[a,b]=[1,4]$，求 $\overline{x}\in(a,b)$ 使 $f'(\overline{x})(b-a)=f(b)-f(a)$。
3. 設上題中的資料改爲 $f(x)=x^3+2x$，$[a,b]=[1,3]$，試求解之。
4. 設 $f(x)=\sqrt[3]{x^2}$，$[a,b]=[-1,1]$，則是否有 $\overline{x}\in(a,b)$ 使 $f'(\overline{x})(b-a)=f(b)-f(a)$? 這題的情況和均值定理是否相違? 如何解釋?

於下列各題(5 ~ 10) 中，問 f 在怎樣的區間上，函數值爲漸增? 在怎樣的區間上，函數值爲漸減?

5. $f(x)=-x^3+10$
6. $f(x)=(x-1)(x+2)(3-x)$
7. $f(x)=4+2x-x^3$
8. $f(x)=x^4-3x^2+1$
9. $f(x)=(x-1)^3(x+2)^2$
10. $f(x)=2x^3+\left(\dfrac{1}{2}\right)x^2-2x+3$

於下列各題(11 ~ 16) 中，求函數 f 的極大點和極小點:

11. $f(x)=3x^2-x^3$
12. $f(x)=x^3-x^2-x+2$
13. $f(x)=2x^4-x^3+7$
14. $f(x)=x^4-2x^3+1$
15. $f(x)=(x-1)^5$
16. $f(x)=x^4-3x^2+3$

對下列各題圖形所表的函數 f，臨界點爲何？導函數 f' 值爲正及爲負的區間爲何？

17.

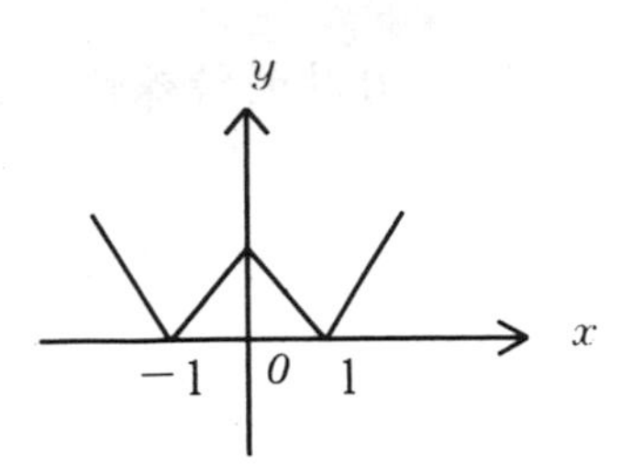

18.

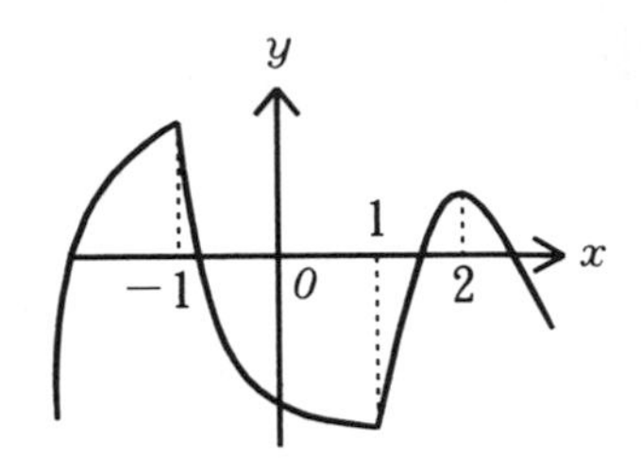

19.

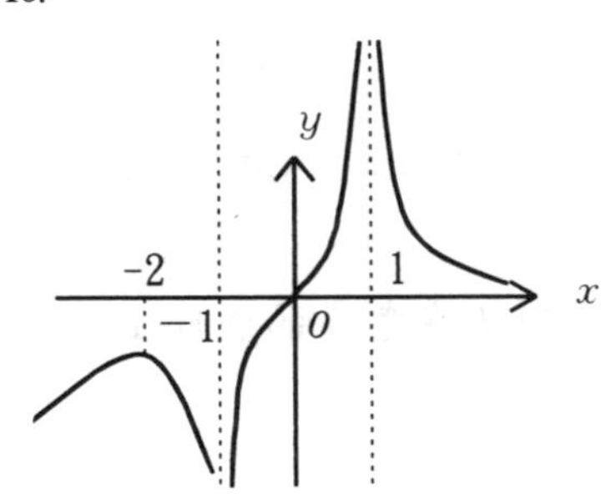

20.

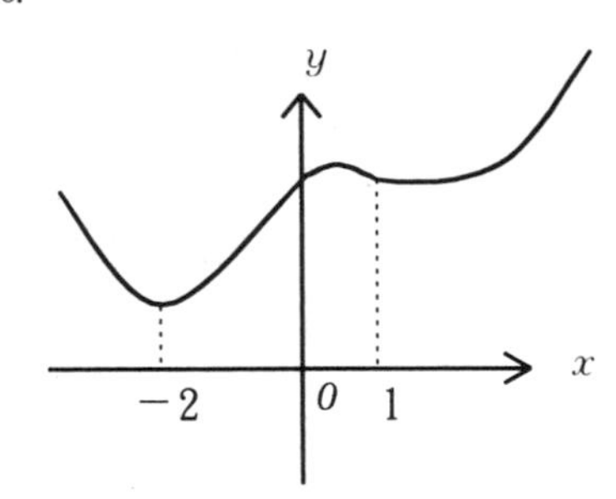

21.

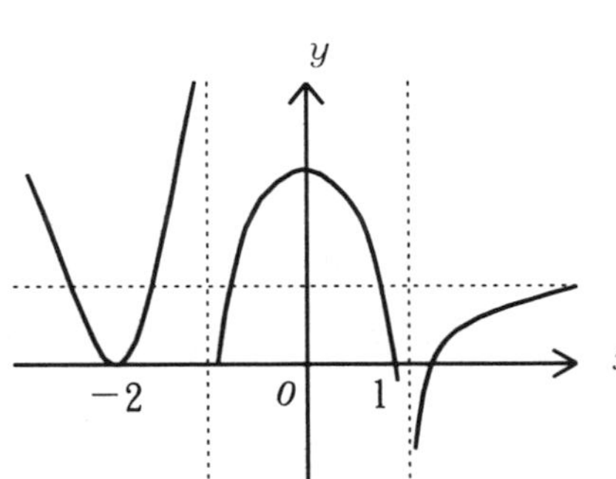

22.

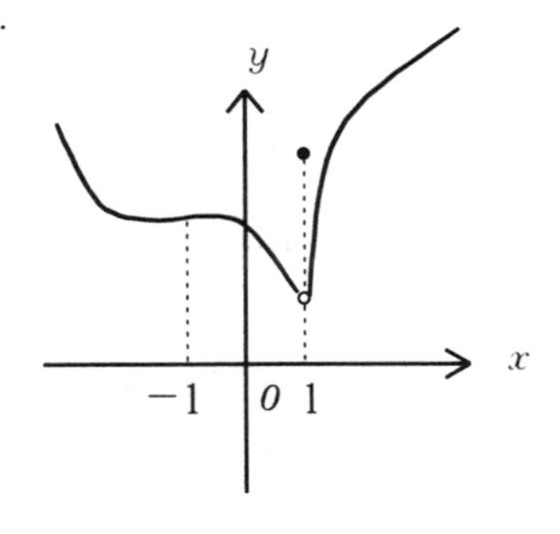

3－3　反導函數

關於微積分課程，在前此的發展中，均著重於求一函數 f 的導函數 f'，及藉對 f' 的了解，以求得對 f 的了解。在實際應用的場合中，我們亦常碰到已知 f' 而須求得 f 的情況。譬如，若 $f'(x)=3x^2$，則 f 會是怎樣的函數呢？顯然，$f(x)=x^3$ 即爲具此性質的一個函數。然而這種函數並非唯一的。譬如，$g(x)=x^3+1$，及對任意常數 c 而言，$h(x)=x^3+c$ 均具此種性質。我們稱具此種性質的任一函數，爲 $f(x)=3x^2$ 的一個**反導函數**。一般而言，若一函數 $F(x)$ 其導函數 $F'(x)=f(x)$，則稱函數 $F(x)$ 爲函數 $f(x)$ 的一個**反導函數**。

求一函數的反導函數，爲初等微積分課程的一個主要內容。本節的目的不在介紹求反導函數的方法，而在於利用均值定理的結果（定理 3－4(1)），證明一重要定理，以說明一函數的諸反導函數間的關係。至於求反導函數的技巧，將於稍後另列專章詳細介紹。

定理 3－5

設 $f(x)$ 和 $g(x)$ 都是可微分函數，且

$$f'(x)=g'(x)\text{，對每一 } x\in(a,b) \text{ 都成立，}$$

則 $f(x)$ 和 $g(x)$ 在 (a,b) 上相差一個常數。也就是存在一個常數 k，使

$$f(x)=g(x)+k\text{，對每一 } x\in(a,b) \text{ 都成立。}$$

證明　令

$$F(x)=f(x)-g(x),\ x\in(a,b),$$

則因 $f(x)$ 與 $g(x)$ 都爲可微分函數，故 $F(x)$ 也爲可微分

函數，且

$$DF(x)=f'(x)-g'(x)=0，對每一 x\in(a,b) 都成立。$$

由定理 3－4(1)知，$F(x)$ 在(a,b) 上為常數函數，即知有一常數 k，使得

$$F(x)=f(x)-g(x)=k，對每一 x\in(a,b) 都成立，$$

即

$$f(x)=g(x)+k，對每一 x\in(a,b) 都成立，$$

故知定理得證。

定理 3－5 的幾何意義正指出：若在區間 (a,b) 上，二函數圖形在橫坐標相等的各點處，都有平行的切線，則其中一函數圖形，可由另一函數的圖形，適當的平行移動一距離 k 而得，如下圖所示。

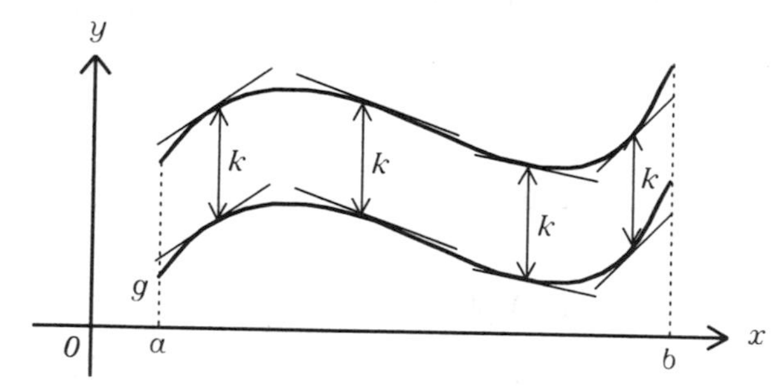

由於一函數的諸反導函數之間，彼此相差一個常數，因而若 $F(x)$ 為 $f(x)$ 的一個反導函數，我們即常以 $F(x)+c$（c 表常數），來表 $f(x)$ 之任一反導函數。函數 f 之反導函數，又稱為 f 的**不定積分**，常記為

$$\int f(x)dx \text{ 或 } \int f(x)。$$

譬如，$\int 3x^2dx=x^3+c$。又$\int 1dx$ 常記為$\int dx$，$\int \frac{1}{f(x)}dx$ 亦常記為

$\int \frac{dx}{f(x)}$。由微分的公式，甚易得到下面的基本公式：

$$\int x^n dx = \frac{x^{n+1}}{n+1} + c \text{ , } n \neq -1 \text{。}$$

$$\int kf(x)dx = k\int f(x)dx \text{，} k \text{ 爲一常數。}$$

$$\int (f(x) + g(x))dx = \int f(x)dx + \int g(x)dx \text{。}$$

例 1　求$\int (x^4 - 3x^2 + 1)dx$。

解

$$\begin{aligned}\int (x^4 - 3x^2 + 1)dx &= \int x^4 dx - 3\int x^2 dx + \int dx \\ &= \frac{x^5}{5} - x^3 + x + c\text{。}\end{aligned}$$

例 2　求$\int (\sqrt{x} + 1)^2 dx$。

解

$$\begin{aligned}\int (\sqrt{x} + 1)^2 dx &= \int (x + 2\sqrt{x} + 1)dx \\ &= \frac{x^2}{2} + 2\left(\frac{2}{3}\right)x^{\frac{3}{2}} + x + c \\ &= \frac{x^2}{2} + \left(\frac{4}{3}\right)x^{\frac{3}{2}} + x + c\text{。}\end{aligned}$$

例 3　求$\int \frac{2x^3 + x^2 - 1}{x^2}dx$。

解

$$\begin{aligned}\int \frac{2x^3 + x^2 - 1}{x^2}dx &= \int (2x + 1 - x^{-2})dx \\ &= x^2 + x + x^{-1} + c \\ &= x^2 + x + \frac{1}{x} + c\text{。}\end{aligned}$$

例 4　設 $f(x)$ 爲一可微分函數，且 $f'(x) = -x^3 + 3x^2 - 2x + 1$，$f(0) = -1$，求 $f(x)$。

解 易知，$f(x)$ 為 $f'(x)$ 之一反導函數，故

$$f(x) = \int f'(x)dx = \int(-x^3 + 3x^2 - 2x + 1)dx$$
$$= -\frac{x^4}{4} + x^3 - x^2 + x + c,$$

由已知

$$-1 = f(0) = c,$$

而知

$$f(x) = -\frac{x^4}{4} + x^3 - x^2 + x - 1。$$

例5 設 $f(x)$ 為一可微分函數，且 $f''(x) = 2x^2 - 3x + 5$，$f'(1) = 0$，$f(0) = 3$，求 $f(x)$。

解 易知

$$f'(x) = \int f''(x)dx = \int(2x^2 - 3x + 5)dx$$
$$= \frac{2}{3}x^3 - \frac{3}{2}x^2 + 5x + c_1,$$

由 $f'(1) = 0$，知

$$c_1 = -\frac{2}{3} + \frac{3}{2} - 5 = -\frac{25}{6},$$
$$f'(x) = \frac{2}{3}x^3 - \frac{3}{2}x^2 + 5x - \frac{25}{6},$$

同樣的，

$$f(x) = \int f'(x)dx$$
$$= \int\left(\frac{2}{3}x^3 - \frac{3}{2}x^2 + 5x - \frac{25}{6}\right)dx$$
$$= \frac{1}{6}x^4 - \frac{1}{2}x^3 + \frac{5}{2}x^2 - \frac{25}{6}x + c_2,$$

由 $f(0) = 3$，知 $c_2 = 3$，而知

$$f(x) = \frac{1}{6}x^4 - \frac{1}{2}x^3 + \frac{5}{2}x^2 - \frac{25}{6}x + 3。$$

習　題

證明下面各題(1 ~ 4)：

1. $\int x(x^2+1)^5dx = \dfrac{(x^2+1)^6}{12}+c$

2. $\int \sqrt{3x+1}dx = \dfrac{2}{9}(3x+1)\sqrt{3x+1}+c$

3. $\int \dfrac{x}{(1+x^2)^2}dx = \dfrac{-1}{2(1+x^2)}+c$

4. $\int \dfrac{1}{(1+\sqrt{x})^3}dx = -\dfrac{1+2\sqrt{x}}{(1+\sqrt{x})^2}+c$

求下面各題(5 ~ 16)：

5. $\int 4x^2dx$

6. $\int 3dx$

7. $\int \sqrt{2}+x\,dx$

8. $\int 5-2x+3x^2dx$

9. $\int (2-3x)^3\,dx$

10. $\int \left(x^2+\dfrac{1}{x^2}\right)^2dx$

11. $\int (1+2x)^2(2-3x)dx$

12. $\int \dfrac{1-2x^4}{x^2}dx$

13. $\int x\sqrt[3]{x}\,dx$

14. $\int \sqrt{x}(1-2x)^2dx$

15. $\int \dfrac{1-x+x^2}{\sqrt{x}}dx$

16. $\int \left(\dfrac{1+x}{\sqrt[3]{x}}\right)^2dx$

於下列各題中求 $f(x)$(17 ~ 20)：

17. $f'(x)=1-x+x^2$，$f(0)=-2$

18. $f'(x)=x^3-2\sqrt{x}+3$，$f(1)=3$

19. $f'(x)=\dfrac{1+x-x^2}{\sqrt{x}}$，$f(1)=5$

20. $f''(x)=2\sqrt{x}$，$f'(4)=6$，$f(1)=\dfrac{1}{4}$

21. 下面二式是否正確？證明或舉出反例：

(1) $\int (f(x)g(x))dx = \left(\int f(x)dx\right)\left(\int g(x)dx\right)$

(2) $\int \frac{f(x)}{g(x)}dx = \frac{\int f(x)dx}{\int g(x)dx}$

第四章　導函數的應用

4－1　函數圖形的描繪

正如 1－4 節中提到的，函數的圖形，乃函數的具體表現，有助於對此函數的了解。在過去描繪一函數的圖形時，我們大多設想，這函數圖形是連續而平滑的曲線，所以多採**描點法**，即足夠地描出圖形上的一些點，然後以平滑曲線連結而得。這種作法雖然便捷，但往往過於「粗糙」，無法把圖形上的一些關鍵性的點，正確的描出，以致於無法將要點表現出來。譬如，以描點法作 $f(x)=x^2$ 的圖形時，可能作出如下不正確的圖形：

x	0	±1	±2	±3
$f(x)$	0	1	4	9

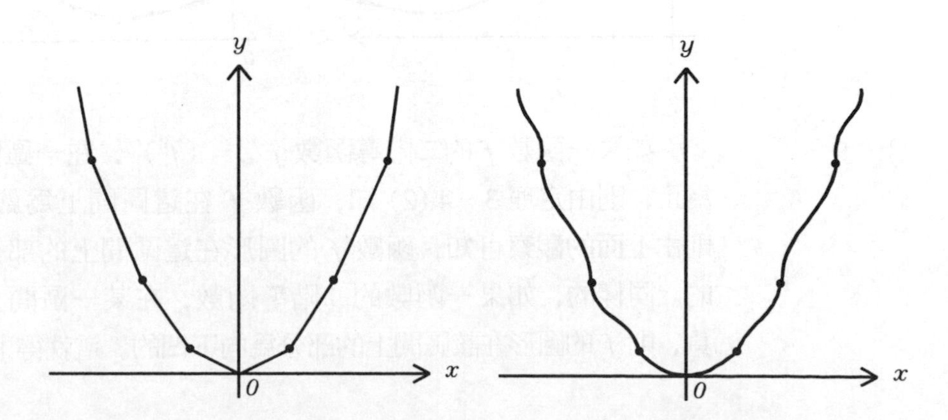

在這一節中，我們將利用導函數的性質，來協助標定關鍵點，使描繪的工作更容易，而且作出來的圖形更能精確的表現出圖形的要點。我們覺得，知道下面各點，將對正確的作圖有很大的幫助：

(1)極大與極小點之所在。

(2)圖形的增減（升降）區間。

(3)圖形的彎曲方向。

對於可微分函數 f 而言，如前所述的，函數極值之所在，乃使 $f'(x)=0$ 之 x，又使 $f'(x)>0$ 之區間，乃函數爲漸增之區間；而使 $f'(x)<0$ 之區間，則是函數爲漸減之區間。在此，我們要考慮的是圖形的彎曲方向的問題。關於這，則二階可微分函數的二階導函數，可提供有關的訊息。今我們要從直接觀察曲線彎曲變化的情形，來得到了解。下面二圖中曲線都是**向上凹**的，而它們的切線都是「愈往右邊愈向右上揚」，也就是說，愈是往右邊的切線，斜率就愈大。因爲一可微分函數的導數，在幾何意義上，表示圖形上的切線的斜率，所以，如果一函數的導函數 f' 在某一區間內爲增函數，那麼它的圖形在這區間內的部分就是向上凹的。

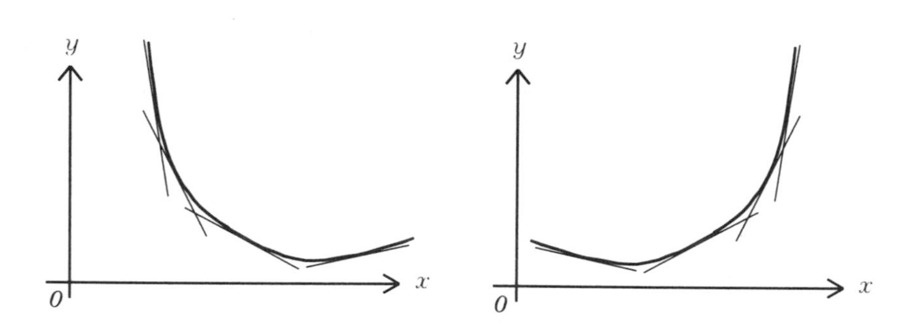

如果一函數 f 的二階導函數 $f''=(f')'$，在一區間上的值皆爲正，則由定理 3－4 (2) 知，函數 f' 在這區間上爲嚴格增函數，則由上面的觀察可知，函數 f 的圖形在這區間上的部分爲凹向上的。同樣的，如果一函數的二階導函數，在某一區間上的值皆爲負，則 f 的圖形在該區間上的部分爲**向下凹**的。這就得下面之定理：

定理 4－1

> 設 f 爲一二階可微分函數，則
>
> $f''(x) > 0, x \in (a, b) \Rightarrow f$ 之圖形在 (a,b) 上爲向上凹；
>
> $f''(x) < 0, x \in (a, b) \Rightarrow f$ 之圖形在 (a,b) 上爲向下凹。

例 1　作函數 $f(x) = x^3$ 的圖形。

解　先求出函數 f 的一階和二階導函數：

$$f'(x) = 3x^2,\ f''(x) = 6x,$$

由下面左表：

x	0	
$f'(x)$	+	+

x	0	
$f''(x)$	−	+

可知函數 f 除了在 0 導數爲 0，有水平切線外，在其他各處的導數都爲正，故知 f 爲嚴格增函數；而由上面右表則知 f 的圖形在 0 的右邊爲向上凹，而在 0 的左邊爲向下凹，作圖如下：

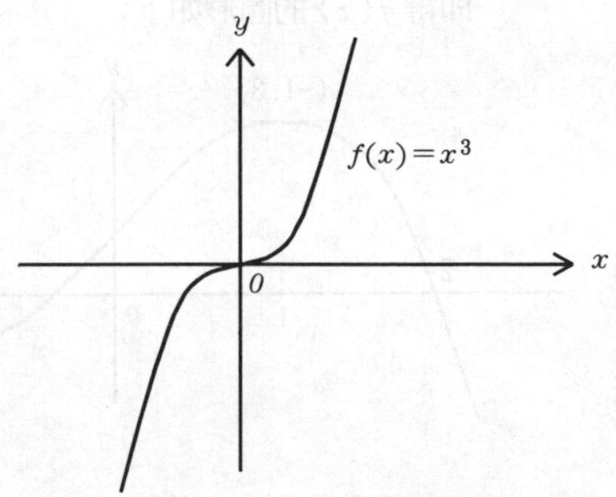

例 2　作函數 $f(x) = x^3 - 3x + 1$ 的圖形。

解　先求出函數 f 的一階和二階導函數：

$$f'(x) = 3x^2 - 3 = 3(x+1)(x-1),$$
$$f''(x) = 6x,$$

由下面二表:

x		-1		1	
$f'(x)$	$+$		$-$		$+$

x		0	
$f''(x)$	$-$		$+$

知，函數 f 在區間 $(-\infty, -1)$ 上爲嚴格增函數，在區間 $(-1,1)$ 上爲嚴格減函數，在區間 $(1,\infty)$ 上爲嚴格增函數。並且知 f 在區間 $(-\infty,0)$ 上爲向下凹，而在區間 $(0,\infty)$ 上爲向上凹的。求出上面關鍵性的幾個函數值於下:

$$f(-1) = 3,\ f(1) = -1,\ f(0) = 1,$$

又因 $f'(-1) = f'(1) = 0$，故知 f 在 $x = -1$，1 二點處有水平切線，並求出二個參考點的函數值:

$$f(-2) = -1,\ f(2) = 3,$$

即得 $f(x)$ 的圖形如下:

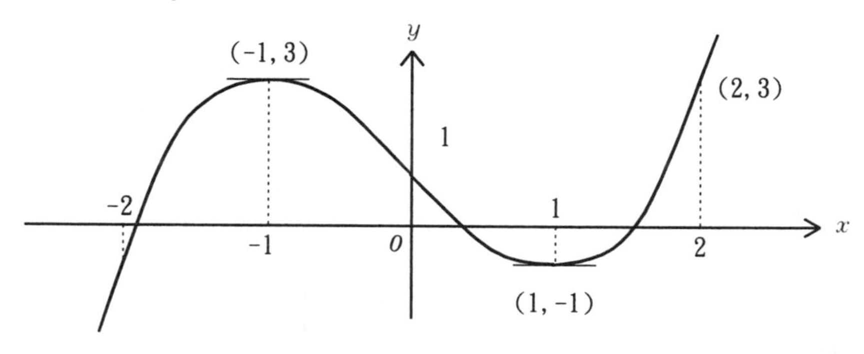

例 1 的原點及例 2 中的點 $(0,1)$ 均爲曲線彎曲方向轉變的地方——稱爲曲線的**反曲點**。事實上，曲線作圖的關鍵點，除了極值及反曲點所在的點以外，也指曲線上垂直切線的所在。在作圖上，把這些點畫出，甚有助於所作圖形的正確性。

一二階可微分函數的二階導函數的符號，決定其圖形的**凹向性**，已如前述。今設 $f''(x)$ 在一點 x_0 的兩側鄰近，一爲正，一爲負，即知 $f'(x)$ 在 x_0 的一側爲增函數，另一側爲減函數，從而知，$f'(x)$ 在 x_0 處有極値，故由定理 3－2 即知，或 $f''(x_0)$ 不存在，或 $f''(x_0)=0$，述爲下面的定理：

定理 4－2

若 x_0 爲 f 之圖形的反曲點，且 $f''(x_0)$ 存在，則 $f''(x_0)=0$。

定理 4－2 的逆命題仍不成立，即 $f''(x_0)=0$ 時，未必 x_0 即爲 f 之圖形的反曲點。這可由函數 $f(x)=x^4$ 在 $x=0$ 處看出。因爲 $f''(x)=12x^2$，故 $f''(0)=0$，但 $f''(x)>0$，$x\neq 0$，即知在 $(-\infty,0)$ 與 $(0,\infty)$ 上 f 的圖形均爲向上凹，因而 $x=0$ 不爲 f 之圖形的反曲點。

在此我們擬藉函數圖形的凹向性，來判斷具有水平切線之點是否即爲極値之所在。設 $f''(x)$ 爲連續函數。若 $f'(x_0)=0$，$f''(x_0)<0$，則在 x_0 之很小的鄰近內之 x，皆有 $f''(x)<0$（何故?），故知 f 之圖形在 x_0 之鄰近爲向下凹，從而知 x_0 爲 f 之一極大點。同理可知，若 $f''(x_0)>0$，則 x_0 爲 f 之一極小點。今述爲下面之定理：

定理 4－3

設 f 爲二階可微分函數，且 f'' 爲連續函數，則

$f'(x_0)=0$，$f''(x_0)<0 \Rightarrow x_0$ 爲 f 之極大點；

$f'(x_0)=0$，$f''(x_0)>0 \Rightarrow x_0$ 爲 f 之極小點。

定理 4－3 並未對 $f''(x_0)=0$ 之情況給予任何結論，事實上，$f'(x_0)=0$，$f''(x_0)=0$ 時，我們無法判定 x_0 是否爲 f 之極大點

或極小點。譬如，若 $f(x) = x^4$，$g(x) = -x^4$,$h(x) = x^3$, 則

$$f'(0) = f''(0) = 0，g'(0) = g''(0) = 0,$$
$$h'(0) = h''(0) = 0,$$

而 0 爲 f 之極小點，爲 g 之極大點，爲 h 之反曲點。

例 3 利用定理 4 – 3，以判斷函數 $f(x) = x^3 - 6x^2 + 9x + 1$ 的臨界點是爲極大點抑爲極小點。

解 先求函數 f 的第一階及第二階導函數：

$$f'(x) = 3x^2 - 12x + 9 = 3(x-1)(x-3),$$
$$f''(x) = 6x - 12 = 6(x-2),$$

令 $f'(x) = 0$，得臨界點 $x = 1$，3。由於 $f''(1) = -6 < 0$，$f''(3) = 6 > 0$，故由定理 4 – 3 知 1 爲 f 的極大點，3 爲 f 的極小點。

例 4 試繪一連續函數 f 的圖形，使 f 滿足下述的性質：$f(0) = 3$，且

$$f'(x) = \begin{cases} < 0，當\ x > 0; \\ > 0，當\ x < 0, \end{cases} \quad f''(x) > 0，x \neq 0。$$

解 函數 f 在區間$(0,\infty)$上爲漸減函數，在區間$(-\infty,0)$上爲漸增函數，並且在上述二區間均爲凹向上，下圖即爲一滿足條件的圖形：

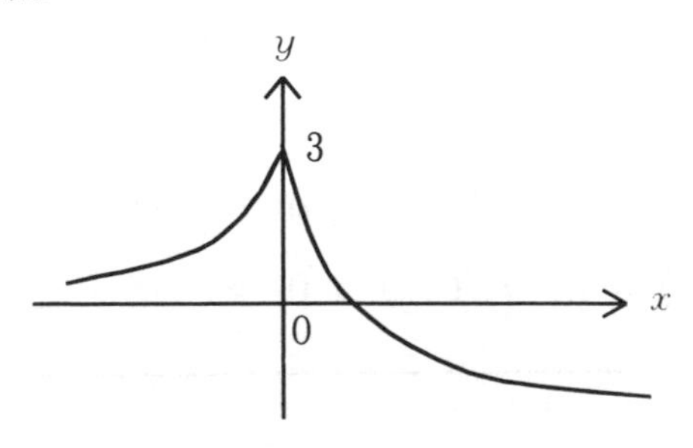

習　題

1. 對下圖所表的函數 f：

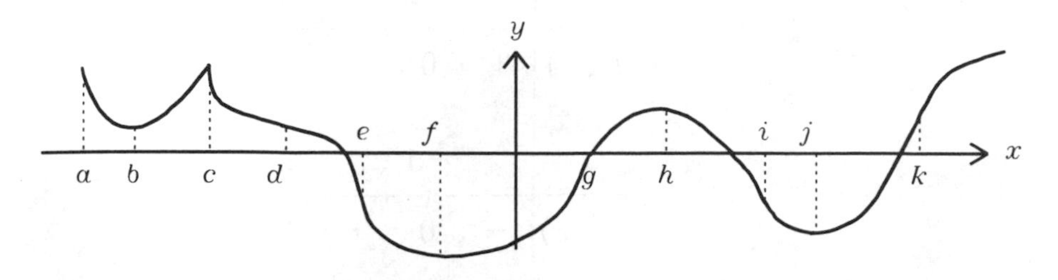

(1)寫出 f 之圖形爲向上凹的區間。

(2)寫出 f 之圖形爲向下凹的區間。

(3)分別寫出 f 之圖形的相對極大和極小點。

(4)寫出 f 之圖形的反曲點。

於下面各題（2～7）中，依據所予的條件，判斷 x_0 爲可微分函數 f 的極大點或極小點，或兩者均非，或無法決定：

2. $f(x_0)=1$，$f'(x_0)=1$，$f''(x_0)=2$

3. $f(x_0)=-1$，$f'(x_0)=0$，$f''(x_0)=-2$

4. $f(x_0)=2$，$f'(x_0)=0$，$f''(x_0)=3$

5. $f(x_0)=0$，$f'(x_0)=0$，$f''(x_0)=-3$

6. $f(x_0)=3$，$f'(x_0)=0$，$f''(x_0)=0$

7. $f(x_0)=0$，$f'(x_0)=-1$，$f''(x_0)=2$

於下面各題（8～11）中，依據所予的條件，草繪連續函數 f 的圖形：

8. $f(-3)=0$，$f(0)=3$，$f(1)=0$；當 $x<0$ 時，$f'(x)>0$，$f''(x)<0$；當 $x>0$ 時，$f'(x)\leqq 0$，$f'(1)=0$；當 $0<x<1$ 時，$f''(x)>0$；當 $x>1$ 時，$f''(x)<0$。

9.

x	-4	-2	-1	0	2	4
$f(x)$	0	4	2	0	-1	-2

x		-2		0		2	
$f'(x)$	$+$	0	$-$	-1	$-$	0	$-$

x		-1		2	
$f''(x)$	$-$	0	$+$	0	$-$

10.

x	-2	-1	0	1	3
$f(x)$	2	0	-1	-2	0

x		-1		0		1	
$f'(x)$	$-$	0	$-$	-2	$-$		$+$

x		-1		1	
$f''(x)$	$+$	0	$-$		$-$

11.

x	-2	0	1	2	3	5
$f(x)$	0	5	4	1	3	0

x		0		2		3	
$f'(x)$	$+$	0	$-$	0	$+$		$-$

x		1		3	
$f''(x)$	$-$	0	$+$		$+$

試作下面各題（12～20）之函數的圖形：

12. $f(x) = x^3 - x + 1$
13. $f(x) = x^3 - 6x^2 + 12$
14. $f(x) = x^3 - 6x^2 + 9x + 1$
15. $f(x) = 1 - 3x - x^3$
16. $f(x) = (1 + x)^3 - 1$
17. $f(x) = x^4 - 1$
18. $f(x) = x^4 - 4x^3 + 15$
19. $f(x) = \dfrac{1}{1 + x^2}$
20. $f(x) = \dfrac{x}{1 + x^2}$

4－2 相關變率問題

本節要探討的是，所謂的**相關變率問題**。我們知道，若有 x 與 y 的一個方程式 $f(x,y)=0$，其中 x 與 y 均爲另一變數 t 之可微分函數，則這 x 與 y 的方程式即可看作變數 t 的隱函數。而利用隱函數的微分法，即可求得 y 對 t 之瞬間變率及 x 對 t 之瞬間變率的關係，因而當其中之一爲已知時，另一個即可隨之求得，今以實例說明上一觀念的應用。

例 1 設一正方形之邊長以每秒 3 公分之速率增長，問邊長爲 $x=6$ 公分時，其面積的增加速率爲何？

解 正方形之面積 A 與邊長 x 之關係爲

$$A=x^2。$$

已知 x 爲時間 t 的函數，且其在任何時刻的瞬間變率均爲 3(公分 / 秒)，即

$$\frac{dx}{dt}=3,$$

而所求者爲

$$\frac{dA}{dt}=\frac{d}{dt}x^2=2x\frac{dx}{dt}=2x\cdot 3=6x$$

故當 $x=6$ 時，面積 A 對時間 t 的瞬間變率爲

$$\left.\frac{dA}{dt}\right|_{x=6}=6\cdot 6=36(\text{平方公分 / 秒})。$$

例 2 二船 A、B 於正午時刻離開一海港，A 船以每小時 6 海浬的速度向北行，B 船以每小時 8 海浬的速度向東行，問於下午兩點時，二船遠離的速度爲何？

解 如圖所示，所求者爲 $\left.\frac{dz}{dt}\right|_{t=2}$ 之值。

因爲

$$z^2 = x^2 + y^2,$$

對等號兩邊就 t 微分得

$$2z\left(\frac{dz}{dt}\right) = 2x\left(\frac{dx}{dt}\right) + 2y\left(\frac{dy}{dt}\right)。$$

由所給予的條件知，$\frac{dx}{dt} = 8$，$\frac{dy}{dt} = 6$，

$$z = \sqrt{x^2 + y^2}\bigg|_{(16,12)} = \sqrt{16^2 + 12^2} = 20$$

因得

$$20\left(\frac{dz}{dt}\right) = 16 \cdot 8 + 12 \cdot 6,\ \frac{dz}{dt}\bigg|_{t=2} = 10,$$

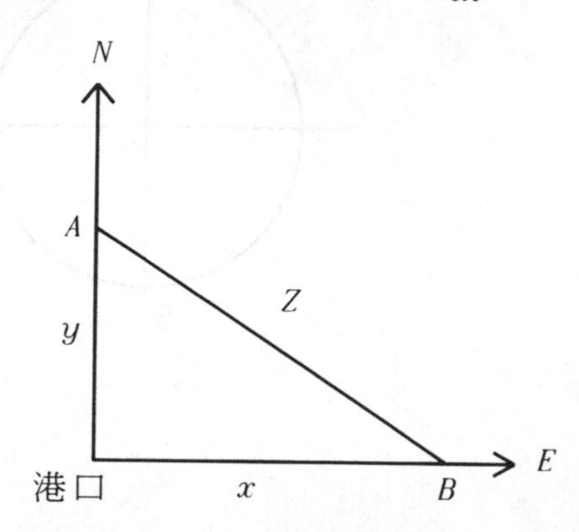

即下午兩點時，二船以每小時 10 海浬的速度分離。

例 3　設有一質點在坐標平面上，以原點爲圓心半徑爲 5 的圓上依順時鐘方向運動。這質點到達點$(-3,4)$時，它的橫坐標以每秒 0.4 單位增大，問這時它的縱坐標的變化情形如何？

解　因爲質點的橫坐標 x 和縱坐標 y 都爲時間 t 的函數，且滿足方程式

$$x^2 + y^2 = 25,$$

我們的問題是於 $x = -3$，$y = 4$時，已知 $\frac{dx}{dt} = 0.4$ 的情形下要求 $\frac{dy}{dt}$ 的值。

易知

$$\frac{d}{dt}(x^2 + y^2) = \frac{d}{dt}(25),$$

$$2x\frac{dx}{dt} + 2y\frac{dy}{dt} = 0。$$

將 $x = -3$，$y = 4$ 及 $\frac{dx}{dt} = 0.4$ 代入上式，解之得

$\frac{dy}{dt} = 0.3$，即爲所求。

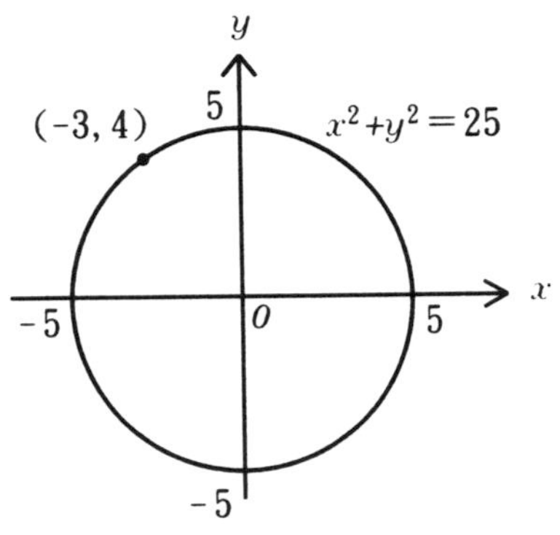

習　題

1. 一立方體之邊長以每秒 2 公分之速率增長，求當邊長爲 4 公分時，其體積增加的速率。
2. 一球體之半徑以每秒 4 公分之速率增大，求當半徑爲 6 公分時，其體積增加的速率。
3. 一木梯長 13 呎，倚牆斜靠，若梯子之底端以 2 呎/秒的速度滑離牆腳，問梯子之頂端離地 10 呎時，頂端下降的速率爲何？
4. 設有一圓錐形水槽，頂點朝下，深 20 呎，上部半徑爲 10 呎。今以每分鐘 3 立方呎的速率注水入槽，問當水深 2 呎時，水面上升的速率爲何？
5. 某公司每日生產產品 x 單位時，可得利潤 $R=36x-\dfrac{x^2}{20}$。若這公司於每日生產 250 時引入一種新技術，使得每日能增產 10 單位，問每日可增多少利潤？
6. 設一氣象汽球，以每秒 5 公尺的速度垂直上升，一個觀測者站在距汽球釋放處 300 公尺的地方，問當汽球升高到 400 公尺時，汽球和觀測者遠離的速率爲何？
7. 一位身高 2 公尺的籃球隊員背著 5 公尺高的街燈以每秒 3 公尺的速度走開，問他頭頂的影子移動的速率爲何？
8. 一座水槽長 4 公尺底部爲寬 1 公尺的矩形，頂部爲寬 2 公尺的矩形，深爲 1 公尺，側面爲一等腰梯形，如下圖：今每秒注水 0.5 立方公尺，問當水深 0.25 公尺時，水面上升的速度爲何？

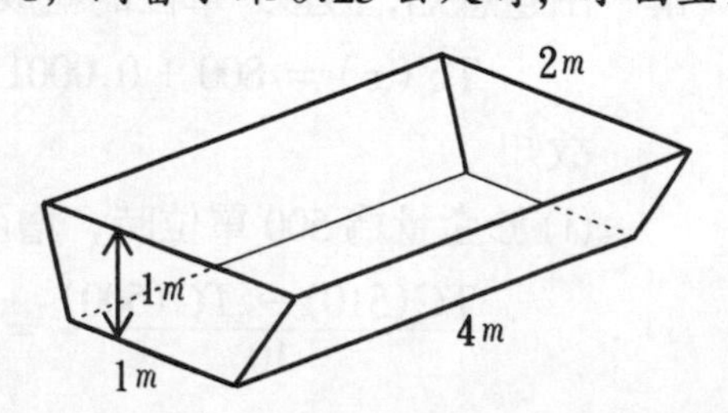

4－3 在商學及一般決策上的應用

I. 邊際成本

設生產物品 x 單位的總成本爲

$$TC(x)=FC+VC(x),$$

其中 FC 爲**固定成本**，爲一常數，而 $VC(x)$ 爲**變動成本**。故知於生產 x 單位物品時，每一單位物品的平均生產成本爲 $\frac{TC(x)}{x}$。今設物品的產量爲 a 單位，而要考慮的是，於此時增產物品的成本問題。若增產量爲 Δx 單位，則此增產部分的每單位產品的平均成本爲

$$\frac{TC(a+\Delta x)-TC(a)}{\Delta x}$$

若 $TC(x)$ 爲一可微分函數，則於 Δx 甚小時，此平均成本甚接近於 $TC(x)$ 在 a 處的導數 $TC'(a)$，並稱 $TC'(a)$ 爲於產量爲 a 單位時的單位增產的**邊際成本**，且稱 $TC(x)$ 之導函數 $TC'(x)$ 爲**邊際成本函數**。

例 1 設生產某一物品的固定成本爲 $FC=800$ 元，而生產 x 單位的變動成本爲

$$VC(x)=0.0001x^2+3x$$

元，求(1) 於產量爲 500 單位時，增產 10 單位之平均單位成本。

(2) 於產量爲 500 單位時的增產邊際成本。

解 由題意知，生產 x 單位的總成本爲

$$TC(x)=800+0.0001x^2+3x,$$

故知

(1) 於產量爲 500 單位時，增產 10 單位之平均單位成本爲

$$\frac{TC(510)-TC(500)}{10}=\frac{2{,}356.01-2{,}225}{10}$$

$$= 3.101(\text{元})。$$

(2) 因爲

$$TC'(x) = 0.0002x + 3,$$

故得於產量爲 500 單位時的增產邊際成本爲

$$TC'(500) = 0.0002 \cdot 500 + 3 = 3.1(\text{元})。$$

例 2　設某一產品的邊際成本爲

$$TC'(x) = \frac{x^2}{60} - x + 615,$$

其生產固定成本爲 1,000 元，試求生產 30 單位產品的總成本。

解　因爲生產 x 單位產品的總成本 $TC(x)$ 爲邊際成本的一個反導函數，故知

$$TC(x) = \int TC'(x)dx = \int\left(\frac{x^2}{60} - x + 615\right)dx$$

$$= \frac{x^3}{180} - \frac{x^2}{2} + 615x + k,$$

由題意知，固定成本爲

$$1,000 = TC(0) = k,$$

即知生產 x 單位產品的總成本爲

$$TC(x) = \frac{x^3}{180} - \frac{x^2}{2} + 615x + 1,000,$$

而知所求生產 30 單位產品的總成本爲

$$TC(30) = \frac{(30)^3}{180} - \frac{(30)^2}{2} + 615(30) + 1,000$$

$$= 19,150(\text{元})。$$

Ⅱ. 邊際收入

我們知道，市場上對某物品的需求量 x 乃其價格 p 的函數，即 $x = D(p)$，此需求函數爲一減函數，而爲可逆，因而可將 p 表爲 x 的函數，即 $p = D^{-1}(x)$。從而知，若將此物品於價格爲

p 時之**總收入**表爲 x 之函數 $TR(x)$ 時，則

$$TR(x) = xp = xD^{-1}(x)。$$

設於需求量爲 a 時，需求量有一增量 Δx，則每單位需求增量平均可增加的收入爲

$$\frac{TR(a+\Delta x) - TR(a)}{\Delta x}$$

若 $TR(x)$ 爲可微分函數，則於 Δx 甚小時，此平均收入甚接近於 $TC(x)$ 在 a 處的導數 $TR'(a)$，而稱 $TR'(a)$ 爲於需求量爲 a 單位時，單位增產的**邊際收入**，且稱 $TC(x)$ 之導函數 $TC'(x)$ 爲此物品的**邊際收入函數**。

例 3　設一物品的需求函數爲 $x = D(p) = 3 - \frac{2p}{3}$，求需求量爲 x 時的總收入函數，及這物品的邊際收入函數。

解　因爲 $x = D(p) = 3 - \frac{2p}{3}$，故得 $p = \frac{9}{2} - \frac{3x}{2}$，而總收入函數爲

$$TR(x) = xp = x\left(\frac{9}{2} - \frac{3x}{2}\right) = \frac{9x}{2} - \frac{3x^2}{2},$$

這物品的邊際收入函數爲

$$TR'(x) = \frac{9}{2} - 3x。$$

Ⅲ. 成本與收入的最佳決策

例 4　設某物品每週的需求函數爲 $x = D(p) = 18 - \frac{p}{4}$，而成本函數爲

$$TC(x) = 120 + 2x + x^2,$$

爲求最大的淨利，則每週的生產數應爲多少？而對應的價格爲何？

解　易知，價格爲 $p = D^{-1}(x) = 72 - 4x$，而總收入爲

$$TR(x) = xp = x(72 - 4x),$$

故淨利爲

$$NP(x) = TR(x) - TC(x)$$
$$= x(72 - 4x) - (120 + 2x + x^2)$$
$$= -120 + 70x - 5x^2,$$

因爲

$$NP'(x) = 70 - 10x = 10(7 - x),$$

故知

x		7	
$NP'(x)$	+		−

故知 $x = 7$ 時 $NP(x)$ 有極大值，此時對應的價格爲

$$p = (72 - 4x)\Big|_{x=7} = 72 - 28 = 44。$$

例5　設某一物品製造 x 單位的總成本爲

$$TC(x) = 300 + \frac{x^3}{12} - 5x^2 + 170x$$

其單位市價爲 134 元，問應製造多少單位，可使淨利爲最大?

解　因爲單位購價爲 134 元，故製造 x 單位時，可獲利 $TR(x) = 134x$，而淨利爲

$$NP(x) = TR(x) - TC(x)$$
$$= 134x - \left(300 + \frac{x^3}{12} - 5x^2 + 170x\right)$$
$$= -\frac{x^3}{12} + 5x^2 - 36x - 300。$$

因爲

$$NP'(x) = -\frac{x^2}{4} + 10x - 36$$
$$= \frac{(36 - x)(x - 4)}{4}$$

x		4		36	
$NP'(x)$	$-$		$+$		$-$

又 $x \geqq 0$ 始有意義，且 $NP(0)=-300$，故知 $NP(x)$ 在 $x=36$ 有絕對極大值，即製造 36 單位時有最大淨利。

例 6 設某一物品製造 x 單位的總成本為

$$TC(x)=20+4x+\frac{x^2}{5},$$

問生產量為多少時有最小的平均成本?

解 由題意知，生產量為 x 單位時，每單位的平均成本為

$$AC(x)=\frac{20+4x+\frac{x^2}{5}}{x}=\frac{20}{x}+\frac{x}{5}+4。$$

因為

$$AC'(x)=\frac{1}{5}-\frac{20}{x^2}=\frac{(x-10)(x+10)}{5x^2},\quad x>0,$$

x		10	
$AC'(x)$	$-$		$+$

即知 $x=10$ 時，$AC(x)$ 有絕對極小值，亦即生產 10 單位時有最小的單位平均成本。

於例 6 中，使單位平均成本為最小的生產量為 10 單位，此時的單位平均成本為

$$AC(10)=\frac{20}{10}+\frac{10}{5}+4=8\ (元/單位)。$$

若我們計算產量為 10 單位時的邊際成本，則得

$$TC'(10)=\left[4+\left(\frac{2}{5}\right)x\right]\Big|_{x=10}=8$$

亦為同一數值。關於此結果，實在並非出於巧合，而是因為

$$AC'(x) = 0 \Rightarrow AC(x) = TC'(x),$$

此式的證明留作習題。

Ⅳ. 一般的極值問題

例 7　設某人要用籬笆(下圖中的實線)，圍出一片面積爲 3,600 平方公尺的矩形土地，並於中央用一種價格較低的籬笆(圖中的虛線)，將它隔成兩半，如下圖所示：

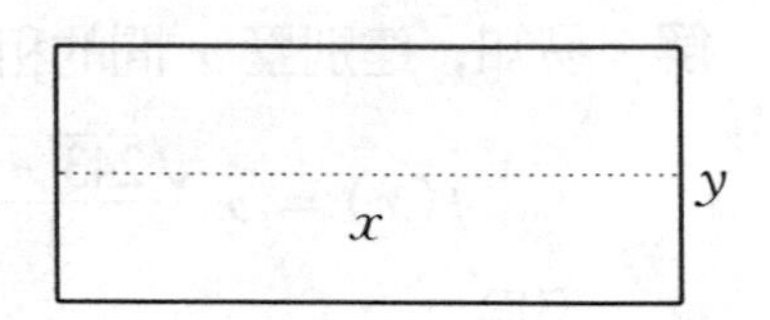

設周圍籬笆每公尺價格爲 300 元，而分隔用籬笆每公尺價格爲 200 元，問所圍矩形的長寬各爲何，可使籬笆的成本爲最低?

解　設所圍矩形的長和寬分別爲 x 和 y 公尺，則由題意知，$xy = 3{,}600$。所用籬笆成本爲

$$C = 300(2x + 2y) + 200x = 800x + 600y,$$

將 y 以 $\frac{3{,}600}{x}$ 代入上式，得成本爲

$$C(x) = 800x + 600\left(\frac{3{,}600}{x}\right),$$

故得，

$$C'(x) = 800 - \frac{2{,}160{,}000}{x^2}$$

$$= \frac{800(x + 30\sqrt{3})(x - 30\sqrt{3})}{x^2},$$

由下表

x		$-30\sqrt{3}$		$30\sqrt{3}$	
$C'(x)$	$+$		$-$		$+$

可知矩形長爲 $x = 30\sqrt{3}$ 公尺，寬爲 $y = 40\sqrt{3}$ 公尺時，有最小的籬笆成本。

例 8 某人擁有私人海灘，欲建海灘別墅出租。若別墅建得越多，則每間的租金越少。設建 x 間時，每間每週的租金爲 $\dfrac{\sqrt{243-9x}}{4}$。問應建別墅多少間，始能每週獲得最多的租金？

解 易知，建別墅 x 間的租金爲

$$f(x) = x\,\frac{\sqrt{243-9x}}{4}。$$

因爲

$$\begin{aligned} f'(x) &= \frac{\sqrt{243-9x}}{4} + \left(\frac{x}{8}\right)\left(\frac{-9}{\sqrt{243-9x}}\right) \\ &= \frac{[2(243-9x)-9x]}{8\sqrt{243-9x}} \\ &= \frac{486-27x}{8\sqrt{243-9x}} \end{aligned}$$

由下表

x		18	
$f'(x)$	$-$		$+$

可知建築別墅 18 間時，可得最大的租金。

習　題

1. 生產某物品的固定成本爲 1,500 元，而生產 x 單位的變動成本爲 $10x+12\sqrt{x}$，求
   (1)生產 49 單位的總成本。
   (2)邊際成本函數。
   (3)生產 49 單位時的邊際成本。
   (4)生產第 50 單位物品的眞正成本。
2. 設生產某物品的總成本爲
   $$TC(x)=(x-8)^2(x+1)+500,$$
   (1)求生產的固定成本。
   (2)求邊際成本函數。
   (3)分別求有最小及最大的邊際成本之生產量。
3. 生產某物品的總成本函數爲
   $$TC(x)=\frac{x^3}{3}-25x^2+640x+1,000$$
   (1)固定成本爲何?
   (2)邊際成本函數爲何? 試繪其圖形。
   (3)最小的邊際成本爲何?
4. 某專賣物品的需求函數爲 $x=D(p)=1,000-4p$，試求其總收入及邊際收入函數。
5. 設某產品的邊際成本和邊際收入函數分別如下:
   $$TC'(x)=\frac{x^2}{10}-4x+110,\ TR'(x)=150-x,$$
   且生產 30 單位的總成本爲 4,000 元。試問
   (1)總成本函數爲何?
   (2)將淨利 NP 表爲產量 x 的函數。
   (3)求生產量爲 25 單位的淨利。

6. 設某產品的邊際成本和邊際收入函數分別如下：

$$TC'(x) = 10, \ TR'(x) = 65 - 2x。$$

(1)求總收入函數。

(2)若固定成本爲 250 元，求總成本函數。

(3)求生產 10 單位的淨收入。

7. 經濟學上有個重要的原理：邊際利益等於邊際成本時有最大淨利，試説明其理由。

8. 設生產某物品 x 單位的總成本爲

$$TC(x) = \frac{x^3}{12} - 5x^2 + 170x + 300。$$

(1)怎樣的生產量範圍，其對應的邊際成本爲漸減？

(2)怎樣的生產量範圍，其對應的邊際成本爲漸增？

(3)最小的邊際成本爲何？

9. 設生產某物品 x 單位的總成本爲 $TC(x)$，其每單位的平均生產成本爲 $AC(x)$，二者均爲可微分函數。證明：

$$AC'(x) = 0 \Rightarrow AC(x) = TC'(x)。$$

10. 設生產某物品 x 單位的總成本爲 $TC(x) = \frac{x^2}{30} + 20x + 480$。

(1)問生產量爲何時，有最小的平均成本？

(2)驗證：在最佳生產量下，平均成本等於邊際成本。

11. 設生產某商品 x 單位的總成本爲

$$TC(x) = x^2 - 2x + 25,$$

其單位售價爲 p 元時的需求函數爲

$$D(p) = 30 - \frac{p}{4},$$

爲求最大利潤，則應生產幾個？

12. 設某公賣物品生產 x 單位的總成本爲

$$TC(x) = 1{,}000 + 8x,$$

若每單位可以 p 元購得時，每週的需求量爲

$$D(p) = 300 - 2p,$$

問每週生產多少單位可有最大的獲利？又售價爲何？

13. 以導函數求極值的方法，證明：周長一定的矩形中，正方形的面積爲最大。

14. 設開行一部卡車每小時的固定成本爲 600 元，當車速爲每小時 20 哩時，每一小時的汽油費爲 800 元，而汽油費與車速的平方成正比，求可使每哩平均成本爲最低的車速。

15. 某百貨公司以每件 240 元的價格購入襯衫，若以 480 元的價格出售，每週可賣 32 件，若每件售價每減 40 元每週可多售 8 件，問售價爲何時，可使每週有最大的獲利。

16. 蘋果園中，目前每種植 30 株果樹，而平均每株生產 400 個蘋果。如果每畝增植一株果樹，則平均每株果樹的收穫量約少 10 個，問每畝應植幾株果樹，這蘋果園能有最大的收成？

17. 有一正方形的紙板，邊長爲 60 公分，欲從四角各截去一個小正方形，以便做成一個無蓋的方形盒子，求所能做成的最大容積爲多少？

18. 某一住家與一瓦斯供應中心位於一河的兩岸，河寬 100 公尺，住家位於瓦斯供應中心正對岸的下游 200 公尺處。若地上鋪設的管子每公尺爲 60 元，水底鋪設的管子每公尺爲 100 元，問應如何鋪設可使成本最低？

第五章　指數與對數函數

5-1　指數函數

在 1-2 節中我們曾介紹分指數的意義，即對底爲正數 a 的分指數 $a^{\frac{q}{p}}$，$p\in \boldsymbol{N}$，$q\in \boldsymbol{Z}$ 來說，

$$當\ p=1\ 時\ a^{\frac{q}{p}}=a^{\frac{q}{1}}=a^{q},$$

$$當\ p>1\ 時\ a^{\frac{q}{p}}=\sqrt[p]{a^{q}},$$

並且提到對有理指數（皆可表爲分指數）而言，下述的**指數律**成立（雖然沒有證明）：對 a，$b>0$，s，$t\in \boldsymbol{Q}$ 而言，有

(1) $a^{s}a^{t}=a^{s+t}$，

(2) $(a^{s})^{t}=a^{st}$，

(3) $(ab)^{s}=a^{s}b^{s}$，

(4) $\dfrac{a^{s}}{a^{t}}=a^{s-t}$，

(5) $\left(\dfrac{a}{b}\right)^{s}=\dfrac{a^{s}}{b^{s}}$。

在 2-4 節中，介紹導函數時，除了對 $n\in \boldsymbol{N}$，$\mathrm{D}f^{n}=nf^{n-1}\cdot f'$ 一式加以證明外，也提到對 $f>0$ 而言，公式

$$\mathrm{D}f^{r}=rf^{r-1}\cdot f',\ r\in \boldsymbol{R}$$

仍成立，只是實指數 f^{r} 的意義爲何，並沒有交代。事實上，像 $2^{\sqrt{3}}$ 的實指數的意義，相信對讀者而言，是個難以回答的問題。在此若要給予嚴格的實指數的定義，我們實在需要以所謂的實數完全

性作依據，而超出本書的範圍。因此，本書在此介紹實數指數時，準備以所謂的「便宜行事」的作法，直接提出實數指數函數的性質，作爲讀者往後處理實數指數的依據。首先，實指數的底 a 須爲正數，則實數指數函數 $f(x)=a^x$ 爲可微分，它的值恆爲正；$a=1$ 時，$f(x)=1^x=1$ 爲常數函數；$a>1$ 時，$f(x)=a^x$ 爲嚴格增函數；$0<a<1$ 時，$f(x)=a^x$ 爲嚴格減函數；實數指數滿足所有的指數律，也就是上文指數律中，s，$t\in \boldsymbol{Q}$（有理數）改爲 x，$y\in \boldsymbol{R}$（實數）仍然成立。從而可得

$$(2^{\sqrt{3}})^{\sqrt{3}}=2^{\sqrt{3}\cdot\sqrt{3}}=2^3=8,$$

$$\frac{3^{\sqrt{2}+1}}{3^{\sqrt{2}-1}}=3^{(\sqrt{2}+1)-(\sqrt{2}-1)}=3^2=9。$$

例 1 試作函數 $f(x)=2^x$ 及 $g(x)=2^{-x}$ 的圖形。

解 因爲未介紹指數函數的導函數，故在此以描點法作圖，先求一些點的函數值如下表：

x	-3	-2	-1	0	1	2	3
2^x	$\frac{1}{8}$	$\frac{1}{4}$	$\frac{1}{2}$	1	2	4	8

描點作圖得下左圖。又因 $g(x)=2^{-x}=f(-x)$，故知 g 與 f 的圖形對稱於 y 軸，從而由下面左圖得到下面右圖。

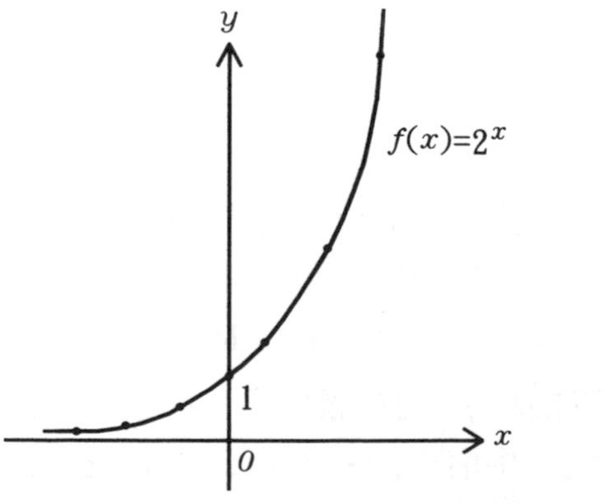

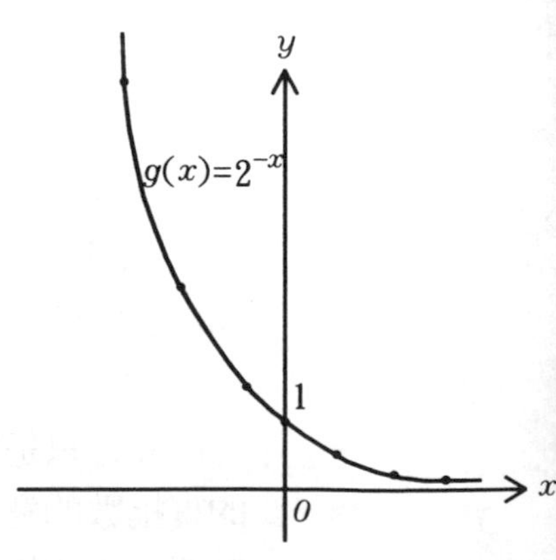

例2 設 $2^{2x-1}=4^{\sqrt{3}}$，求 x 之值。

解 易知

$$2^{2x-1}=4^{\sqrt{3}}\Leftrightarrow 2^{2x-1}=(2^2)^{\sqrt{3}}\Leftrightarrow 2^{2x-1}=2^{2\sqrt{3}},$$

因爲底不爲 1 的指數函數爲嚴格增減函數，爲一對一函數，故由上式知

$$2x-1=2\sqrt{3},$$

$$x=\sqrt{3}+\frac{1}{2}。$$

仿例 1 的討論可知，指數函數 $f(x)=a^x$ 與 $g(x)=a^{-x}$ 的圖形互爲對稱於 y 軸的圖形，如下圖所示：

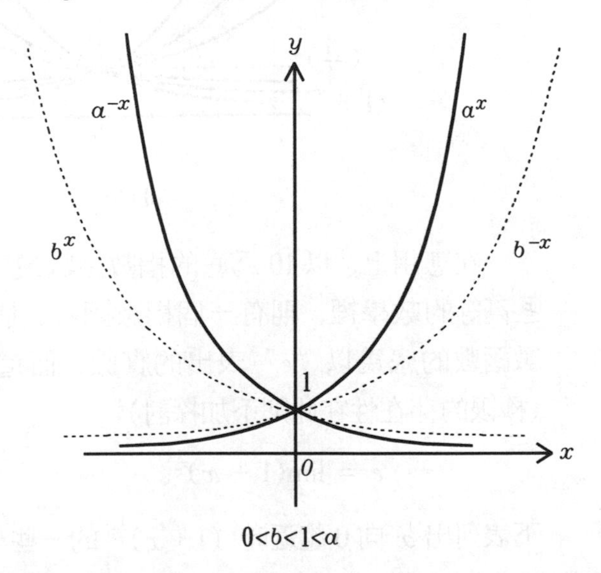

$0<b<1<a$

指數函數不管底如何，在原點的值均爲 1，在其他各點之值的相互關係，可經如下的探討而得了解：設 $0<a<b$，則 $\left(\frac{b}{a}\right)>1$，故 $\left(\frac{b}{a}\right)^x$ 爲嚴格增函數，即知

$$x>0\Rightarrow\left(\frac{b}{a}\right)^x>\left(\frac{b}{a}\right)^0=1\Rightarrow\frac{b^x}{a^x}>1\Rightarrow b^x>a^x,$$

$$x < 0 \Rightarrow \left(\frac{b}{a}\right)^x < \left(\frac{b}{a}\right)^0 = 1 \Rightarrow \frac{b^x}{a^x} < 1 \Rightarrow b^x < a^x,$$

從而由底的大小，就可知道各相異底之指數函數的圖形之相關位置，如下圖所示：

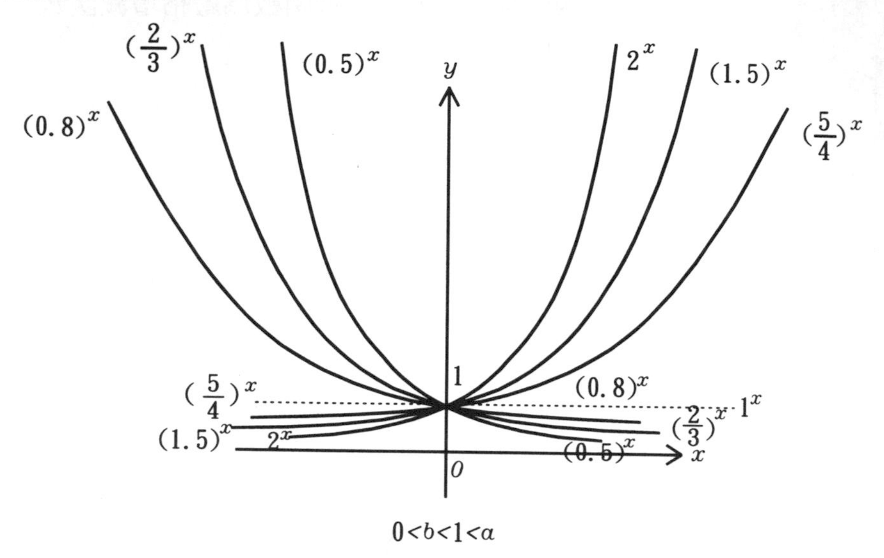

$0<b<1<a$

在應用上，以 10 爲底的指數函數最爲常見，而在微積分和一些高等的數學裡，則有一個指數函數，佔著重要的地位，這一指數函數的底爲以“e”表出的實數，而這實數以下面極限來定義(極限的存在性在此則不加探討)：

$$e = \lim_{x \to 0}(1 + x)^{\frac{1}{x}}。$$

下表列出 x 向 0 趨近時 $(1+x)^{\frac{1}{x}}$ 的一些相應的數值：

x	$(1+x)^{\frac{1}{x}}$
0.1	2.59374
0.01	2.70481
0.001	2.71692
0.0001	2.71815
0.00001	2.71827
0.000001	2.718280
0.0000001	2.718282
0.00000001	2.718282

事實上，e 爲一個無理數，它到小數點以下 12 位的值如下所示：

$$e = 2.718281828459\cdots。$$

因爲 e 的數值大於 1，故指數函數 e^x，稱爲**自然指數函數**，爲一嚴格增函數。

下面我們要以指數函數在商業上的一個應用作爲本節的結束：在商業上，常須有金錢的週轉。通常向人借錢以爲己用，須付出一定金額的**利息**，而所借得的錢稱爲**本金**，在單位時期內，利息與本金的比率稱爲**利率**。一般來說，時期的單位常取一年，故利率常指**年利率**而言。習慣上，利率常以**複利**的方式計算，即在一年中數度將利息加入本金而再生息。譬如，銀行可能以年利率 r 而一年 4 次複利的方式計息，則於年初存入本金 P 元，經 3 個月後的本利和爲 $P\left(1+\frac{r}{4}\right)$ 元，再經 3 個月後，本利和即成爲

$$P\left(1+\frac{r}{4}\right)\left(1+\frac{r}{4}\right) = P\left(1+\frac{r}{4}\right)^2,$$

而一年後的本利和則爲 $P\left(1+\frac{r}{4}\right)^4$ 元。仿此，若年利率爲 r，一年 n 次複利計息，則 P 元本金經一年後的本利和爲

$$P\left(1+\frac{r}{n}\right)^n。$$

並非所有資產的增值均如上述，將一年分幾次複利計算，而往往是依所謂的**連續複利**計算的。譬如一件藝術作品的價值，往往被看作是連續增值的。此外，許多公司對其收益，亦是採用連續複利計算的。也就是說，其複利計算是無時不在進行的，亦即可令一年 n 次複利之 n 趨近於無窮大。故知本金爲 P，年利率爲 r，以連續複利計算時，一年後的本利和爲

$$\lim_{n\to\infty} P\left(1+\frac{r}{n}\right)^n = \lim_{n\to\infty} P\left[\left(1+\frac{r}{n}\right)^{\frac{n}{r}}\right]^r,$$

因爲

$$\lim_{x\to 0}(1+x)^{\frac{1}{x}} = e,$$

而 $n\to\infty$ 時，$\frac{r}{n}\to 0$，故知

$$\lim_{n\to\infty}P\left(1+\frac{r}{n}\right)^n = Pe^r。$$

若考慮 t 年（t 不一定為正整數），則連續複利的本利和為

$$S(t) = Pe^{rt}。$$

我們稱利率 r 為連續複利的**名利率**，而實際的在一年中利息 $Pe^r - P$ 和本金 P 的比率

$$\frac{Pe^r - P}{P} = e^r - 1,$$

則稱為**實利率**，此值和本金 P 無關。

例 3 一筆 40,000 元的投資，以 9% 的連續複利計息，問 16 個月後，這筆投資的價值為何？又，這投資的實利率為何？

解 因 t 年後的本利和為

$$S(t) = Pe^{rt} = 40,000e^{0.09t},$$

故 16 個月 $= \frac{4}{3}$ 年後的本利和為

$$S\left(\frac{4}{3}\right) = 40,000e^{0.09\left(\frac{4}{3}\right)} = 40,000e^{0.12}$$

$$\approx 40,000 \times 1.1275 = 45,100(\text{元})$$

（其中 $e^{0.12} \approx 1.1275$ 的值乃由書後所附自然指數值表而來的）

又實利率為

$$e^{0.09} - 1 = 1.0942 - 1 = 0.0942,$$

即實利率為 9.42%。

若於連續複利的本利和公式

$$S(t) = Pe^{rt}$$

的等號兩端同乘以 e^{-rt}，則得

$$P = S(t)e^{-rt}。$$

這式表明，要想期望連續複利 t 年後得本利和為 $S(t)$ 時，現在得投入的金額為 P。我們稱這金額 P 為 t 年後金額為 $S(t)$ 的**現值**。折算現值，在處理資產的決策上，是相當重要的工作。

例 4　一對新婚夫婦期望 8 年後購買一棟價值 4,000,000 元的公寓。設某種投資可得名利率 10% 的連續複利，問這對夫婦當今應投資多少?

解　這對夫婦當今應投資的金額，乃是 8 年後 4,000,000 元的現值

$$P = 4,000,000e^{-(0.1)\times 8} = 4,000,000 \times 0.4493$$
$$= 1,797,200(\text{元})。$$

例 5　某古董商擁有一件現值 200,000 元的古董。設此古董每年固定增值 40,000 元。若這商人有機會投資連續複利為 10% 的事業，問這古董在 6 年後賣出，還是在 12 年後賣出較有利?

解　依題意知，6 年後的賣價為 $200,000 + 40,000 \times 6 = 440,000$ 元，它的現值則為

$$P_1 = 440,000e^{-(0.1)\times 6} = 440,000 \times 0.5488 = 241,472(\text{元})。$$

12 年後的賣價為 $200,000 + 40,000 \times 12 = 680,000$ 元，它的現值則為

$$P_2 = 680,000e^{-(0.1)\times 12} = 680,000 \times 0.3012$$
$$= 204,816(\text{元})。$$

比較二者知，6 年後賣出較為有利。

習 題

於下面 (1~8) 各題中，計算各數值，使無負指數：

1. $3^{-2}\cdot 3^{5}$
2. $(4^{-\frac{1}{6}})^{-3}$
3. $3^{\frac{1}{4}}\cdot 9^{-\frac{5}{8}}$
4. $\dfrac{4^{-\frac{1}{2}}}{8^{-\frac{1}{3}}}$
5. $\dfrac{7^{3.3}\cdot 7^{-\frac{8}{5}}}{7^{-0.3}}$
6. $\dfrac{2^{5.4}\cdot 4^{-1.3}}{(8^{\frac{2}{3}})^{-0.4}}$
7. $\left(\dfrac{3}{2}\right)^{-\frac{5}{3}}\cdot\left(\dfrac{16}{3}\right)^{\frac{1}{3}}$
8. $\left(\dfrac{3}{16}\right)^{-\frac{1}{3}}\cdot\left(\dfrac{9\cdot 36^{\frac{2}{3}}}{2\sqrt{2}}\right)$

於 (9~12) 各題中，a，b 為正實數，e 為自然指數的底，試化簡各式，使均為正指數：

9. $(a^{-3}a^{\frac{3}{2}})^{-2}$
10. $\left[\left(\dfrac{a^{-3}}{a^{\frac{3}{2}}}\right)^{-2}\right]^{-3}$
11. $\left[(b-1)^{-\frac{4}{3}}\right]^{\frac{3}{4}}$
12. $\dfrac{(b^{-3})^{2}(e^{-1}+1)}{(a^{\frac{3}{2}}+1)^{0}}$

於 (13~16) 各題中，試作函數 $f(x)$ 的圖形：

13. $f(x)=4^{-\frac{x}{2}}$
14. $f(x)=(1.5)^{2x}$
15. $f(x)=e^{\frac{x}{2}}$
16. $f(x)=e^{x^{2}}$

試解 (17~20) 各題中，指數方程式：

17. $5^{-3x}=5^{7}$
18. $32^{2x}=\sqrt[3]{16}$
19. $3^{x-x^{2}}=\dfrac{1}{9^{x}}$
20. $2(16^{x})-3(4^{x})-2=0$
21. 我們說金錢對某一投資公司的價值為 8%，意思是說，這公司不會從事實利率不到 8% 之投資。問此公司願意從事投資的連續複利的名利率為何?
22. 連續複利的名利率為下面各款的情況下，實利率為何?

    (1) 6%　(2) 10%　(3) 12%　(4) 15%

23. 一筆 120,000 元的投資，以名利率 6% 連續複利計息。問 3 年半後此投資的價值爲何?

24. 以名利率 8% 連續複利計息，希望 4 年 3 個月後得款 400,000 元，問現今應投資多少?

25. 設從事房地產的王君一有筆土地可出售，其今後 t 年的售價爲 $400,000+100,000t$，若王君有機會從事連續複利 8% 的投資。問 10 年後抑 20 年後賣出較爲有利?

5−2 對數函數

從上節的介紹，我們知道以任何正數 a 爲底都可以有實數指數，且其值爲正。並且知道 $a \neq 1$ 時，以 a 爲底的指數函數 $f(x) = a^x$ 爲一對一函數，嚴格地說

$a > 1$ 時，$x \longrightarrow f(x) = a^x$，爲嚴格增函數；

$0 < a < 1$ 時，$x \longrightarrow f(x) = a^x$，爲嚴格減函數，

換句話說，只要 $0 < a \neq 1$，以 a 爲底的指數函數

$$a^x: \boldsymbol{R} \longrightarrow (0, \infty)$$

爲可逆函數。今令它的反函數爲

$$\log_a: (0, \infty) \longrightarrow \boldsymbol{R},$$

稱爲以 a 爲底的**對數函數**。讀者應該注意到，對數函數的定義域爲所有正數的全體，故 0 或負數無對數。由於上述二函數互爲反函數，故由定義知：

$\log_a a^x = x$，對任何 $x \in \boldsymbol{R}$ 均成立；

$a^{\log_a x} = x$，對任何 $x \in (0, \infty)$ 均成立。

自然指數函數 e^x 的反函數 $\log_e x$，特稱爲**自然對數**函數，記爲 $\ln x$，即

$$\ln x = \log_e x。$$

由一可逆函數和它的反函數二者圖形之間的關係可知對數函數的圖形如下：

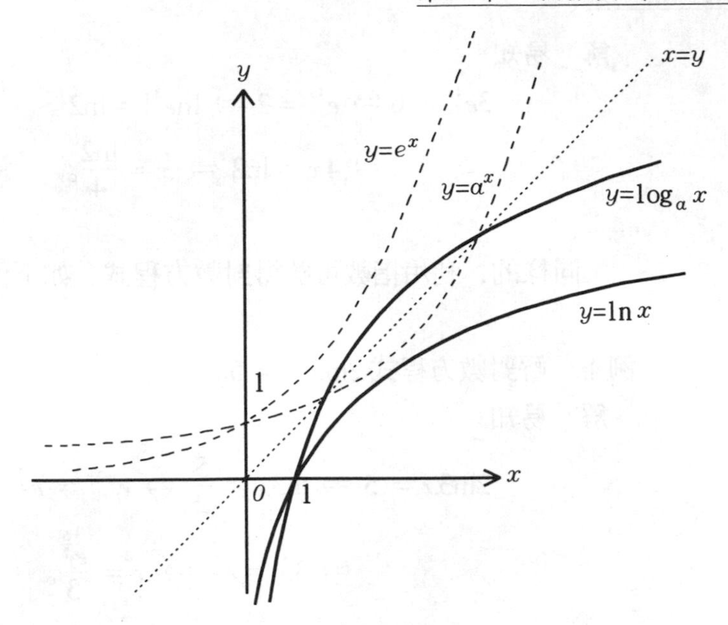

以 10 爲底的對數稱爲**常用對數**，記爲 log，即

$$\log x = \log_{10} x。$$

利用對數可解得指數方程式，如下各例所示：

例 1　解指數方程式 $2^{3x} = 7$。

解　易知

$$2^{3x} = 7 \Leftrightarrow \log_2 2^{3x} = \log_2 7 \Leftrightarrow 3x = \log_2 7$$

$$\Leftrightarrow x = \frac{\log_2 7}{3}。$$

例 2　解指數方程式 $10^{5x} = 12$。

解　易知

$$10^{5x} = 12 \Leftrightarrow \log 10^{5x} = \log 12 \Leftrightarrow 5x = \log 12$$

$$\Leftrightarrow x = \frac{\log 12}{5}。$$

例 3　解指數方程式 $3e^{4x} = 6$。

解 易知

$$3e^{4x}=6\Leftrightarrow e^{4x}=2\Leftrightarrow \ln e^{4x}=\ln 2$$
$$\Leftrightarrow 4x=\ln 2\Leftrightarrow x=\frac{\ln 2}{4}。$$

同樣的，利用指數可解得對數方程式，如下例所示：

例 4 解對數方程式 $2\ln 3x=5$。

解 易知

$$2\ln 3x=5\Leftrightarrow \ln 3x=\frac{5}{2}\Leftrightarrow e^{\ln 3x}=e^{\frac{5}{2}}$$
$$\Leftrightarrow 3x=e^{\frac{5}{2}}\Leftrightarrow x=\frac{e^{\frac{5}{2}}}{3}。$$

例 5 某人收藏有一名畫，兩年前評估價值爲 400,000 元，今年評估則值 560,000 元，假設其增值以連續複利計算，問何時這畫將值達 800,000 元。

解 依連續複利的公式知，若名利率爲 r，則以兩年前爲時間起點，t 年後的本利和爲

$$S(t)=Pe^{rt}=400,000e^{rt}。$$

因已知

$$560,000=S(2)=400,000e^{2r},$$

故得

$$e^{2r}=\frac{7}{5},$$

$$r=\left(\frac{1}{2}\right)\ln\left(\frac{7}{5}\right)=\left(\frac{1}{2}\right)\ln(1.4)。$$

所求時間 t 滿足下式：

$$800,000=400,000e^{rt},$$

$$rt=\ln 2$$

$$t=\frac{\ln 2}{r}=2\left(\frac{\ln 2}{\ln 1.4}\right)=2\left(\frac{0.69315}{0.33647}\right)\approx 4.12(年)。$$

上面的一些自然對數值乃是由書後所附自然對數值表而來的。因爲 $t=0$ 表2年前，故知今後再2.12年時，這畫將值達800,000元。

下面在我們提出由指數律導得的對數之重要性質（定理5－2）之前，先將前面由定義推得的幾個重要公式列爲下面定理：

定理 5－1

(1) $\log_a a^x = x$，對任何 $x \in \boldsymbol{R}$ 均成立。

(2) $a^{\log_a x} = x$，對任何 $x \in (0, \infty)$ 均成立。

(3) $\log_a x = s \Leftrightarrow a^s = x$。

(4) $\log_a a = 1$。

(5) $\log_a 1 = 0$。

證明　(1)(2)由定義即得，(4)(5)由(3)立得，而(3)的證明則由(1)(2)而來，如下所示：

$$\log_a x = s \Rightarrow a^s = a^{\log_a x} = x,$$

$$a^s = x \Rightarrow \log_a a^s = \log_a x \Rightarrow s = \log_a x。$$

定理 5－2

設 x，y 均爲正數，且 $r \in \boldsymbol{R}$，則

(1) $\log_a xy = \log_a x + \log_a y$。　(2) $\log_a \dfrac{1}{y} = -\log_a y$。

(3) $\log_a \dfrac{x}{y} = \log_a x - \log_a y$。　(4) $\log_a x^r = r\log_a x$。

證明　(1)令 $\log_a x = s$，$\log_a y = t$，則由定理5－1(3)知

$$a^s = x，a^t = y，$$

由指數律知

$$xy = a^s a^t = a^{s+t},$$

故得

$$\log_a xy = \log_a a^{s+t} = s + t = \log_a x + \log_a y。$$

(2)由(1)知

$$\log_a 1 = \log_a \left(y \cdot \frac{1}{y}\right) = \log_a y + \log_a \frac{1}{y},$$

由定理 5－1(5)及上式，即得

$$\log_a \frac{1}{y} = -\log_a y。$$

(3)由(1)及(2)知

$$\log_a \frac{x}{y} = \log_a \left(x \cdot \frac{1}{y}\right) = \log_a x + \log_a \frac{1}{y}$$

$$= \log_a x + \left(-\log_a y\right) = \log_a x - \log_a y。$$

(4)令 $\log_a x = s$，則由定理 5－1(3)知

$$a^s = x,$$

由指數律知

$$x^r = (a^s)^r = a^{sr},$$

由定理 5－1(3)知

$$\log_a x^r = sr = rs = r\log_a x。$$

定理 5－3 換底法

設 a，b 均爲不等於 1 的正數，則 $\log_a x = \dfrac{\log_b x}{\log_b a}$。

證明 令 $\log_a x = s$，則由定理 5－1(3)知

$$a^s = x,$$

從而知

$$\log_b a^s = \log_b x,$$

由定理 5－2(4)知

$$s\log_b a = \log_b x,$$

$$s = \frac{\log_b x}{\log_b a},$$

而定理得證。

於上面定理中，取 $b=e$，則得下面的換底公式：

$$\log_a x = \frac{\ln x}{\ln a}。$$

下面我們要舉例說明，如何利用對數函數的性質，來簡化計算的工作。這種作法在電子計算機發明之前，特別能顯示指數及對數在計算上的重要性。當然，常用對數在計算上是較爲方便的，但由於本書此處的重點，不在介紹對數於計算工作上的應用，因此僅用書後所附的自然對數和指數值表爲依據，當然也可以用電子計算機來求值。

例 6　利用對數和指數性質及其值求右式之值：$\dfrac{(25.3)^2}{1.45\times(20.4)^3}$。

解　令 $\dfrac{(25.3)^2}{1.45\times(20.4)^3} = x$，則

$$\begin{aligned}\ln x &= \ln\frac{(25.3)^2}{1.45\times(20.4)^3}\\ &= \ln(25.3)^2 - \ln(1.45\times(20.4)^3)\\ &= 2\ln(25.3) - (\ln(1.45) + 3\ln(20.4))\\ &= 2[\ln(10) + \ln(2.53)] - \ln(1.45) - 3(\ln(10) + \ln(2.04))\\ &= 2(2.30259 + 0.92822) - 0.37156 - 3(2.30259 + 0.71295)\\ &= -2.95656,\end{aligned}$$

故知所求 $x = e^{-2.95656} = 0.052$。

例 7 利用對數和指數性質及其值求右式之值：$\sqrt[3]{(312)^2}$。

解 令$\sqrt[3]{(312)^2}=x$，則

$$\begin{aligned}\ln x &= \ln\sqrt[3]{(312)^2}=\ln(312)^{\frac{2}{3}}\\ &= \frac{2}{3}\ln(312)=\frac{2}{3}(\ln(10^2)+\ln(3.12))\\ &= \frac{2}{3}(2\ln(10)+\ln(3.12))\\ &= \frac{2}{3}(2\times 2.30259+1.13783)\\ &= 3.82867,\end{aligned}$$

故知所求 $x=e^{3.82867}=46.0015$。

習　題

將下面各題（1～6）的指數方程式寫成等價的對數方程式：

1. $2^3=8$　　2. $3^{-2}=\frac{1}{9}$

3. $10^3=1,000$　　4. $16^{\frac{1}{2}}=4$

5. $e^0=1$　　6. $a^n=m$

將下面各題（7～12）的對數方程式寫成等價的指數方程式：

7. $\log 100=2$　　8. $\log 0.001=-3$

9. $\ln 1=0$　　10. $\log_8 2=\frac{1}{3}$

11. $\log_a 1=0$　　12. $\ln e=1$

解下面各題（13～27）的方程式：

13. $4^{3x}=16$　　14. $3^{5x}=\sqrt[3]{9}$

15. $100^{3x}=25$　　16. $5^{-3x}=15$

17. $e^{5-x}=12$　　18. $3e^{5-2x}=20$

19. $\log_3 2x=4$　　20. $\log 25x=3$

21. $\log_{16}\left(\frac{2}{x}\right)=2$　　22. $\log_3 5x=0$

23. $\log\left(\frac{25}{x}\right)=2$　　24. $\ln(3x)=-2$

25. $\log_3 27x=4$　　26. $\ln(8x^3)=3$

27. $\ln\left(\frac{e}{x^3}\right)=2$

仿例 6，7 求下面各題（28～30）之值：

28. $(37)^3\times(215)^2\div(213)^4$　　29. $[(37)^3\times(215)^2]^{\frac{1}{4}}$

30. $\sqrt[3]{\frac{(47)^4(3.45)^2}{(12.3)^5}}$

31. 一筆 120,000 元的投資，以 6% 連續複利計息，則何時這筆投資將值 192,000 元?

32. 某人於 20 年前從事一筆投資，以連續複利計息。而今這筆投資的價值成為原來的 2 倍，問所作投資的名利率為多少?

5－3 對數與指數函數的導函數

——附帶介紹連鎖法則與可逆函數及反其函數的導函數

由於對數和指數函數互爲反函數，它們的圖形在坐標平面上是對稱於第一、三象限的分角線 $y=x$ 的。而一函數在某一點的導數，乃是它圖形上對應點處的切線斜率。故知，這互爲反函數的二個函數之導函數間必有某種關係。本節在我們導出對數和指數函數的導函數之前，要先離題去探討可逆函數和它的反函數之導函數之關係。甚且，我們要離題更遠的去介紹一個我們要用到的，求合成函數之導函數的重要依據——稱爲**連鎖法則**。這個法則，在前面求代數函數的導函數時已經用到，只是在那時，我們有意不予提及，而留到介紹對數和指數這種所謂的**超越函數**時，再來介紹。因爲在這裡，比較能夠體會「連鎖」一詞的意義。下面就開始討論合成函數的導函數的問題：對合成函數 $f\circ g$ 來說，設 x_0 爲定義域上的一點，若函數 g 在 x_0 爲可微分，且函數 f 在 $g(x_0)$ 也爲可微分，那麼 $f\circ g$ 在 x_0 是不是也可微分呢？若是，則在這點的導數爲何？由定義知，須考慮的是下面的極限是不是存在：

$$\lim_{\Delta x\to 0}\frac{f\circ g(x_0+\Delta x)-f\circ g(x_0)}{\Delta x}。$$

令 $u_0=g(x_0)$，$u=g(x_0+\Delta x)$，$\Delta u=u-u_0$。若對絕對值很小且不爲 0 的 Δx 而言，Δu 都不爲 0，則

$$\begin{aligned}&\lim_{\Delta x\to 0}\frac{f\circ g(x_0+\Delta x)-f\circ g(x_0)}{\Delta x}\\&=\lim_{\Delta x\to 0}\frac{f(g(x_0+\Delta x))-f(g(x_0))}{\Delta x}\\&=\lim_{\Delta x\to 0}\left(\frac{f(u_0+\Delta u)-f(u_0)}{\Delta u}\cdot\frac{\Delta u}{\Delta x}\right),\ (\text{因設 }\Delta u\neq 0)\end{aligned}$$

因爲 g 在 x_0 爲可微分，故由定理 2－12 知，

$$\lim_{\Delta x\to 0}\Delta u=\lim_{\Delta x\to 0}(g(x_0+\Delta x)-g(x_0))$$

$$= \lim_{\Delta x \to 0} g(x_0 + \Delta x) - g(x_0)$$
$$= g(x_0) - g(x_0) = 0,$$

又因 f 在 $u_0 = g(x_0)$ 爲可微分，故

$$\lim_{\Delta u \to 0} \frac{f(u_0 + \Delta u) - f(u_0)}{\Delta u} = f'(u_0) = f'(g(x_0)),$$

由上面二式即知，

$$\lim_{\Delta x \to 0} \frac{f(u_0 + \Delta u) - f(u_0)}{\Delta u} = \lim_{\Delta u \to 0} \frac{f(u_0 + \Delta u) - f(u_0)}{\Delta u}$$
$$= f'(g(x_0)),$$

此外，因 g 在 x_0 爲可微分，故

$$\lim_{\Delta x \to 0} \frac{\Delta u}{\Delta x} = \lim_{\Delta x \to 0} \frac{g(x_0 + \Delta x) - g(x_0)}{\Delta x} = g'(x_0),$$

綜合以上各式即得，

$$\lim_{\Delta x \to 0} \frac{f(g(x_0 + \Delta x)) - f(g(x_0))}{\Delta x}$$
$$= \lim_{\Delta x \to 0} \frac{f(u_0 + \Delta u) - f(u_0)}{\Delta u} \cdot \lim_{\Delta x \to 0} \frac{\Delta u}{\Delta x}$$
$$= f'(g(x_0)) \cdot g'(x_0)。$$

在上面的討論中，特別附加了「對甚小的 $|\Delta x| \neq 0$，皆有 $\Delta u \neq 0$」的條件，但有些函數卻不具有這樣的條件，而仍有所述連鎖法則的性質。所以對一般的函數來說，此性質的證明還須加以修訂。不過本書不擬就此情況再加探討，僅將之述爲定理於下，以作求合成函數之導函數的依據。

定理 5-4 連鎖法則

設 f，g 均爲可微分函數，則合成函數 $f \circ g$ 也爲可微分函數，且
$\mathrm{D}(f \circ g)(x) = \mathrm{D}f(g(x)) = f'(g(x)) \cdot g'(x)$。

上面連鎖法則中，$f'(g(x))$ 是以 $g(x)$ 代入 f 的導函數 f' 中的變數的意思。如果把 $g(x)$ 寫成 u，也就是令 $u = g(x)$，並以

u 表 f 的變數，則

$$f'(g(x)) = f'(u) = \frac{df}{du},\ g'(x) = \frac{du}{dx},$$

而連鎖法則就可看作下面「連鎖」的型態：

$$\frac{df}{dx} = \frac{df}{du} \cdot \frac{du}{dx},$$

而當 $f(g(h(x)))$ 爲可微分函數 f、g、h 的合成時，

$$\frac{df}{dx} = \frac{df}{dg} \cdot \frac{dg}{dh} \cdot \frac{dh}{dx}。$$

定理 2－18 可由定理 2－17 藉連鎖法則導出如下：令 $F(x) = x^r$，則 $f^r = F(f)$，且

$$F'(x) = rx^{r-1},$$

故知

$$\mathrm{D}f^r = \mathrm{D}F(f) = F'(f) \cdot f' = rf^{r-1} \cdot f'。$$

換句話說，定理 2－18 實即冪指數函的連鎖法則。

例 1　求解 $\mathrm{D}\sqrt{x^2 + x\sqrt{x^3+1}}$。

解

$$\mathrm{D}\sqrt{x^2 + x\sqrt{x^3+1}} = \mathrm{D}[x^2 + x(x^3+1)^{\frac{1}{2}}]^{\frac{1}{2}}$$

$$= \frac{1}{2}[x^2 + x(x^3+1)^{\frac{1}{2}}]^{\frac{1}{2}-1} \cdot \mathrm{D}[x^2 + x(x^3+1)^{\frac{1}{2}}]$$

$$= \frac{1}{2}[x^2 + x(x^3+1)^{\frac{1}{2}}]^{-\frac{1}{2}} \cdot [2x + (x^3+1)^{\frac{1}{2}} + x \cdot \mathrm{D}(x^3+1)^{\frac{1}{2}}]$$

$$= \frac{1}{2}[x^2 + x(x^3+1)^{\frac{1}{2}}]^{-\frac{1}{2}} \cdot [2x + (x^3+1)^{\frac{1}{2}} + x \cdot \frac{1}{2}(x^3+1)^{-\frac{1}{2}} \cdot \mathrm{D}x^3]$$

$$= \frac{1}{2}[x^2 + x(x^3+1)^{\frac{1}{2}}]^{-\frac{1}{2}} \cdot [2x + (x^3+1)^{\frac{1}{2}} + x \cdot \frac{1}{2}(x^3+1)^{-\frac{1}{2}} \cdot 3x^2]$$

$$= \frac{1}{2\sqrt{x^2 + x\sqrt{x^3+1}}} \cdot \left(2x + \sqrt{x^3+1} + \frac{3x^3}{2\sqrt{x^3+1}}\right)$$

$$= \frac{1}{2\sqrt{x^2 + x\sqrt{x^3+1}}} \cdot \left(\frac{4x\sqrt{x^3+1} + 2x^3 + 2 + 3x^3}{2\sqrt{x^3+1}}\right)$$

$$= \frac{5x^3 + 4x\sqrt{x^3+1} + 2}{4\sqrt{x^3+1}\sqrt{x^2 + x\sqrt{x^3+1}}}。$$

其次，我們討論可微分的可逆函數和它的反函數之導函數的問題。關於這個問題，從幾何上不難得到答案。

由導數的幾何意義知，可逆函數 f 在 $x = x_0$ 處爲可微分的意思，是指 f 的圖形，在它上面的點 $(x_0, f(x_0))$ 處有切線（也就是曲線在這點附近是平滑的)，而且這切線有斜率（即切線不爲垂直線)。既然 f 和它的反函數 f^{-1}的圖形對直線 $y = x$ 爲對稱，而 f 的圖形在點 $P(x_0, f(x_0))$ 處有切線 L，故 f^{-1}的圖形，在 P 對直線 $y = x$ 的對稱點 $P'(f(x_0), x_0)$ 處必有切線 L'，並且易知，只要 L 不爲水平線，那麼 L'就不爲垂直線，而有斜率，從而知，f^{-1}在 $x = y_0 = f(x_0)$ 處爲可微分。至於它在這點的導數爲何，我們可從下圖的探討而得了解：

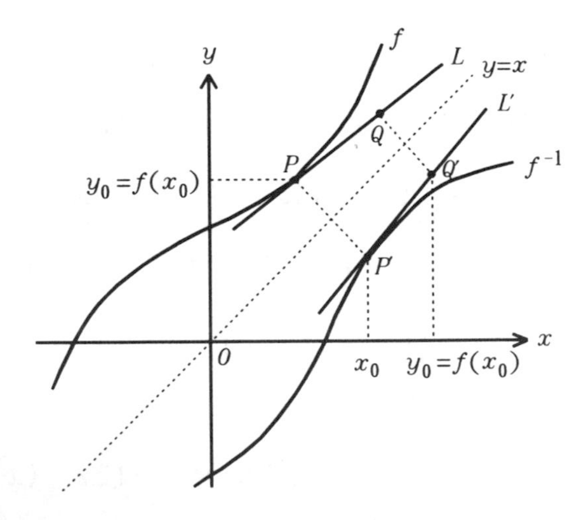

因爲直線 L 的斜率爲 $f'(x_0) \neq 0$，故 L 上橫坐標爲 $x_0 + 1$ 的點爲 $Q(x_0 + 1, f(x_0) + f'(x_0))$，而它對直線 $y = x$ 的對稱點爲 $Q'(f(x_0) + f'(x_0), x_0 + 1)$，可知 $L' = \overleftrightarrow{P'Q'}$的斜率爲

$$\frac{(x_0+1)-x_0}{[f(x_0)+f'(x_0)]-f(x_0)}=\frac{1}{f'(x_0)},$$

這就是函數 f^{-1}在 $x=y_0=f(x_0)$ 處的導數了。因爲 $x_0=f^{-1}(y_0)$，故也可以說 f 在 y_0 處的導數爲 $\dfrac{1}{f'(f^{-1}(y_0))}$ 。這導數的值，也可從可逆函數和它的反函數的關係式及連鎖法則求得如下：對恆等式

$$f(f^{-1}(t))=t$$

等號兩邊就 t 微分得，

$$\mathrm{D}f(f^{-1}(t))=\mathrm{D}t,$$

$$f'(f^{-1}(t))\cdot \mathrm{D}f^{-1}(t)=1,$$

$$\mathrm{D}f^{-1}(t)=\frac{1}{f'(f^{-1}(t))}。$$

上式中，令 $t=y_0$，即得

$$\mathrm{D}f^{-1}(t)\Big|_{t=y_0}=(f^{-1})'(y_0)=\frac{1}{f'(f^{-1}(y_0))};$$

令 $t=f(x_0)$，則得

$$\mathrm{D}f^{-1}(t)\Big|_{t=f(x_0)}=(f^{-1})'(f(x_0))=\frac{1}{f'(x_0)}。$$

將上面討論的結果述爲下面的定理：

定理 5-5

設 f 爲一可逆且可微分的函數，且 $f'\neq 0$，則 f^{-1}也爲可微分函數，且 $(f^{-1})'(x)=\dfrac{1}{f'(f^{-1}(x))}$。

譬如以 $f(x)=x^3$，$f^{-1}(x)=\sqrt[3]{x}$ 爲例，對 $x\neq 0$ 而言，$f'(f^{-1}(x))=3\sqrt[3]{x^2}\neq 0$，則

$$\mathrm{D}f^{-1}(x)=D\sqrt[3]{x}=\mathrm{D}x^{\frac{1}{3}}=\left(\frac{1}{3}\right)x^{\frac{-2}{3}}=\frac{1}{(3\sqrt[3]{x^2})}$$

$$= \frac{1}{f'(\sqrt[3]{x})} = \frac{1}{f'(f^{-1}(x))}。$$

事實上，定理 5－5 中，f^{-1} 之導函數公式，可由連鎖法則直接導出如下：對恆等式

$$f(f^{-1}(x)) = x,$$

之等號兩邊就 x 微分，得

$$Df(f^{-1}(x)) = Dx,$$

$$f'(f^{-1}(x))\, Df^{-1}(x) = 1, \text{（連鎖法則）}$$

$$Df^{-1}(x) = \frac{1}{f'(f^{-1}(x))}。$$

雖然上面藉連鎖法則導出 $Df^{-1}(x)$ 的公式，然而此一推導過程不能作爲定理 5－5 的證明，因爲它利用了連鎖法則時，須先知道 f 及 f^{-1} 均爲可微分才行。

下面我們就要進入本節的主題了，也就是要導出對數和指數函數的導函數。由換底法知，要知一般對數函數的導函數，只須知道自然對數函數 ln 的導函數即可。對正數 x 而言，由定義知

$$\begin{aligned}
\ln' x &= \lim_{\Delta x \to 0} \frac{\ln(x + \Delta x) - \ln x}{\Delta x} \\
&= \lim_{\Delta x \to 0} \frac{1}{\Delta x} \ln \frac{x + \Delta x}{x} \\
&= \lim_{\Delta x \to 0} \left(\frac{1}{x} \cdot \frac{x}{\Delta x}\right) \ln\left(1 + \frac{\Delta x}{x}\right) \\
&= \lim_{\Delta x \to 0} \frac{1}{x} \ln\left(1 + \frac{\Delta x}{x}\right)^{\frac{x}{\Delta x}}
\end{aligned}$$

令 $h = \dfrac{\Delta x}{x}$，則 $\Delta x \to 0$ 時，$h \to 0$，故知

$$\lim_{\Delta x \to 0} \left(1 + \frac{\Delta x}{x}\right)^{\frac{x}{\Delta x}} = \lim_{h \to 0} (1 + h)^{\frac{1}{h}} = e,$$

從而知

$$\begin{aligned}
\ln' x &= \lim_{\Delta x \to 0} \frac{1}{x} \ln\left(1 + \frac{\Delta x}{x}\right)^{\frac{x}{\Delta x}} \\
&= \frac{1}{x} \ln \lim_{\Delta x \to 0} \left(1 + \frac{\Delta x}{x}\right)^{\frac{x}{\Delta x}} = \frac{1}{x} \ln e = \frac{1}{x},
\end{aligned}$$

述爲定理於下：

定理 5-6

自然對數函數 $\ln x$ 爲可微分，且 $D\ln x=\frac{1}{x}$。

例 2　求 $Dx^3\ln x$。

解

$$Dx^3\ln x = (Dx^3)\ln x + x^3D(\ln x) = 3x^2\ln x + x^3\cdot\frac{1}{x} = x^2(3\ln x + 1)。$$

例 3　求 $\ln\sqrt{3+x^2}$。

解 I　由連鎖法則知

$$\begin{aligned} D\ln\sqrt{3+x^2} &= \frac{1}{\sqrt{3+x^2}}\cdot D\sqrt{3+x^2} \\ &= \frac{1}{\sqrt{3+x^2}}\cdot D(3+x^2)^{\frac{1}{2}} \\ &= \frac{1}{\sqrt{3+x^2}}\cdot\frac{1}{2}(3+x^2)^{\frac{-1}{2}}\cdot D(3+x^2) \\ &= \frac{1}{\sqrt{3+x^2}}\cdot\frac{1}{2}(3+x^2)^{\frac{-1}{2}}\cdot 2x \\ &= \frac{1}{\sqrt{3+x^2}}\cdot\frac{x}{\sqrt{3+x^2}} \\ &= \frac{x}{3+x^2}。\end{aligned}$$

解 II　由對數的性質知

$$\begin{aligned} D\ln\sqrt{3+x^2} &= D\ln(3+x^2)^{\frac{1}{2}} = D\frac{1}{2}\ln(3+x^2) \\ &= \frac{1}{2}D\ln(3+x^2) \\ &= \frac{1}{2}\cdot\frac{1}{3+x^2}\cdot D(3+x^2) \end{aligned}$$

$$= \frac{1}{2} \cdot \frac{1}{3+x^2} \cdot 2x$$

$$= \frac{x}{3+x^2}。$$

例 4 利用自然對數函數的導函數公式，探討它的圖形的增減區間及凹向性。

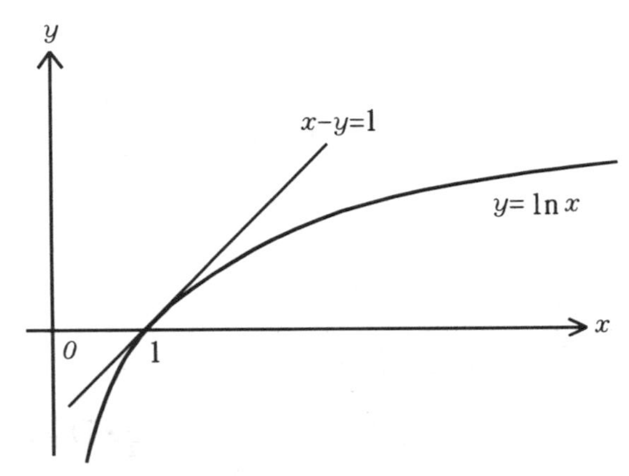

解 因爲

$$\mathrm{D}\ln x = \frac{1}{x} > 0,（因 x > 0）$$

故知自然對數函數爲嚴格增函數，且無水平切線。

又因

$$\mathrm{D}^2\ln x = \mathrm{D}(\mathrm{D}\ln x) = \mathrm{D}\frac{1}{x} = \frac{-1}{x^2} < 0,$$

故知自然對數函數的圖形爲向下凹。

此外，由 $\ln' 1 = 1$，知 $x - y = 1$ 爲圖形上$(1,0)$處的切線。

由換底法及自然對數的導函數公式，即可導得一般對數函數的導函數：

$$\mathrm{D}\log_a x = \mathrm{D}\frac{\ln x}{\ln a} = \frac{1}{\ln a}\mathrm{D}\ln x = \frac{1}{\ln a} \cdot \frac{1}{x} = \frac{1}{x\ln a}。$$

定理 5-7

對數函數 $\log_a x$ 爲可微分，且 $D\log_a x = \dfrac{1}{x\ln a}$。

例5　求 $D\log_{\sqrt{x}} xe^{3x}$。

解　由換底法知

$$D\log_{\sqrt{x}} xe^{3x} = D\frac{\ln xe^{3x}}{\ln\sqrt{x}} = D\frac{\ln x + \ln e^{3x}}{\frac{1}{2}\ln x}$$

$$= 2D\frac{\ln x + 3x\ln e}{\ln x} = 2D\left(1 + \frac{3x}{\ln x}\right)$$

$$= 2\,\frac{3\ln x - 3x\cdot\frac{1}{x}}{\ln^2 x} = \frac{6(\ln x - 1)}{\ln^2 x}。$$

本節最後，要藉對數函數的導函數公式，及指數函數爲對數函數之反函數的事實，利用連鎖法則，來介紹指數函數的微分法。首先，因 e^x 與 $\ln x$ 互爲反函數，故知

$\ln e^x = x$，對任意實數 x 均成立。

對上式等號兩邊分別就 x 微分，即得

$$D\ln e^x = Dx,$$

$$\frac{1}{e^x}De^x = 1,$$

$$De^x = e^x,$$

而得下面之定理：

定理 5-8

自然指數函數 e^x 爲可微分，且 $De^x = e^x$。

一般的指數函數的導函數，則如下面定理所述：

定理 5−9

指數函數 a^x 為可微分，且 $\mathrm{D}a^x = a^x \ln a$。

證明 因為

$$a^x = e^{\ln a^x} = e^{x\ln a},$$

故得

$$\mathrm{D}a^x = \mathrm{D}e^{x\ln a} = e^{x\ln a}(\mathrm{D}x\ln a) = a^x\ln a,$$

而定理得證。

讀者應注意，從上面定理可知 $\mathrm{D}a^x \neq xa^{x-1}$，不要和公式 $\mathrm{D}x^r = rx^{r-1}$ 相混。函數 a^x 中，**底** a 為常數，而**指數** x 為變數，這就是一般的指數函數；而函數 x^r 中，**底** x 為變數，而**指數** r 為常數，這一般則稱為**冪函數**。現在利用對數和指數函數的微分公式，我們即可證明前面提到過的冪函數的微分公式了：

$$\mathrm{D}x^r = \mathrm{D}e^{\ln x^r} = \mathrm{D}e^{r\ln x} = e^{r\ln x}(\mathrm{D}r\ln x) = x^r\left(\frac{r}{x}\right) = rx^{r-1}。$$

例 6 求 $\mathrm{D}\,2^x$。

解 由定理 5−9 知，$\mathrm{D}\,2^x = 2^x\ln 2$。

仿導出冪函數微分公式的方法，可以處理指數形式的函數之導函數問題，如下例所示：

例 7 求 $\mathrm{D}x^x$。

解 易知

$$\mathrm{D}x^x = \mathrm{D}e^{\ln x^x} = \mathrm{D}e^{x\ln x} = e^{x\ln x}(\mathrm{D}x\ln x)$$

$$= x^x\left(\ln x + x\cdot\frac{1}{x}\right) = x^x(\ln x + 1)。$$

利用對數的性質，常可簡化微分的工作，如下二例所示：

例 8　求 $D\dfrac{\sqrt[3]{(3x-2)^2}}{e^{2x}(x^2+1)^3}$。

解　令 $y=\dfrac{\sqrt[3]{(3x-2)^2}}{e^{2x}(x^2+1)^3}$，則

$$\begin{aligned}\ln y &= \ln\frac{\sqrt[3]{(3x-2)^2}}{e^{2x}(x^2+1)^3}\\ &= \frac{1}{3}\ln(3x-2)^2-\ln e^{2x}-3\ln(x^2+1),\end{aligned}$$

故得

$$\begin{aligned}\frac{d}{dx}\ln y &= \frac{d}{dx}\left(\frac{1}{3}\ln(3x-2)^2-2x-3\ln(x^2+1)\right),\\ \frac{1}{y}\frac{dy}{dx} &= \frac{1}{3(3x-1)^2}D(3x-2)^2-2-3\left[\frac{1}{x^2+1}D(x^2+1)\right],\\ \frac{1}{y}\frac{dy}{dx} &= \frac{2(3x-2)\cdot 3}{3(3x-2)^2}-2-3\left(\frac{2x}{x^2+1}\right),\\ \frac{dy}{dx} &= y\left(\frac{2}{3x-2}-2-\frac{6x}{x^2+1}\right)\end{aligned}$$

即知

$$\begin{aligned}D\frac{\sqrt[3]{(3x-2)^2}}{e^{2x}(x^2+1)^3} = \frac{dy}{dx} &= \frac{\sqrt[3]{(3x-2)^2}}{e^{2x}(x^2+1)^3}\left(\frac{2}{3x-2}-2-\frac{6x}{x^2+1}\right)\\ &= \frac{\sqrt[3]{(3x-2)^2}}{e^{2x}(x^2+1)^3}\frac{2}{(3x-2)(x^2+1)}[x^2+1-\\ &\quad (3x-2)(x^2+1)-3x(3x-2)]\\ &= \frac{-6(x^3+2x^2-x-1)}{e^{2x}(x^2+1)^4\sqrt[3]{3x-2}}\text{。}\end{aligned}$$

例 9　設 $\ln x^2y^3=\sqrt{x+2y}$，求 $\dfrac{dy}{dx}$。

解　由對數的性質及隱函數的微分法知

$$\begin{aligned}&\ln x^2y^3=\sqrt{x+2y}\\ &\Rightarrow 2\ln x+3\ln y=\sqrt{x+2y}\end{aligned}$$

$$\Rightarrow \frac{d}{dx}(2\ln x + 3\ln y) = \frac{d}{dx}\sqrt{x+2y}$$

$$\Rightarrow \frac{2}{x} + \frac{3}{y}\frac{dy}{dx} = \frac{1}{2\sqrt{x+2y}}\left(\frac{d}{dx}(x+2y)\right)$$

$$\Rightarrow \frac{2}{x} + \frac{3}{y}\frac{dy}{dx} = \frac{1}{2\sqrt{x+2y}}\left(1+2\frac{dy}{dx}\right)$$

$$\Rightarrow \left(\frac{3}{y} - \frac{1}{\sqrt{x+2y}}\right)\frac{dy}{dx} = \frac{1}{2\sqrt{x+2y}} - \frac{2}{x}$$

$$\Rightarrow \frac{dy}{dx} = \frac{\frac{1}{2\sqrt{x+2y}} - \frac{2}{x}}{\frac{3}{y} - \frac{1}{\sqrt{x+2y}}} = \frac{xy - 4y\sqrt{x+2y}}{6x\sqrt{x+2y} - 2xy}。$$

例10 試作函數 $f(x) = xe^x$ 的圖形。

解 因為

$$f'(x) = e^x + xe^x = e^x(1+x),$$

又 $e^x > 0$,故由下表

x		-1	
$f'(x)$	$-$		$+$

可知 -1 為 f 的相對極小點。又因

$$f''(x) = e^x(1+x) + e^x = e^x(2+x),$$

x		-2	
$f''(x)$	$-$		$+$

故知 -2 為反曲點,f 在區間$(-\infty,2)$ 上為向下凹,在區間$(2,\infty)$ 上為向上凹。此外,當 $x \geqq 0$ 時,$f(x) \geqq 0$;當 $x < 0$ 時,$f(x) < 0$;且知 $f(0) = 0$,$f(1) = e \approx 2.72$,$f(-1) = -e^{-1} \approx -0.37$,$f(-2) \approx -0.27$,作圖如下:

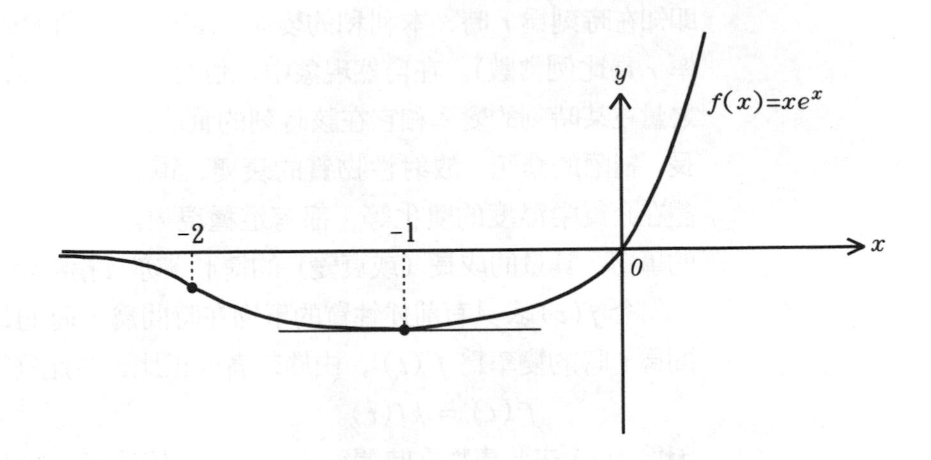

例 11 某古董商擁有一件現值 200,000 元的古董。設此古董每年固定增值 40,000 元。若這商人有機會投資連續複利爲 10% 的事業，問何時賣出最爲有利?

解 設於 t 年後賣出，則賣價爲 $200,000+40,000\times t$ 元，它的現值則爲

$$f(t)=(200,000+40,000t)e^{-(0.1)t}。$$

因爲

$$\begin{aligned} f'(t) &= 40,000e^{-(0.1)t}+(200,000+40,000t)e^{-(0.1)t}(-0.1) \\ &= (20,000-4,000t)e^{-(0.1)t} \end{aligned}$$

因爲 $e^{-(0.1)t}>0$，故得下表:

t		5	
$f'(t)$	$+$		$-$

即知 $t=5$ 時 $f(t)$ 有極大值，也就是說，5 年後賣出最爲有利。

對連續複利公式就 t 微分得

$$DS(t)=DPe^{rt},$$

$$S'(t)=rPe^{rt}=rS(t),$$

即知在時刻為 t 時，本利和的變率和當時的本利和成正比（名利率 r 為比例常數)。在自然現象中，也有類此的情形，即「某事物之量在某時刻的變率和它在該時刻的量成正比」。譬如，人口的成長，細菌的繁殖，放射性物質的衰變，電容器上電荷的洩放，物體在介質中溫度的變化等，都有這種現象。下面將證明有此現象的事物，其量的成長（或衰變）的情形，亦具指數函數的型態。

令 $f(t)$ 表具有前述性質的事物在時間為 t 時的量，則它在時間為 t 時的變率為 $f'(t)$，由於二者成正比，令比例常數為 k，則

$$f'(t) = kf(t)。$$

因為 $f(t)$ 表此事物在時間為 t 之量，其值為正，故上式可表為

$$\frac{f'(t)}{f(t)} = k。\cdots\cdots(A)$$

因為

$$D \ln f(t) = \frac{f'(t)}{f(t)},\ Dkt = k,\cdots\cdots(B)$$

故由(A)，(B)二式即知，

$$D \ln f(t) = Dkt,$$

從而由定理 3－5 知

$$\ln f(t) = kt + c,\ c\ 為一常數。$$

令 $t=0$，得

$$\ln f(0) = c,$$

故得

$$\ln f(t) = kt + \ln f(0),$$

$$\ln \frac{f(t)}{f(0)} = kt,$$

$$\frac{f(t)}{f(0)} = e^{kt},$$

$$f(t) = f(0)e^{kt}。$$

由上式知，凡具有前述性質：「某事物之量在某時刻的變率和它在該時刻的量成正比」的事物，在任何時刻 t 之量 $f(t)$，為其最初之量 $f(0)$ 與 e^{kt} 之乘積，其中常數 k 乃因各事物的不同而互異。

例12　在理想的條件下，人口的自然成長率，與當前的人口成正比。在此條件下，若某城市在 1970 年的人口爲 100 萬人，1980 年的人口爲 120 萬人，則可預期這城市於二十一世紀開始時人口數將如何？

解　設這城市在時間爲 t 時的人口數爲 $P(t)$，並以 1970 年爲時間的起點，即 $P(0)=1{,}000{,}000$，則

$$P(t)=1{,}000{,}000e^{kt}\text{，其中 } k \text{ 爲常數。}$$

因爲

$$1{,}200{,}000=P(10)=1{,}000{,}000e^{10k},$$
$$e^{10k}=1.2,$$

故得二十一世紀初的人口數爲

$$P(30)=1{,}000{,}000e^{30k}=1{,}000{,}000(e^{10k})^3$$
$$=1{,}000{,}000(1.2)^3=1{,}728{,}000(\text{人})\text{。}$$

例13　某一放射性物質於前年的重量爲 20 公克，經過二年之後，於今的重量爲 5 公克，問再過一年後的重量爲何？

解　設前年表時間的起點，而這放射性物質於時間爲 t 時的重量爲 $f(t)$，則

$$f(t)=f(0)e^{kt}=20e^{kt},$$

其中 k 爲對應於這放射性物質的常數。由題意知 $f(2)=5$，即

$$5=20e^{2k},$$

$$k=\ln\left(\frac{1}{2}\right)\text{。}$$

即得

$$f(t)=20e^{\left(\ln\frac{1}{2}\right)t}=20\left(e^{\ln\frac{1}{2}}\right)^t=20\left(\frac{1}{2}\right)^t,$$

而知所求再過一年後這放射性物質的量爲

$$f(3)=20\left(\frac{1}{2}\right)^3=\frac{20}{8}=2.5(\text{公克})\text{。}$$

習題

於下面各題（1～10）中，寫出函數 $f(x)$ 及 $g(x)$，使 $h(x)=f(g(x))$，且求 $f'(x)$ 及 $g'(x)$，並利用連鎖法則求 $h'(x)$。

1. $h(x)=(3x^2+x+1)^5$
2. $h(x)=(3x^2+(2x+1)^{12})^3$
3. $h(x)=(1+x+\sqrt{3x-2})^3$
4. $h(x)=e^{1+x+x^2}$
5. $h(x)=\sqrt[3]{(1-x+x^2)^2}$
6. $h(x)=(1+xe^{1+x})^4$
7. $h(x)=\ln(1+x^2)^3$
8. $h(x)=\ln e^{\sqrt{1+x+2x^3}}$
9. $h(x)=\ln^3(x^2e^x)$
10. $h(x)=\ln\sqrt{1+x+x^2}$

於下面各題(11 ～ 25) 中,求 $\dfrac{dy}{dx}$:

11. $y=\ln 5x$
12. $y=\ln x^3$
13. $y=\ln\sqrt{x}$
14. $y=\ln(x^5+x^2+1)$
15. $y=\ln^4 2x$
16. $y=\ln\ln(x^2+1)$
17. $y=(x^2+3)\ln\sqrt{x^2+1}$
18. $y=\ln\dfrac{(x^2+1)}{\sqrt[3]{2x+3}}$
19. $y=(1+x+x^2e^{2x})$
20. $y=e^{1+2x+3x^2}$
21. $y=\dfrac{e^{3x}}{\sqrt{1+x^2}}$
22. $y=\dfrac{e^{x^2}}{x^2+1}$
23. $y=e^{-x}\ln x$
24. $y=\dfrac{\ln x}{e^x+x+1}$
25. $y=(e^x+x+1)^2$

於下面各題(26 ～ 27) 中,試作函數 f 的圖形:

26. $f(x)=2-3e^{-x}$
27. $f(x)=x\ln x$
28. 設從事房地產的王君有一筆土地可出售,其今後 t 年的售價爲

$$400{,}000+100{,}000t。$$

若王君有機會從事連續複利 8% 的投資。問最佳的賣出時機爲何?

29. 細菌在理想的環境下,繁殖的速率與其當前的數目成正比。若在某一時刻細菌的數目爲 1,000,而經過 10 小時後的細菌數爲 8,000,問再過 5 小時後細菌的數爲多少?

30. 一物質分解的速率,與其現有的量成正比。若經 3 分鐘時,此物質已分解 10%,問何時此物質可分解一半?

第六章　積分的技巧

6-1　不定積分的基本公式

在本書第 3-3 節中，我們曾介紹一函數之反導函數的概念。求一函數 f 的反導函數，乃在求得一可微分函數 $F(x)$，使得 $F'(x)=f(x)$。同時我們知道，一函數的反導函數有無限多，且其任何兩者均相差一常數。我們知道，對一些基本函數來說，可從微分公式直接推得它們的反導函數，但是我們也常會遇到無法如此求得反導函數的函數，因此在本章中，我們要介紹幾個求一函數之反導函數的技巧。求一函數的反導函數，也稱求這函數的**不定積分**或**積分**，或稱對這函數**積分**。就如同求一函數的導函數，爲對該函數微分一樣。

在介紹積分技巧之前，我們可先注意到，由微分的公式及反導函數的意義知，對函數 f，g 及常數 c 而言，由於

$$\mathrm{D}c\int f(x)dx = c\mathrm{D}\int f(x)dx = cf(x),$$

$$\begin{aligned}\mathrm{D}\left(\int f(x)dx+\int g(x)dx\right) &= \mathrm{D}\int f(x)dx+\mathrm{D}\int g(x)dx\\ &= f(x)+g(x),\end{aligned}$$

故知 $c\int f(x)dx$ 爲 $cf(x)$ 的反導涵數，$\int f(x)dx+\int g(x)dx$ 爲 $f(x)+g(x)$ 的反導函數，即知

$$\int cf(x)dx = c\int f(x)dx,$$

$$\int(f(x)+g(x))dx = \int f(x)dx + \int g(x)dx。$$

求積分時，除了上面二式外，還應熟練一些基本的公式，然後才能得心應手。下面把可由前面學過的一些基本函數的導函數，對應推得的不定積分公式列出，以供往後積分的參考：

微 分	**積 分**
$D\dfrac{x^{n+1}}{n+1}=x^n$，$(n\neq-1)$	$\int x^n dx=\dfrac{x^{n+1}}{n+1}+c$，$(n\neq-1)$。
$D\ln x=\dfrac{1}{x}$。	$\int\dfrac{1}{x}dx=\ln x+c$。
$De^x=e^x$。	$\int e^x dx=e^x+c$。

例 1 求下面的積分：

(1) $\int(x^3-2)^2dx$ (2) $\int\left(x+\dfrac{1}{x}\right)^3dx$

解 (1) 易知

$$\begin{aligned}\int(x^3-2)^2dx &= \int(x^6-4x^3+4)dx\\ &= \int x^6dx-\int 4x^3dx+\int 4dx\\ &= \frac{1}{7}x^7-x^4+4x+c。\end{aligned}$$

(2) 易知

$$\begin{aligned}\int\left(x+\frac{1}{x}\right)^3dx &= \int\left(x^3+3x+\frac{3}{x}+\frac{1}{x^3}\right)dx\\ &= \int x^3dx+\int 3x\,dx+\int\frac{3}{x}dx+\int\frac{1}{x^3}dx\\ &= \frac{x^4}{4}+\frac{3x^2}{2}+3\ln x-\frac{1}{2x^2}+c。\end{aligned}$$

例 2 求積分 $\int\dfrac{(2x-1)^2}{\sqrt[3]{x}}dx$。

解　易知

$$\begin{aligned}
\int \frac{(2x-1)^2}{\sqrt[3]{x}}dx &= \int \frac{4x^2-4x+1}{\sqrt[3]{x}}dx \\
&= \int (4x^{\frac{5}{3}} - 4x^{\frac{2}{3}} + x^{\frac{-1}{3}})dx \\
&= 4\int x^{\frac{5}{3}}dx - 4\int x^{\frac{2}{3}}dx + \int x^{\frac{-1}{3}}dx \\
&= 4\frac{x^{\frac{5}{3}+1}}{\frac{5}{3}+1} - 4\frac{x^{\frac{2}{3}+1}}{\frac{2}{3}+1} + \frac{x^{\frac{-1}{3}+1}}{\frac{-1}{3}+1} + c \\
&= \frac{3}{2}x^{\frac{8}{3}} - \frac{12}{5}x^{\frac{5}{3}} + \frac{3}{2}x^{\frac{2}{3}} + c \\
&= 3x^{\frac{2}{3}}\left(\frac{1}{2}x^2 - \frac{4}{5}x + \frac{1}{2}\right) + c。
\end{aligned}$$

例3　求積分$\int x^2(x^3+1)^2dx$。

解　易知

$$\begin{aligned}
\int x^2(x^3+1)^2dx &= \int x^2(x^6+2x^3+1)dx \\
&= \int (x^8+2x^5+x^2)dx \\
&= \frac{1}{9}x^9 + \frac{1}{3}x^6 + \frac{1}{3}x^3 + c。
\end{aligned}$$

上面例3中，若（x^3+1）的冪指數不爲2，而爲很大的整數，或不爲整數，則對未學積分技巧的讀者，將是一個難題，譬如，你是否可以解決下面的二個積分問題：

$$\int x^2(x^3+1)^{25}dx,\ \int x^2\sqrt[3]{x^3+1}dx。$$

爲解答這二個問題，須用到下面的定理，它可由連鎖法則證得，且在積分時常常用及。

定理 6－1

設$\int f(x)dx = F(x) + c$，且 $u(x)$ 爲一可微分函數，則

$\int f(u(x))u'(x)dx = F(u(x)) + c$。

證明　依不定積分的意義，我們須證明下式成立：

$$DF(u(x)) = f(u(x))u'(x)。$$

因爲$\int f(x)dx = F(x) + c$，故知 $F'(x) = f(x)$，由連鎖法則知，

$$DF(u(x)) = F'(u(x))u'(x) = f(u(x))u'(x),$$

即定理得證。

例 4　求不定積分$\int x^2(x^3+1)^{25}dx$。

解　令 $f(x) = x^{25}$，$u(x) = x^3 + 1$，則$(x^3+1)^{25} = f(u(x))$，$u'(x) = 3x^2$，故知

$$\int x^2(x^3+1)^{25}dx = \left(\frac{1}{3}\right)\int 3x^2(x^3+1)^{25}dx$$
$$= \left(\frac{1}{3}\right)\int f(u(x))u'(x)dx,$$

由於$\int f(x)dx = \int x^{25}dx = \frac{1}{26}x^{26} + c = F(x) + c$，故由定理 6－1 知，

$$\int x^2(x^3+1)^{25}dx = \frac{1}{3}\int f(u(x))u'(x)dx$$
$$= \frac{1}{3}F(u(x)) + c$$
$$= \frac{1}{3}\cdot\frac{1}{26}(x^3+1)^{26} + c$$
$$= \frac{1}{78}(x^3+1)^{26} + c。$$

利用定理 6－1 來求積分時，如果以下面的觀點來看，則應用起來更能得心應手。對式子

$$\int f(u(x))u'(x)dx$$

來說，如果把 $u'(x)dx$ 看作一個實體，利用第 2－6 節中「微分」的意義知，

$$du(x) = u'(x)dx,$$

上述的式子即成爲

$$\int f(u(x))du(x),$$

此時若把 $u(x)$ 看作是一個變數 u，則因 $\int f(u)du = F(u) + c$，而定理 6－1 正表示，積分的結果可由 $F(u)$ 中的 u 以原來的 $u(x)$ 代回即得的意思。下面就用這觀點來重解例 4 於下：

$$\begin{aligned}\int x^2(x^3+1)^{25}dx &= \frac{1}{3}\int(x+1)^{25}(3x^2)dx \\ &= \frac{1}{3}\int(x^3+1)^{25}d(x^3+1) \\ &= \frac{1}{3}\cdot\frac{1}{26}(x^3+1)^{26}+c \\ &= \frac{1}{78}(x^3+1)^{26}+c。\end{aligned}$$

例 5　求積分 $\int\sqrt{2x+3}dx$。

解　$$\begin{aligned}\int\sqrt{2x+3}dx &= \int\frac{1}{2}(2x+3)^{\frac{1}{2}}d(2x+3) \\ &= \frac{1}{2}\frac{(2x+3)^{\frac{1}{2}+1}}{\frac{1}{2}+1}+c = \frac{1}{3}(2x+3)^{\frac{3}{2}}+c。\end{aligned}$$

例 6　求積分 $\int\frac{\ln x}{x}dx$。

解　$$\int\frac{\ln x}{x}dx = \int\ln x\, d(\ln x) = \frac{1}{2}\ln^2 x + c。$$

例7 求積分$\int e^{3x}\,dx$。

解 $\int e^{3x}dx = \int \frac{1}{3}e^{3x}\,d(3x) = \frac{1}{3}\int e^{3x}\,d(3x) = \frac{1}{3}e^{3x} + c$。

例8 求積分$\int 7^x\,dx$。

解 $\int 7^x\,dx = \int e^{\ln 7^x}\,dx = \int e^{x\ln 7}dx = \frac{1}{\ln 7}\int e^{x\ln 7}d(x\ln 7)$

$= \frac{1}{\ln 7}e^{x\ln 7} + c = \frac{7^x}{\ln 7} + c$。

例9 求積分$\int \frac{x}{\sqrt{2+3x^2}}dx$。

解
$$\int \frac{x}{\sqrt{2+3x^2}}dx = \frac{1}{6}\int \frac{1}{\sqrt{2+3x^2}}\,d(2+3x^2)$$
$$= \frac{1}{6}\int (2+3x^2)^{\frac{-1}{2}}d(2+3x^2)$$
$$= \frac{1}{6}\,\frac{(2+3x^2)^{-\frac{1}{2}+1}}{-\frac{1}{2}+1} + c$$
$$= \frac{1}{3}\sqrt{2+3x^2} + c。$$

例10 求積分$\int \frac{e^x}{1+e^x}\,dx$。

解 $\int \frac{e^x}{1+e^x}\,dx = \int \frac{1}{1+e^x}\,d(1+e^x) = \ln(1+e^x) + c$。

不定積分$\int f(x)dx$中之符號dx，可表明被積分函數中的變數爲x，而其他的變數爲常數。例如，$\int x^2y^3dx = \frac{x^3y^3}{3} + c$，而$\int x^2y^3dy = \frac{x^2y^4}{4} + c$。

習　題

求下面各積分：

1. $\int x^2\sqrt{x}dx$
2. $\int xy^3dy$
3. $\int x^2y+\sqrt{xy^3}dy$
4. $\int \sqrt[3]{2x+5}dx$
5. $\int (2-x^2)^3dx$
6. $\int \frac{(2\sqrt{x}+1)^3}{\sqrt{x}}dx$
7. $\int (\sqrt[3]{x}+1)^2\sqrt{x}dx$
8. $\int (e^x+1)^3e^xdx$
9. $\int (e^x+1)^2e^{-x}dx$
10. $\int e^{3x+1}dx$
11. $\int \frac{3x}{(2+3x^2)^3}dx$
12. $\int \frac{1}{x\ln x}dx$
13. $\int xe^{x^2}dx$
14. $\int (10^x)^2dx$
15. $\int \frac{(1+e^x)^2}{e^{2x}}dx$

6-2 分部積分法

我們知道，求不定積分（積分）和求導函數（微分），是兩個相反的過程。一般來說，只要基本的微分公式熟練，並利用連鎖法則，那麼求一函數的導函數的工作，都是很簡單的，可是相反的過程則要困難得多。譬如，由

$$D(xe^x - e^x) = e^x + xe^x - e^x = xe^x,$$

即知

$$\int xe^x dx = xe^x - e^x + c。$$

但未經微分的過程，而直接面對求積分的問題：

$$\int xe^x dx$$

時，則要找出 xe^x 的反導函數 $xe^x - e^x + c$ 來，並不像微分一樣直接而容易。本節就是要提出這類積分問題的一般求法，稱爲**分部積分法**，它的理論依據爲下面的定理。

定理 6-2

設 $u(x)$，$v(x)$ 都爲可微分函數，則

$$\int u(x)v'(x)dx = u(x)v(x) - \int v(x)u'(x)dx。$$

證明 由微分的公式知，

$$(u(x)v(x))' = u'(x)v(x) + u(x)v'(x)。$$

對上式等號兩邊積分得，

$$\int (u(x)v(x))'dx = \int u'(x)v(x) + u(x)v'(x)dx$$

$$= \int v(x)u'(x)dx + \int u(x)v'(x)dx,$$

上式等號左邊乃對 $(u(x)v(x))'$ 求積分，但顯然 $u(x)v(x)$ 即爲其一反導函數，今將它代入，並適當移項，即得

$$\int u(x)v'(x)dx = u(x)v(x) - \int v(x)u'(x)dx,$$

而定理得證。

於定理 6－2 中，如果以 $du(x)$ 表 $u'(x)dx$，以 $dv(x)$ 表 $v'(x)dx$，則得

$$\int u(x)dv(x) = u(x)v(x) - \int v(x)du(x),$$

簡記爲

$$\int udv = uv - \int vdu,$$

稱爲**分部積分法**的公式。分部積分法的意思是，把積分式中積分符號的後面，分爲 u 和 dv 二部，然後利用公式，轉換成求另一積分以求解，如下例所示。

例 1　求不定積分 $\int xe^x dx$。

解　令 $u = x$，$dv = e^x dx$ 則 $du = dx$，$v = e^x$，故由分部積分公式得

$$\begin{aligned}\int xe^x dx &= xe^x - \int e^x dx \\ &= xe^x - e^x + c。\end{aligned}$$

例 1 中，若令 $u = e^x$，$dv = xdx$，則 $du = e^x dx$，$v = \frac{x^2}{2}$，而得

$$\int xe^x dx = \left(\frac{x^2}{2}\right)e^x - \int\left(\frac{x^2}{2}\right)e^x dx,$$

上式中等號右邊的不定積分，並不像例 1 中的 $\int e^x dx$ 一樣即可求

出，卻反而變得更「複雜」些。這是在作「分部」的工作時，分得不當所致。事實上，在分部時，對所分的 u 和 dv 二部，是希望能求出 v，而且積分 $\int v\,du$ 也可求出，或至少比原來的不定積分更易求解。至於怎麼分法，才能達成上述的目的，則無一定的法則可循，而有賴於多作練習，才能心領神會。

例 2 求積分 $\int \ln x\,dx$。

解 令 $u=\ln x$，$dv=dx$，則 $du=\left(\frac{1}{x}\right)dx$，$v=x$，故知

$$\begin{aligned}\int \ln x\,dx &= x\ln x - \int x\left(\frac{1}{x}\right)dx \\ &= x\ln x - \int dx \\ &= x\ln x - x + c\text{。}\end{aligned}$$

例 3 設 $n\in\mathbf{N}$，證明：

$$\int x^n e^x dx = x^n e^x - n\int x^{n-1}e^x dx,$$

並藉此公式以求 $\int x^3 e^x dx$。

解 令 $u=x^n$，$dv=e^x dx$，則 $du=nx^{n-1}dx$，$v=e^x$，故

$$\int x^n e^x dx = x^n e^x - n\int x^{n-1}e^x dx,$$

由此公式得

$$\begin{aligned}\int x^3 e^x dx &= x^3e^x - 3\int x^2 e^x dx \\ &= x^3e^x - 3\left(x^2e^x - 2\int xe^x\,dx\right) \\ &= x^3e^x - 3x^2e^x + 6\left(xe^x - \int e^x dx\right) \\ &= x^3e^x - 3x^2e^x + 6xe^x - 6e^x + c \\ &= e^x(x^3 - 3x^2 + 6x - 6) + c\text{。}\end{aligned}$$

像例 3 一樣，將被積分函數中的冪指數 n 予以降低的公式，稱爲**簡化公式**。許多不定積分問題，可導出簡化公式來，然後可利用它反覆求解，在習題中讀者將可看到類似的情形。

習 題

雖然本書不打算介紹三角函數的微分和積分，但爲給讀者練習分部積分法，我們在此提到下面兩個三角函數的微分公式：

$D\sin x=\cos x$，$D\cos x=-\sin x$。

求下列各題（1～12）：

1. $\int xe^{2x}dx$
2. $\int x\sin x\,dx$
3. $\int x\cos 3x\,dx$
4. $\int \ln 5x\,dx$
5. $\int \ln(2x+3)dx$
6. $\int x\ln 2x\,dx$
7. $\int x^2e^{2x}dx$
8. $\int x\ln^2x\,dx$
9. $\int \sin\ln x dx$
10. $\int \cos\ln x\,dx$
11. $\int (x-1)^2\ln x\,dx$
12. $\int \frac{\ln x}{\sqrt{x}}\,dx$

13. 求$\int e^x\cos x\,dx$：分別(1)取$dv=e^xdx$，(2)取$dv=\cos x\,dx$，並利用二次分部積分法求解。

導出下面各簡化公式：

14. $\int \cos^n x\,dx=\left(\frac{1}{n}\right)\cos^{n-1}x\sin x+\left(\frac{n-1}{n}\right)\int \cos^{n-2}x\,dx$。

15. $\int \ln^n x\,dx=x\ln^n x-n\int \ln^{n-1}x\,dx$。

6－3 代換積分法

在本章第 6－1 節中，我們曾討論下面型式的積分：

$$\int f(u(x))u'(x)dx。$$

若對不定積分 $\int f(x)dx$ 我們知道解法，則可將上式表為

$$\int f(u(x))du(x),$$

並將 $u(x)$ 看作一變數 u，而求出 $\int f(u)du = G(u)+c$，然後以 $u(x)$ 取代變數 u，而得 $G(u(x))+c$ 為原來不定積分之解，這就是所謂的**變數變換積分法**。關於變數變換積分法還有一種和上面所述相反的過程，就是當求積分

$$\int f(x)dx$$

的問題時，以一適當的函數 $g(y)$ 代入式中的 x，並且 $dg(y)$ 仍表為 $g'(y)dy$，則得不定積分

$$\int f(g(y))g'(y)dy,$$

若這一積分可求得，則原來的積分問題可因而求得。這種由一代換公式變換積分變數的積分法也稱為**代換積分法**。它的理論依據則為下面的定理。

定理 6－3

設 $g(y)$ 為一可逆且微分的函數。若

$$\int f(g(y))g'(y)dy = G(y)+c,$$

則

$$\int f(x)dx = G(g^{-1}(x))+c。$$

證明　由不定積分的意義知，我們只須證明下式成立：

$$DG(g^{-1}(x)) = f(x)。$$

因爲

$$\int f(g(y))g'(y)dy = G(y) + c,$$

故知

$$G'(y) = f(g(y))g'(y),$$

由上式及連鎖法則知，

$$\begin{aligned} DG(g^{-1}(x)) &= G'(g^{-1}(x)) \cdot Dg^{-1}(x) \\ &= f(g(g^{-1}(x)))g'(g^{-1}(x)) \cdot Dg^{-1}(x) \\ &= f(x)g'(g^{-1}(x)) \cdot Dg^{-1}(x)。 \qquad (1) \end{aligned}$$

又，對恆等式 $gg^{-1}(x) = x$ 的等號兩邊就 x 微分，得

$$Dgg^{-1}(x) = Dx,$$

$$g'(g^{-1}(x)) \cdot Dg^{-1}(x) = 1。 \qquad (2)$$

將(2)代入(1)中，即得

$$DG(g^{-1}(x)) = f(x),$$

而定理得證。

例 1　求不定積分 $\int \frac{x}{1+\sqrt{x}}\, dx$。

解　令 $f(x) = \frac{x}{1+\sqrt{x}}$，$y = 1 + \sqrt{x}$，則 $x = g(y) = (y-1)^2$ 爲一可逆且可微分之函數(雖然此 $g(y)$ 從外在的型式看似乎不爲可逆，但因 $y = 1+\sqrt{x} \geqq 1$，故知 $g(y) = (y-1)^2$ 爲可逆)，且 $g'(y) = 2(y-1)$，故得

$$\begin{aligned} &\int f(g(y))g'(y)dy \\ &= \int \frac{(y-1)^2}{y} \cdot 2(y-1)dy \\ &= 2\int \left(y^2 - 3y + 3 - \frac{1}{y}\right)dy \end{aligned}$$

$$= 2\left[\left(\frac{1}{3}\right)y^3 - \left(\frac{3}{2}\right)y^2 + 3y - \ln y\right] + c$$

$$= \left(\frac{y}{3}\right)(2y^2 - 9y + 18) - 2\ln y + c$$

$$= \left(\frac{y}{3}\right)(2(y-1)^2 - 5(y-1) + 11) - 2\ln y + c,$$

由定理 6－3 知

$$\int f(x)dx$$

$$= \int \frac{x}{1+\sqrt{x}}\,dx$$

$$= \left(\frac{1+\sqrt{x}}{3}\right)(2x - 5\sqrt{x} + 11) - 2\ln(1+\sqrt{x}) + c。$$

上面的解法中，爲了配合定理 6－3，所以做了詳細的解說，但習慣上以代換法求積分時，常簡潔的表出如下：

令 $y = 1 + \sqrt{x}$，則 $x = (y-1)^2$，且 $dx = 2(y-1)dy$，故

$$\int \frac{x}{1+\sqrt{x}}\,dx$$

$$= \int \frac{(y-1)^2}{y} \cdot 2(y-1)dy$$

$$= 2\int \left(y^2 - 3y + 3 - \frac{1}{y}\right)dy$$

$$= 2\left[\left(\frac{1}{3}\right)y^3 - \left(\frac{3}{2}\right)y^2 + 3y - \ln y\right] + c$$

$$= \left(\frac{y}{3}\right)(2y^2 - 9y + 18) - 2\ln y + c$$

$$= \left(\frac{y}{3}\right)(2(y-1)^2 - 5(y-1) + 11) - \ln y + c$$

$$= \left(\frac{(1+\sqrt{x})}{3}\right)(2x - 5\sqrt{x} + 11) - 2\ln(1+\sqrt{x}) + c。$$

下面再以幾個例題，來作爲加強以變數變換法求積分的示範。

例 2　求 $\int x^2(3x-2)^{10}dx$。

解　令 $y=3x-2$，則 $x=\dfrac{y+2}{3}$，$dx=\dfrac{dy}{3}$，故得

$$
\begin{aligned}
&\int x^2(3x-2)^{10}dx\\
&=\int\frac{(y+2)^2}{9}\cdot y^{10}dy\\
&=\frac{1}{9}\int(y^2+4y+4)y^{10}dy\\
&=\frac{1}{9}\int y^{12}+4y^{11}+4y^{10}dy\\
&=\frac{1}{9}\left(\frac{y^{13}}{13}+\frac{y^{12}}{3}+\frac{4y^{11}}{11}\right)+c\\
&=y^{11}\left(\frac{y^2}{117}+\frac{y}{27}+\frac{4}{99}\right)+c\\
&=(3x-2)^{11}\left(\frac{(3x-2)^2}{117}+\frac{3x-2}{27}+\frac{4}{99}\right)+c。
\end{aligned}
$$

例 3　求 $\displaystyle\int\frac{x}{\sqrt{3x-2}}dx$。

解　令 $y=\sqrt{3x-2}$，則 $x=\dfrac{y^2+2}{3}$，$dx=\left(\dfrac{2y}{3}\right)dy$，故得

$$
\begin{aligned}
\int\frac{x}{\sqrt{3x-2}}dx&=\int\frac{y^2+2}{3y}\cdot\frac{2y}{3}dy\\
&=\frac{2}{9}\left(\frac{y^3}{3}+2y\right)+c\\
&=\frac{2y}{27}(y^2+6)+c\\
&=\frac{2\sqrt{3x-2}}{27}(3x+4)+c。
\end{aligned}
$$

例 4　求 $\displaystyle\int\frac{dx}{\sqrt{\sqrt{x}+1}}$。

解　令 $y=\sqrt{\sqrt{x}+1}$，則 $x=(y^2-1)^2$，$dx=2(y^2-1)(2y)dy$，故得

$$\begin{aligned}
\int \frac{dx}{\sqrt{\sqrt{x}+1}} &= 4\int y^2 - 1dy \\
&= 4\left(\frac{y^3}{3} - y\right) + c \\
&= \frac{4y}{3}(y^2 - 1 - 2) + c \\
&= \frac{4}{3}\sqrt{\sqrt{x}+1}(\sqrt{x} - 2) + c。
\end{aligned}$$

以代換法求積分，是個非常有用的方法，讀者務必多作練習，以期能熟練。

習 題

求下列各題：

1. $\int x\sqrt{3x+1}\,dx$

2. $\int (x+1)\sqrt{x-1}\,dx$

3. $\int x^2(1-2x)^{20}dx$

4. $\int \frac{x}{\sqrt{2x+1}}dx$

5. $\int \frac{1}{1+\sqrt{x}}\,dx$

6. $\int \frac{x}{(1+\sqrt{x})^2}dx$

7. $\int \frac{\sqrt{x}}{1+\sqrt{x}}\,dx$

8. $\int \frac{\sqrt{x}}{(1+\sqrt{x})^3}dx$

9. $\int \frac{(2x-1)^2}{\sqrt{x-1}}dx$

10. $\int \frac{1}{\sqrt{1+\sqrt[3]{x}}}\,dx$

11. $\int e^{\sqrt{x}}dx$

12. $\int \frac{1}{1+e^x}\,dx$

第七章　定積分

7－1　面積的概念、定積分的意義及性質

微積分課程的主體，乃在討論函數的微分與積分的問題。前者在於求得函數的導函數，及探討它的性質，這是本書前五章的主要內容。本章的目的，則在討論後者。正如本書第二章開頭所言，微分與積分的概念，均須藉極限的概念來建立。而且，我們也知道，函數在一點的導數，爲一差商的極限值。至於建立積分概念的極限之意義，則較前此的極限意義更爲廣泛，我們不擬詳爲解說，只打算作一簡單的介紹。而在作簡介之前，先讓我們從較爲具體，但與之有密切相關的面積的概念入手。

關於平面區域的面積，讀者應已熟悉矩形（正方形或長方形）區域，三角形區域及一般的多邊形區域（可分割成有限個三角形區域者）等的面積之求法；另外，也已熟悉求圓區域之面積公式。在此則要介紹，求一般曲線所圍的平面區域之面積的概念。首先，讓我們從求得抛物線 $y = f(x) = x^2$ 所決定的平面區域

$$S = \{(x,y) \mid 0 \leqq y \leqq x^2,\ 0 \leqq x \leqq a\}$$

的面積著手。首先，把區間 $[0,a]$ 分成 n 等分，然後過 x 軸上的分點：

$$\left\{0, \frac{a}{n}, \frac{2a}{n}, \frac{3a}{n}, \cdots, \frac{(n-1)a}{n}, a\right\}$$

作垂直於 x 軸的直線，則可決定一些條狀的區域，如下圖所示：

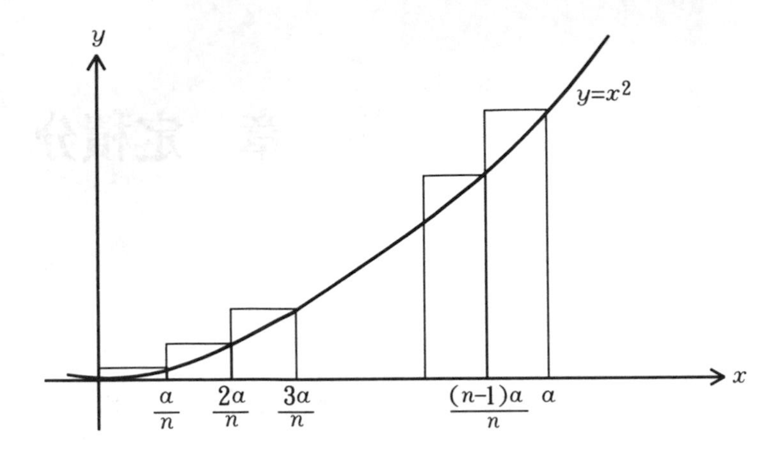

其中在第 i 個小區間 $\left[\dfrac{(i-1)a}{n}, \dfrac{ia}{n}\right]$ 上的放大圖形如下：

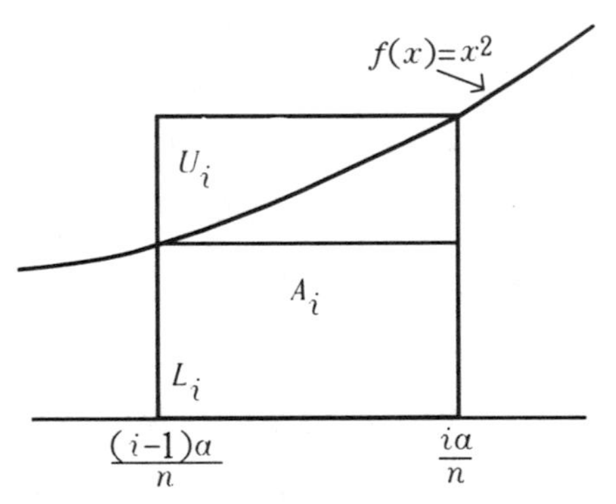

令 L_i 和 U_i 分別表以這小區間爲底而高爲 $\left(\dfrac{(i-1)a}{n}\right)^2$ 及 $\left(\dfrac{ia}{n}\right)^2$ 的二個矩形區域的面積，A_i 表 S 在這小區間上的條狀面積，則顯然

$$L_i=\left(\frac{(i-1)a}{n}\right)^2\cdot\frac{a}{n},\quad U_i=\left(\frac{ia}{n}\right)^2\cdot\frac{a}{n},$$

$$\begin{aligned}\frac{a^3(i-1)^2}{n^3}&=\left(\frac{(i-1)a}{n}\right)^2\cdot\frac{a}{n}\\&=L_i\leqq A_i\leqq U_i\\&=\left(\frac{ia}{n}\right)^2\cdot\frac{a}{n}=\frac{a^3i^2}{n^3},\end{aligned}$$

從而知，

$$\sum_{i=1}^{n}\frac{a^3}{n^3}(i-1)^2 \leqq \sum_{i=1}^{n} A_i \leqq \sum_{i=1}^{n}\frac{a^3}{n^3}i^3,$$

即知所求 S 的面積 $A=\sum_{i=1}^{n}A_i$ 滿足下式:

$$\frac{a^3}{n^3}\sum_{i=1}^{n}(i-1)^2 \leqq A \leqq \frac{a^3}{n^3}\sum_{i=1}^{n} i^2,$$

由公式:

$$1^2+2^2+3^2+\cdots+k^2=\frac{k(k+1)(2k+1)}{6}$$

得知,

$$\frac{a^3}{n^3}\cdot\frac{1}{6}(n-1)n(2n-1) \leqq A \leqq \frac{a^3}{n^3}\cdot\frac{1}{6}n(n+1)(2n+1),$$

$$\frac{a^3}{6}\left(1-\frac{1}{n}\right)\left(2-\frac{1}{n}\right) \leqq A \leqq \frac{a^3}{6}\left(1+\frac{1}{n}\right)\left(2+\frac{1}{n}\right)。$$

因爲上式對任意 n 均成立, 而當 n 甚大時,

$$\left(1-\frac{1}{n}\right)\left(2-\frac{1}{n}\right) \text{與} \left(1+\frac{1}{n}\right)\left(2+\frac{1}{n}\right)$$

二數甚爲接近 (讀者可從圖形了解, 當 n 甚大時 U_i 及 L_i 與 A_i 關係)。事實上, 因

$$\lim_{n\to\infty}\left(1-\frac{1}{n}\right)\left(2-\frac{1}{n}\right)=2=\lim_{n\to\infty}\left(1+\frac{1}{n}\right)\left(2+\frac{1}{n}\right),$$

故易知

$$A=\frac{a^3}{6}\cdot 2=\frac{a^3}{3}。$$

例 1　求下圖中, 一直線和一抛物線所圍的區域 A 的面積:

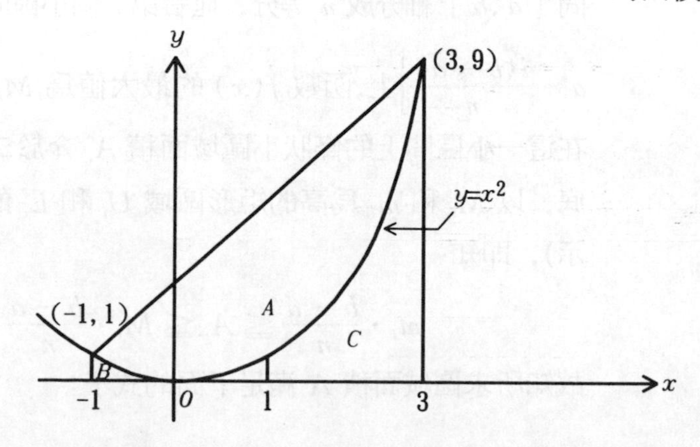

解 因爲拋物線 $y = x^2$ 的圖形對 y 軸爲對稱，故圖中區域 B 的面積，和拋物線下，x 軸上面，從 0 到 1 之間的區域有相同的面積。故由上面的解說知，區域 B 和 C 的面積分別爲$\frac{1^3}{3}$及$\frac{3^3}{3}$。而圖中三區域 A，B，C 所成的梯形區域面積則爲

$$\frac{((-1)^2+3^2)((3-(-1))}{2}=20,$$

而所求區域 A 的面積則爲 $20-\frac{1}{3}-9=\frac{32}{3}$。

對一般連續的函數 $f(x) \geqq 0$ 來說，區域

$$S=\{(x,y)\,|\,0 \leqq y \leqq f(x),\ x \in [a,b]\}$$

的面積，也仿照上面求拋物線下之區域面積的方法來求，即把區

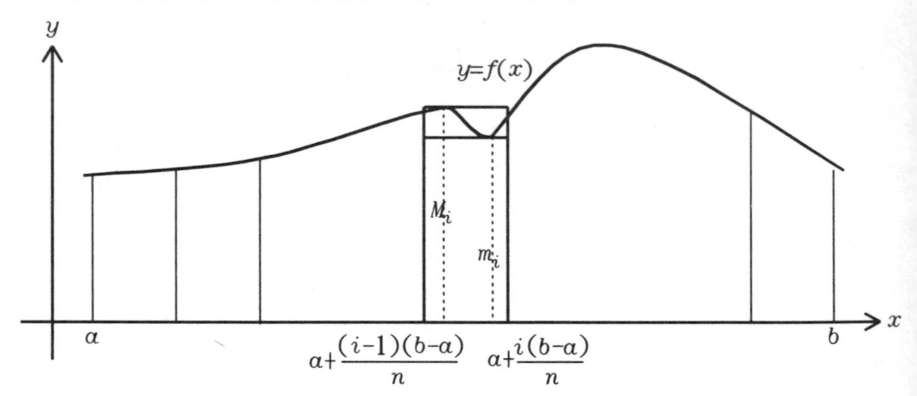

間 $[a,b]$ 細分成 n 等分，並令第 i 個小區間 $\left[a+\frac{(i-1)(b-a)}{n},\ a+\frac{i(b-a)}{n}\right]$上,函數 $f(x)$ 的最大值爲 M_i，最小值爲 m_i，則 S 在這一小區間上的條狀小區域面積 A_i 介於二個分別以這小區間爲底，以 M_i 和 m_i 爲高的矩形區域 U_i 和 L_i 的面積之間（如上圖所示），即知

$$m_i \cdot \frac{b-a}{n} \leqq A_i \leqq M_i \cdot \frac{b-a}{n},$$

故知所求區域面積 A 滿足下面的式子：

$$\frac{b-a}{n}\sum_{i=1}^{n} m_i \leqq A = \sum_{i=1}^{n} A_i \leqq \frac{b-a}{n}\sum_{i=1}^{n} M_i,$$

對連續函數 $f(x)$ 來說，當 n 很大時，在每一小區間上的最大值 M_i 和最小值 m_i 都很接近，區域 S 的外接多邊形的面積 $\left(\frac{b-a}{n}\right)\cdot\sum_{i=1}^{n} M_i$，和內接多邊形的面積 $\left(\frac{b-a}{n}\right)\sum_{i=1}^{n} m_i$ 也很接近，而且，當 n 趨近於∞時二者的極限相等。所以知，S 的面積即爲

$$A = \lim_{n\to\infty}\left(\frac{b-a}{n}\sum_{i=1}^{n} M_i\right) = \lim_{n\to\infty}\left(\frac{b-a}{n}\sum_{i=1}^{n} m_i\right)。$$

譬如，區域

$$S = \{(x,y)\,|\,0 \leqq y \leqq e^x, x \in [0,1]\}$$

的面積 A 可表爲下面的極限式：

$$A = \lim_{n\to\infty}\frac{1}{n}\sum_{i=1}^{n} e^{\frac{i}{n}},$$

只是上式中，和數 $\sum_{i=1}^{n} e^{\frac{i}{n}}$ 不像和數 $\sum_{i=1}^{n} i^2$ 有一個衆所熟知的公式，來便於求極限而已。關於這極限值，我們將在下一節中，利用所謂微積分基本定理，藉微分來求得。

下面我們要仿照前面所述，介紹連續函數 $f(x)$ 在區間 $[a,b]$ 上之**定積分**的意義。將 $[a,b]$ 分爲 n 等分，令 M_i 及 m_i 分別表 $f(x)$ 在第 i 個小區間上的極大和極小值，並令 $\Delta x = \frac{b-a}{n}$ 及

$$L_n = \sum_{i=1}^{n} m_i \Delta x,\ U_n = \sum_{i=1}^{n} M_i \Delta x$$

（L_n 與 U_n 均爲 n 的函數），則當 n 趨近於無限大時，L_n 和 U_n 有相等的極限 A（理論依據從略）。但對第 i 個小區間上的任意一點 t_i 而言，易知

$$m_i \leqq f(t_i) \leqq M_i,$$

故知

$$L = \sum_{i=1}^{n} m_i \Delta x \leqq \sum_{i=1}^{n} f(t_i)\Delta x \leqq \sum_{i=1}^{n} M_i \Delta x = U,$$

從而知

$$\lim_{n\to\infty}\sum_{i=1}^{n} f(t_i)\Delta x = A,$$

我們稱此數 A 爲 $f(x)$ 在 $[a,b]$ 上的**定積分 (值)**，記爲

$$\int_a^b f(x)dx,$$

即

$$\int_a^b f(x)dx = \lim_{n\to\infty}\sum_{i=1}^{n} f(t_i)\Delta x。$$

上面定積分的符號中，$f(x)$ 稱爲**被積分函數**，而 a，b 分別稱爲這定積分的**下限**和**上限**。一個連續函數在一閉區間上的定積分，可以有幾何上的解釋。設 $f(x)$ 爲區間 $[a,b]$ 上的一個連續的函數，其值有正有負，則由下圖

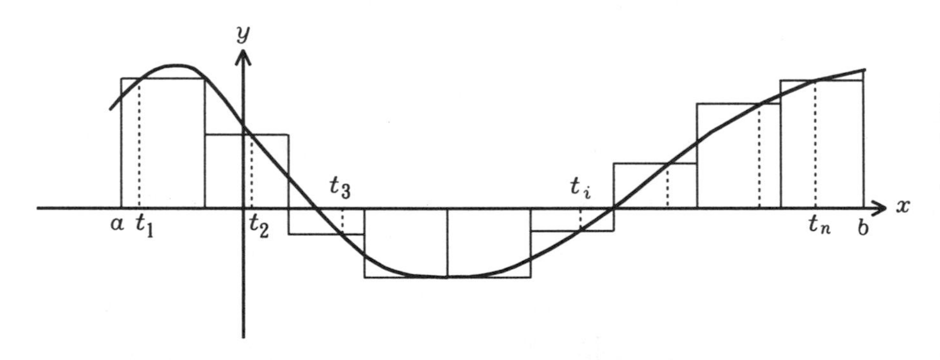

可知，對於圖形在 x 軸以下的部分，對應的 M_i 爲負數，故知 $\sum_{i=1}^{n} M_i\Delta x$ 表 x 軸上方的諸長方形面積和，減去 x 軸下方的諸長方形面積和而得的數。而當 n 越大時，諸長方形所構成的區域，與函數圖形及 x 軸所圍的區域，兩者越形趨於一致。從以上的解說可知，一函數在區間 $[a,b]$ 上的定積分值，實即函數在這區間部分的圖形，和 x 軸所圍的區域中，在 x 軸上方的區域面積，減去在 x 軸下方的區域面積，而得的數值。以下圖所示的函數來說，令 a_1，a_2，a_3 分別表區域 A_1，A_2，A_3 的面積，則

$$\int_a^b f(x)dx = a_1 - a_2 + a_3。$$

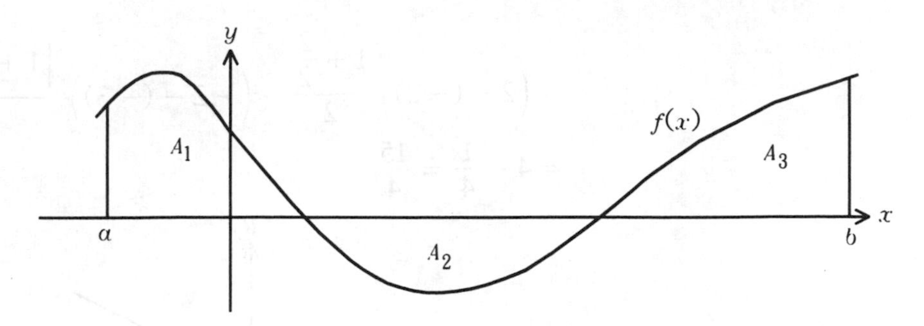

例 2　設 $f(x) = \frac{5}{3}$，求 $\int_{-1}^{2} f(x)dx$ 的值。

解　易知，$\int_{-1}^{2} f(x)dx$ 表下圖所示的矩形區域的面積，故知

$$\int_{-1}^{2} f(x)dx = \frac{5}{3}(2-(-1)) = 5。$$

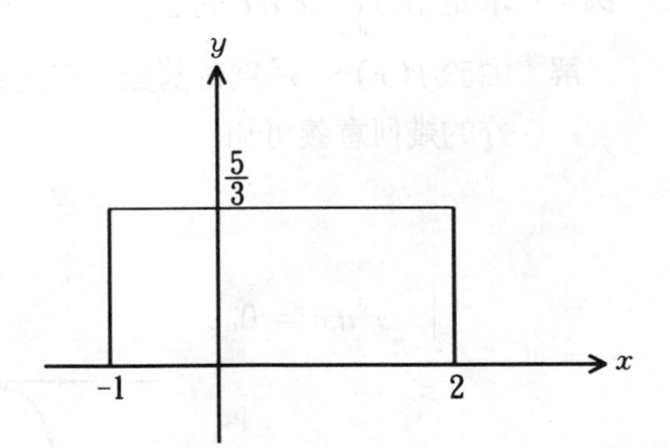

例 3　求定積分 $\int_{-3}^{2}\left(1+\frac{x}{2}\right)dx$ 的值。

解　由幾何意義知，所求定積分值爲直線 $y = 1 + \frac{x}{2}$ 和 x 軸所圍，在區間 $[-3,2]$ 部分的區域（如下圖）之面積的代數值，即

$$\int_{-3}^{2}\left(1+\frac{x}{2}\right)dx$$

$=$ 區域 A 的面積 $-$ 區域 B 的面積

$$= \left(2-(-2)\right)\frac{1+\frac{2}{2}}{2} - \left(-2-(-3)\right)\frac{\left|1+\left(\frac{-3}{2}\right)\right|}{2}$$

$$= 4 - \frac{1}{4} = \frac{15}{4}。$$

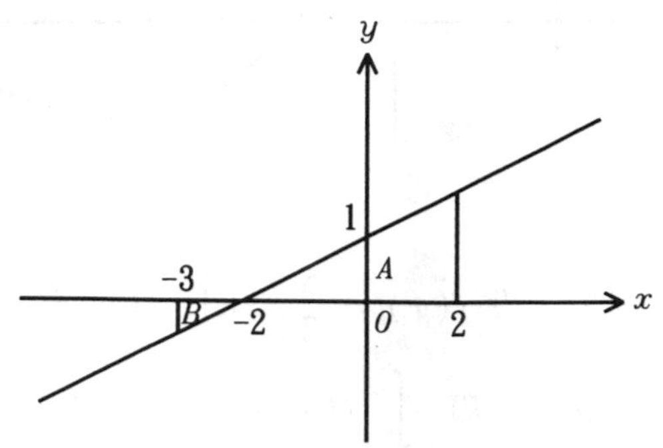

例 4　求定積分$\int_{-\sqrt{2}}^{\sqrt{2}} x^3 dx$ 的值。

解　由於 $f(x) = x^3$ 爲奇函數，它的圖形對稱於原點，故由定積分的幾何意義可知

$$\int_{-\sqrt{2}}^{\sqrt{2}} x^3 dx = 0。$$

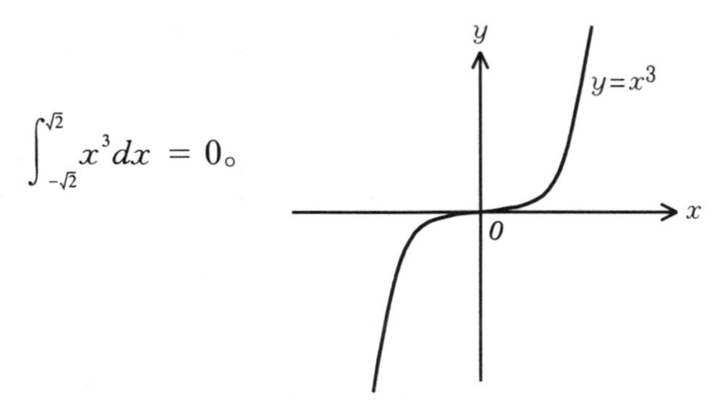

事實上，定積分符號

$$\int_a^b f(x)dx$$

除了對應於極限

$$\lim_{n\to\infty}\sum_{i=1}^{n} f(t_i)\Delta x = A,$$

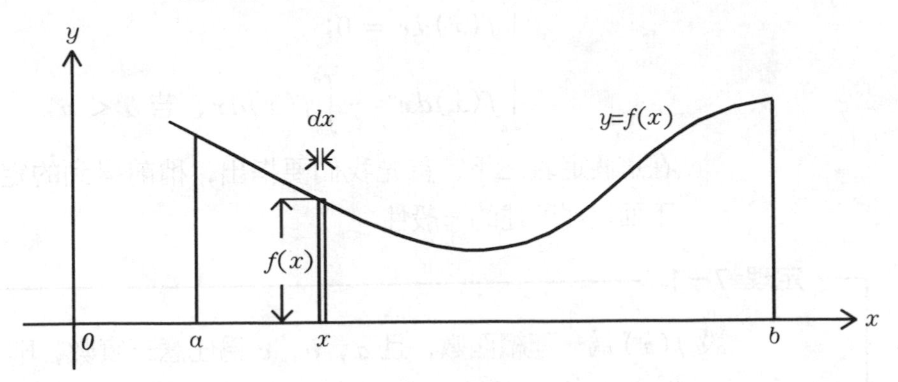

當 n 趨近於∞時，符號 $\sum$ 以符號 $\int$ 來替代；而 $f(t_i)$ 以 $f(x)$ 來替代；Δx 以 dx 來替代外，也可以表現它的幾何意義：於下圖中對 $[a,b]$ 上的任意一點 x 而言，對應一長度爲 $f(x)$ 寬爲 dx 的細長條，它的面積爲 $f(x)dx$，把這些細長條用積分符號 $\int$ 加總起來，並於積分符號的下限和上限的地方註明 a 和 b，以表明 x 的範圍，就得到定積分的符號了。換句話說，定積分符號隱涵著它的極限意義和幾何意義。由幾何意義易知，若 $f(x)>0$，對任意 $x\in[a,b]$ 均成立，且 $c\in(a,b)$，則

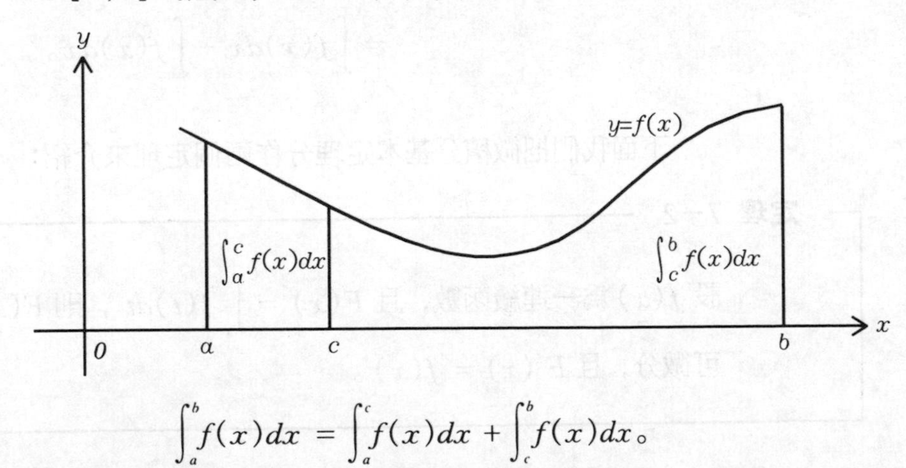

$$\int_a^b f(x)dx = \int_a^c f(x)dx + \int_c^b f(x)dx。$$

若從極限的觀點，則由極限的性質可知，上式於 $f(x)$ 在 $[a,b]$ 上有正也有負時仍然成立。在導出不用從定義由極限求定積分值的

微積分基本定理之前，我們把定積分的意義加以擴充：定義

$$\int_a^a f(x)dx = 0;$$

$$\int_a^b f(x)dx = -\int_b^a f(x)dx, \text{ 若 } b < a。$$

在這個定義之下，首先我們要指出，稍前提到的定積分公式，有下面定理所述的一般性：

定理 7－1

設 $f(x)$ 爲一連續函數，且 a，b，c 爲任意三實數，則

$$\int_a^b f(x)dx = \int_a^c f(x)dx + \int_c^b f(x)dx。$$

證明　我們只證明 $b<c<a$ 的情形作爲示範，其他的情形，相信讀者很容易觸類旁通，留給讀者自我驗證。易知

$$\begin{aligned}\int_a^b f(x)dx &= -\int_b^a f(x)dx = -\left(\int_b^c f(x)dx + \int_c^a f(x)dx\right)\\ &= -\int_c^a f(x)dx + \left(-\int_b^c f(x)dx\right)\\ &= \int_a^c f(x)dx + \int_c^b f(x)dx。\end{aligned}$$

下面我們把微積分基本定理分作兩個定理來介紹：

定理 7－2

設 $f(x)$ 爲一連續函數，且 $F(x) = \int_a^x f(t)dt$，則 $F(x)$ 爲可微分，且 $F'(x) = f(x)$。

證明　依據導數的意義知

$$F'(x) = \lim_{\Delta x \to 0} \frac{F(x + \Delta x) - F(x)}{\Delta x}$$

$$= \lim_{\Delta x \to 0} \frac{\int_a^{x+\Delta x} f(t)dt - \int_a^x f(t)dt}{\Delta x}$$

$$= \lim_{\Delta x \to 0} \frac{\int_a^{x+\Delta x} f(t)dt + \int_x^a f(t)dt}{\Delta x}$$

$$= \lim_{\Delta x \to 0} \frac{\int_x^{x+\Delta x} f(t)dt}{\Delta x},$$

上面極限的分子，當 $f(t) > 0$ 且 $\Delta x > 0$ 時，表曲線 $f(t)$ 之下，區間 $[x, x + \Delta x]$ 之上的區域面積，這個數值可以等於一以 $[x, x + \Delta x]$ 爲底的矩形區域的面積，如下圖所示，即知有一 $\overline{x} \in [x, x + \Delta x]$，使

$$\int_x^{x+\Delta x} f(t)dt = f(\overline{x})\Delta x,$$

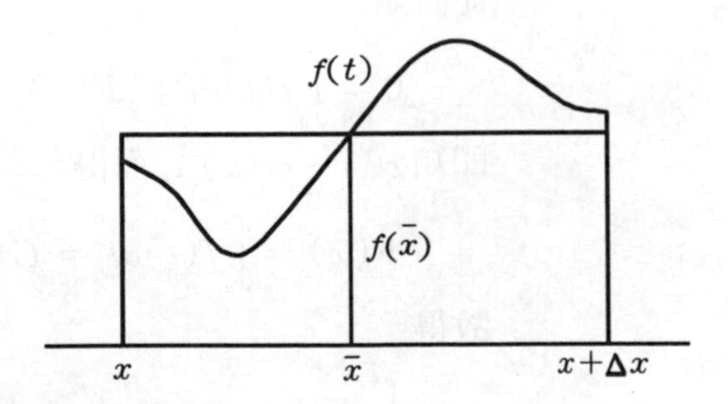

事實上，不限定 $f(t) > 0$ 且 $\Delta x > 0$ 時，上式仍然成立，這就是定積分的均值定理。從而知

$$F'(x) = \lim_{\Delta x \to 0} \frac{f(\overline{x})\Delta x}{\Delta x} = \lim_{\Delta x \to 0} f(\overline{x}),$$

因爲 $\overline{x}$ 介於 x 和 $x + \Delta x$ 之間，且 f 爲連續函數，故

$$\lim_{\Delta x \to 0} f(\overline{x}) = f(x),$$

即得

$$F'(x) = f(x),$$

而定理得證。

定理 7－3 微積分基本定理

設 $f(x)$ 爲一連續函數，且 $G'(x) = f(x)$，則
$\int_a^b f(x)dx = G(b) - G(a) = G(x)\Big|_a^b$。

證明 設

$$F(x) = \int_a^x f(t)dt,$$

則由定理 7－2 知

$$F'(x) = f(x) = G'(x),$$

故由定理 3－5 知

$$F(x) = G(x) + c，對所有 x 均成立,$$

從而知

$$0 = \int_a^a f(t)dt = F(a) = G(a) + c,$$

即知 $c = -G(a)$，而得

$$F(x) = \int_a^x f(t)dt = G(x) - G(a),$$

故得

$$\int_a^b f(x)dx = F(b) = G(b) - G(a) = G(x)\Big|_a^b,$$

而定理得證。

例 5 設 $F(x) = \int_1^x t^3 dt$，求 $\lim_{x\to 1} F(x)$ 之值。

解 I 設 $G(t) = \frac{t^4}{4}$，則 $G'(t) = t^3$，故由定理 7－3 知

$$F(x) = \int_1^x t^3 dt = \frac{t^4}{4}\Big|_1^x = \frac{x^4}{4} - \frac{1}{4},$$

故得

$$\lim_{x\to 1}F(x) = \lim_{x\to 1}\left(\frac{x^4}{4} - \frac{1}{4}\right) = 0。$$

解 II 由定理7－2知 $F(x)$ 爲可微分，故知 $F(x)$ 爲連續，從而知

$$\lim_{x\to 1}F(x) = F(1) = \int_1^1 t^3 dt = 0。$$

例 6 設 $F(x) = \int_1^{x^2} \sqrt{3t+1}dt$，求 $F'(x)$。

解 I 由上一章的積分技巧知

$$\begin{aligned}F(x) &= \int_1^{x^2} \sqrt{3t+1}dt = \frac{1}{3}\int_1^{x^2} \sqrt{3t+1}d(3t+1) \\ &= \frac{1}{3}\frac{(3t+1)^{\frac{1}{2}+1}}{\frac{1}{2}+1}\Bigg|_1^{x^2} = \frac{2}{9}(3t+1)^{\frac{3}{2}}\Bigg|_1^{x^2} \\ &= \frac{2}{9}((3x^2+1)^{\frac{3}{2}} - 8),\end{aligned}$$

故得

$$\begin{aligned}F'(x) &= \mathrm{D}\left(\frac{2}{9}((3x^2+1)^{\frac{3}{2}} - 8)\right) \\ &= \frac{2}{9}\cdot\frac{3}{2}(3x^2+1)^{\frac{1}{2}}\ \mathrm{D}(3x^2+1) \\ &= \frac{1}{3}\sqrt{3x^2+1}(6x) = 2x\sqrt{3x^2+1}。\end{aligned}$$

解 II 設 $G(x) = \int_1^x \sqrt{3t+1}dt$，$u(x) = x^2$，則 $F(x) = G(u(x))$，且 $G'(x) = \sqrt{3x+1}$，而由連鎖法則知

$$\begin{aligned}F'(x) &= G'(u(x))u'(x) \\ &= \sqrt{3x^2+1}(\mathrm{D}(x^2)) \\ &= 2x\sqrt{3x^2+1}。\end{aligned}$$

下面我們將利用微積分基本定理，重新求解例2到例4的積分值：

$$\int_{-1}^2 \frac{5}{3}dx = \frac{5}{3}x\Bigg|_{-1}^2 = \frac{5}{3}(2-(-1)) = 5;$$

$$\int_{-3}^{2}\left(1+\frac{x}{2}\right)dx=\left(x+\frac{x^2}{4}\right)\Big|_{-3}^{2}=(2+1)-\left(-3+\frac{9}{4}\right)=\frac{15}{4};$$

$$\int_{-\sqrt{2}}^{\sqrt{2}}x^3dx=\frac{x^4}{4}\Big|_{-\sqrt{2}}^{\sqrt{2}}=0。$$

例 7 求$\int_1^2 x\sqrt{3x-2}\,dx$之值。

解 令$y=\sqrt{3x-2}$，則$x=\frac{y^2+2}{3}$，$dx=\frac{2y}{3}dy$，故得

$$\begin{aligned}
&\int x\sqrt{3x-2}\,dx\\
&=\int\frac{y^2+2}{3}\cdot y\cdot\frac{2y}{3}dy\\
&=\frac{2}{9}\int(y^4+2y^2)dy\\
&=\frac{2}{9}\left(\frac{1}{5}y^5+\frac{2}{3}y^3\right)+c\\
&=\frac{2y^3}{9}\left(\frac{y^5}{5}+\frac{2}{3}\right)+c\\
&=\frac{2}{9}(3x-2)\sqrt{3x-2}\left(\frac{3x-2}{5}+\frac{2}{3}\right)+c,
\end{aligned}$$

從而由微積分基本定理知

$$\begin{aligned}
&\int_1^2\sqrt{3x-2}\,dx\\
&=\frac{2}{9}(3x-2)\sqrt{3x-2}\left(\frac{3x-2}{5}+\frac{2}{3}\right)\Big|_1^2\\
&=\frac{16}{9}\left(\frac{4}{5}+\frac{2}{3}\right)-\frac{2}{9}\left(\frac{1}{5}+\frac{2}{3}\right)\\
&=\frac{352}{135}-\frac{26}{135}=\frac{326}{135}。
\end{aligned}$$

在上面例 7 求定積分值時，我們先利用代換積分法，求被積分函數的反導函數，然後由微積分基本定理求出定積分的值。這樣的作法，實際上重複了一些不必要的工作。事實上，以代換積分法求定積分值時，可藉定理 6－3 和定理 7－3 的結合，得到一個

省下重複工作的較簡單的求法：令被積分函數中的變數 x 以一可逆且可微分的函數 $g(y)$ 代換時，由定理 6－3 知，若

$$\int f(g(y))g'(y)dy = G(y) + c,$$

則

$$\int f(x)dx = G(g^{-1}(x)) + c。$$

從而由定理 7－3 知

$$\begin{aligned}\int_a^b f(x)dx &= G(g^{-1}(x))\Big|_a^b = G(g^{-1}(b)) - G(g^{-1}(a)) \\ &= G(y)\Big|_{g^{-1}(a)}^{g^{-1}(b)} \\ &= \int_{g^{-1}(a)}^{g^{-1}(b)} f(g(y))g'(y)dy。\end{aligned}$$

換句話說，當我們用代換積分法求定積分時，於你將被積分函數的變數 x 以可逆且可微分的函數 $g(y)$ 替代，使積分的變數成爲 y 時，定積分的上下限也須跟著改變，如下所示：

$$x = g(y) \Rightarrow y = g^{-1}(x),$$
$$x = a \Rightarrow y = g^{-1}(a),$$
$$x = b \Rightarrow y = g^{-1}(b),$$

$$\int_a^b \underline{f(x)dx} = \int_{g^{-1}(a)}^{g^{-1}(b)} \underline{(g(y))g'(y)dy}$$

今以上面所述的方法重解例 7 於下：

解　令 $y = \sqrt{3x-2}$，則 $x = \frac{y^2+2}{3}$，$dx = \frac{2y}{3}dy$，於 $x = 1$ 時 $y = \sqrt{3\cdot1-2} = 1$；於 $x = 2$ 時 $y = \sqrt{3\cdot2-2} = 2$，故得

$$\int_1^2 \sqrt{3x-2}dx = \int_1^2 \frac{y^2+2}{3}\cdot y\cdot\frac{2y}{3}dy$$

$$= \frac{2}{9}\int_1^2 (y^4 + 2y^2)\,dy$$
$$= \frac{2}{9}\left(\frac{1}{5}y^5 + \frac{2}{3}y^3\right)\Big|_1^2$$
$$= \frac{2}{9}\left(\left(\frac{32}{5} + \frac{16}{3}\right) - \left(\frac{1}{5} + \frac{2}{3}\right)\right)$$
$$= \frac{2}{9}\left(\frac{176}{15} - \frac{13}{15}\right) = \frac{326}{135}。$$

例 8 求$\int_4^{12} \frac{x+1}{x\sqrt{2x+1}}dx$ 之值。

解 令 $y = \sqrt{2x+1}$，則 $x = \frac{y^2 - 1}{2}$，$dx = y\,dy$，於 $x = 4$ 時 $y = 3$；於 $x = 12$ 時 $y = 5$，故得

$$\int_4^{12} \frac{x+1}{x\sqrt{2x+1}}dx$$
$$= \int_3^5 \frac{\frac{y^2-1}{2} + 1}{\frac{y^2-1}{2} \cdot y} \cdot y\,dy$$
$$= \int_3^5 \frac{y^2+1}{y^2-1}dy = \int_3^5 \left(1 + \frac{2}{y^2-1}\right)dy$$
$$= \int_3^5 dy + \int_3^5 \left(\frac{1}{y-1} - \frac{1}{y+1}\right)dy$$
$$= y\Big|_3^5 + \left(\int_3^5 \frac{1}{y-1}d(y-1) - \int_3^5 \frac{1}{y+1}d(y+1)\right)$$
$$= (5-3) + (\ln(y-1) - \ln(y+1))\Big|_3^5$$
$$= 2 + \ln\left(\frac{y-1}{y+1}\right)\Big|_3^5$$
$$= 2 + \ln\left(\frac{2}{3}\right) - \ln\left(\frac{1}{2}\right)$$
$$= 2 + \ln\left(\frac{4}{3}\right)。$$

本節最後要修訂一個前節提到的積分公式：

$$\int \frac{1}{x}\,dx = \ln x + c。$$

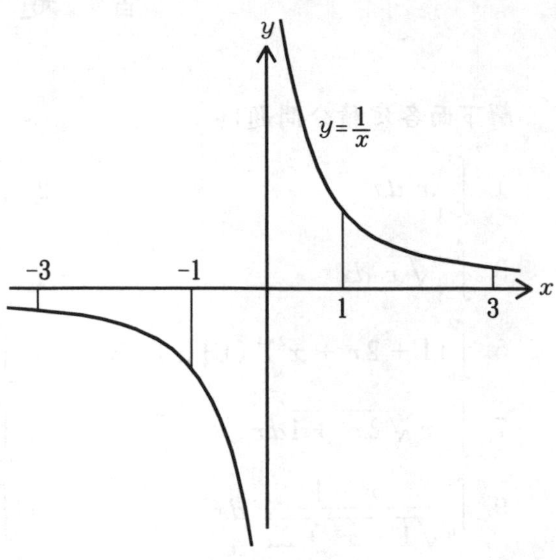

考慮下面的定積分問題：

$$\int_{-3}^{-1} \frac{1}{x}\,dx。$$

由積分的幾何意義易知

$$\int_{-3}^{-1} \frac{1}{x}\,dx = -\int_{1}^{3} \frac{1}{x}\,dx = -\ln 3。$$

但若由微積分基本定理，取 $\ln x$ 爲 $\frac{1}{x}$ 的反導函數，則 -1 與 -3 二數要代入 $\ln x$ 均無意義，但若取 $\ln(-x)$ 爲 $\frac{1}{x}$ 的反導函數，則得

$$\int_{-3}^{-1} \frac{1}{x}\,dx = \ln(-x)\Big|_{-3}^{-1} = \ln 1 - \ln 3 = -\ln 3,$$

而爲正確的答案。由上例可知，$\frac{1}{x}$ 的反導函數取 $\ln|x|$ 較爲方便，即公式修訂爲：

$$\int \frac{1}{x}\,dx = \ln|x| + c。$$

習 題

解下面各定積分問題：

1. $\int_{-1}^{3} x^3 dx$

2. $\int_{0}^{1} \frac{x^2}{\sqrt{3}} dx$

3. $\int_{-1}^{1} \sqrt[3]{x}\ dx$

4. $\int_{1}^{2} \sqrt{3x-2}\,dx$

5. $\int_{0}^{2} (1+2x+x^2)^4 (1+x)\ dx$

6. $\int_{-1}^{0} (3+2x)^5 dx$

7. $\int_{0}^{2} x\sqrt{2x^2+1}\,dx$

8. $\int_{0}^{1} \frac{2x-1}{(x^2-x-1)^3} dx$

9. $\int_{0}^{2} \frac{x-1}{\sqrt{1-x^2+2x}}\ dx$

10. $\int_{1}^{4} \frac{3}{x}\ dx$

11. $\int_{1}^{2} \frac{(2x+1)^2}{x}\ dx$

12. $\int_{1}^{4} \frac{(1-2x)^2}{\sqrt{x}}\ dx$

13. $\int_{-1}^{0} \frac{1}{(3+2x)^3} dx$

14. $\int_{0}^{1} \frac{x}{(3+2x^2)^3} dx$

15. $\int_{0}^{1} \frac{x}{3+2x^2} dx$

16. $\int_{-1}^{0} xe^{x^2} dx$

17. $\int_{-1}^{0} \frac{x}{(2+3x)^2} dx$

18. $\int_{-1}^{1} \frac{3x-1}{2x+3} dx$

7－2　定積分的應用

I. 區域的面積

在前節中，我們曾利用直觀的常識，了解到非負值連續函數圖形和 x 軸所圍，在一區間上的區域之面積的求法，並藉這面積的求算概念，來介紹一連續函數 $f(x)$ 在閉區間 $[a,b]$ 上的定積分

$$\int_a^b f(x)dx$$

之意義。並且提到，定積分符號本身，即隱涵著對細分所求區域的「細長條」之面積的加總。這個概念也適用於二連續函數所圍區域之面積的求出：下圖中，「細長條」之長度爲 $f(x)-g(x)$，

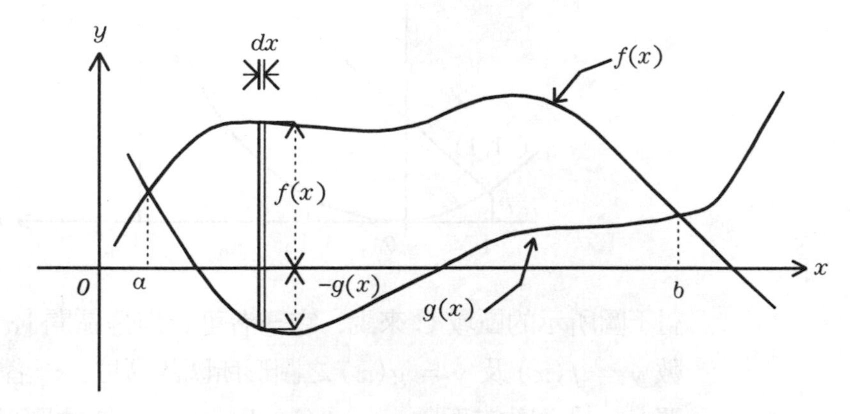

寬爲 dx，面積爲 $(f(x)-g(x))dx$，故所求區域的面積爲諸「細長條」面積的加總，即爲

$$\int_a^b \Big(f(x)-g(x)\Big)dx。$$

例1　利用本節以定積分求平面區域面積的方法，求7－1節例1的區域面積。

解　直線 $\overleftrightarrow{PQ}$ 的方程式爲

$$y-1=2(x+1),$$

$$y = 2x + 3,$$

故知所求區域的面積爲

$$\int_{-1}^{3}((2x+3)-x^2)\,dx$$

$$=\left(x^2+3x-\frac{x^3}{3}\right)\Big|_{-1}^{3}$$

$$=(3^2-(-1)^2)+3(3-(-1))-\frac{1}{3}(3^3-(-1)^3)$$

$$=20-\frac{28}{3}=\frac{32}{3}\text{。}$$

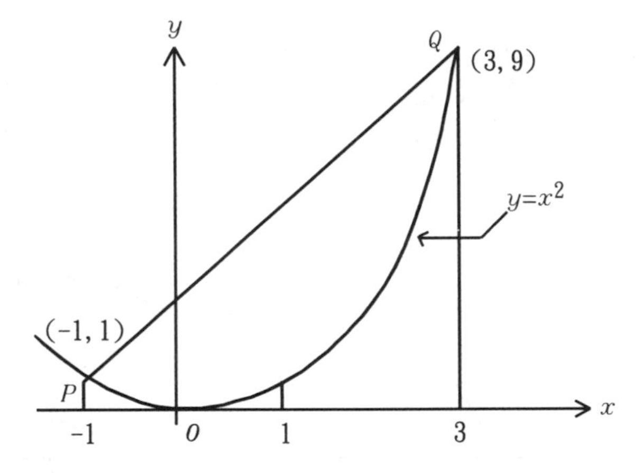

對下圖所示的區域 C 來說，它一者可看作是區間 $[a, b]$ 上的二函數 $y=f(x)$ 及 $y=g(x)$ 之圖形所圍的區域，一者又可看作是區間 $[c, d]$ 上的二函數 $x=h(y)$ 及 $x=k(y)$ 之圖形所圍的區域：

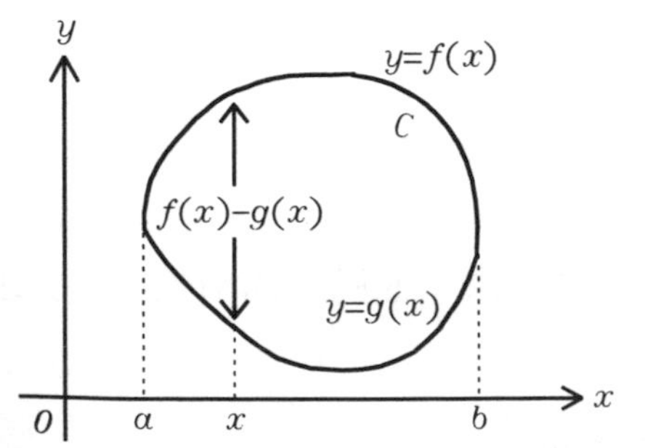

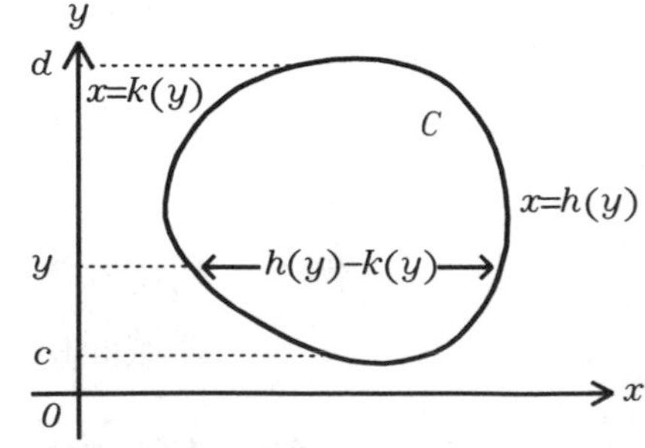

故知 C 的面積爲

$$\int_a^b (f(x) - g(x))dx \text{ 或 } \int_c^d (h(y) - k(y))dy。$$

例 2　求曲線 $y = x^3$ 和直線 $y = x$ 所圍區域的面積。

解　所求區域的面積爲

$$\begin{aligned} &\int_{-1}^{0}(x^3 - x)dx + \int_{0}^{1}(x - x^3)dx \\ &= \left(\frac{x^4}{4} - \frac{x^2}{2}\right)\Bigg|_{-1}^{0} + \left(\frac{x^2}{2} - \frac{x^4}{4}\right)\Bigg|_{0}^{1} \\ &= \left(\frac{1}{2} - \frac{1}{4}\right) + \left(\frac{1}{2} - \frac{1}{4}\right) = \frac{1}{2}。\end{aligned}$$

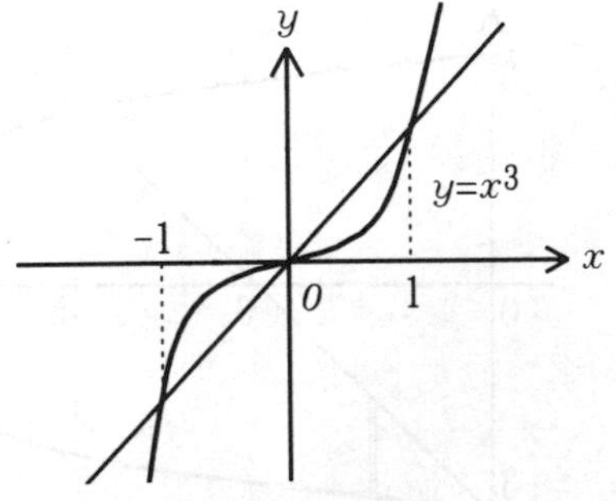

有時曲線所圍的區域如下圖所示：

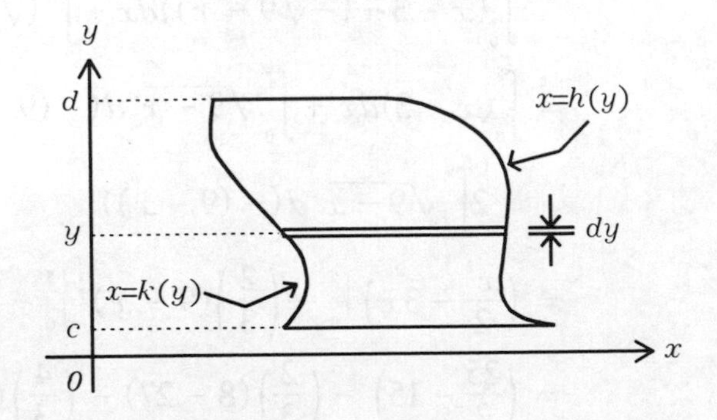

則求面積時，顯然應將這區域看作是由二個自變數爲 y 的函數：

$$x = h(y) \text{ 及 } x = k(y)$$

在區間 $[c, d]$ 上所圍成，而採公式

$$\int_c^d (h(y) - k(y))dy,$$

較為方便。下例中展示二種求法，其中第二種解法即採這種觀點。

例 3　求拋物線 $x + y^2 = 9$ 和直線 $y = x + 3$ 所圍區域的面積。

解 I　因為所予的區域，於區間 $[0,5]$ 上，$y = x - 3$ 之圖形位於 $y = -\sqrt{9 - x}$ 之圖形的上方；而於區間 $[5,9]$ 上，$y = \sqrt{9 - x}$ 之圖形位於 $y = -\sqrt{9 - x}$ 之圖形的上方，故所求的面積為

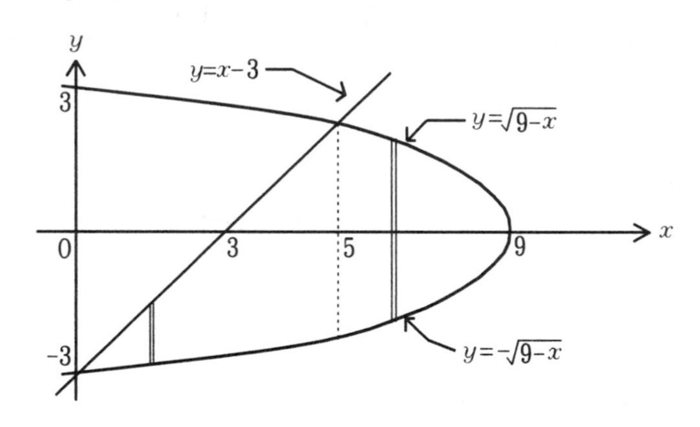

$$\int_0^5 (x - 3 - (-\sqrt{9 - x}))dx + \int_5^9 (\sqrt{9 - x} - (-\sqrt{9 - x}))dx$$

$$= \int_0^5 (x - 3)dx + \int_0^5 \sqrt{9 - x}\ d(-(9 - x))$$

$$+ 2\int_5^9 \sqrt{9 - x}\ d(-(9 - x))$$

$$= \left(\frac{x^2}{2} - 3x\right)\Big|_0^5 - \left(\frac{2}{3}\right)(9 - x)^{\frac{3}{2}}\Big|_0^5 - 2\left(\frac{2}{3}\right)(9 - x)^{\frac{3}{2}}\Big|_5^9$$

$$= \left(\frac{25}{2} - 15\right) - \left(\frac{2}{3}\right)(8 - 27) - \left(\frac{4}{3}\right)(0 - 8)$$

$$= \frac{125}{6}。$$

解 II　將求面積的區域看作是由下面二個自變數為 y 的函數：

$x = 9 - y^2$ 和 $x = y + 3$

在區間 $[-3,2]$ 上所圍成，

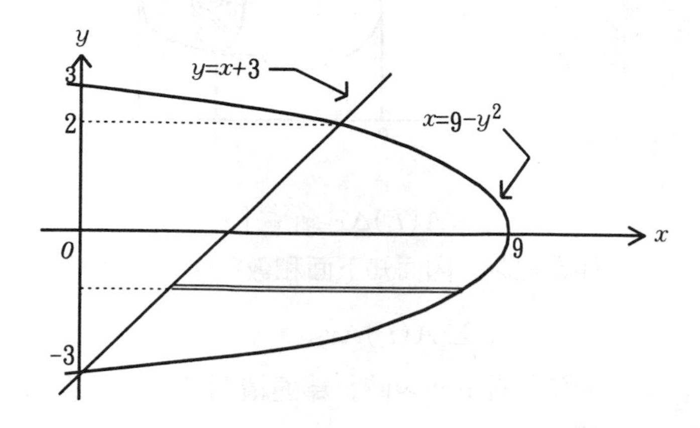

而知所求區域面積為

$$\int_{-3}^{2}((9 - y^2) - (y + 3))dy$$

$$= \int_{-3}^{2}(6 - y - y^2)dy$$

$$= \left(6y - \frac{y^2}{2} - \frac{y^3}{3}\right)\Big|_{-3}^{2}$$

$$= 30 - \left(-\frac{5}{2}\right) - \left(\frac{35}{3}\right)$$

$$= \frac{125}{6}。$$

Ⅱ. 立體的體積

我們在此將介紹截面積可知的立體之體積的求法。設有一立體 V，它對於過區間 $[a,b]$ 上之任意一點 x 而與這區間垂直的平面，交截於一平面區域，且這區域的面積可求，為一連續函數 $A(x)$。

對於區間 $[a,b]$ 上的任一分割 $\Delta = \{x_0, x_1, x_2, \ldots, x_n\}$ 來說，在過 x_{i-1}，x_i 二點而垂直於區間 $[a,b]$ 之二平面間的立體體積，可以下面圓盤體積

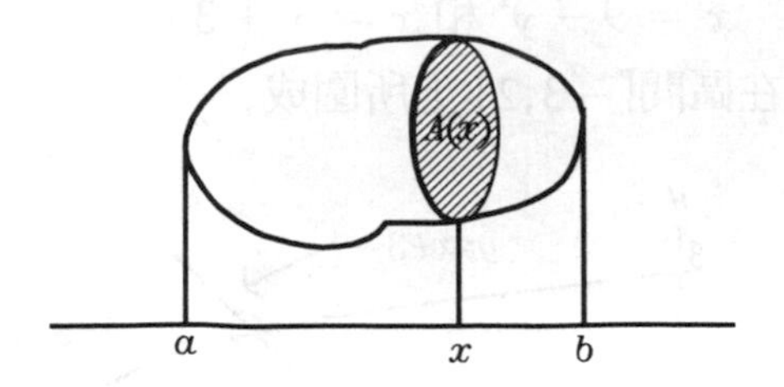

$$A(t_i)\Delta x_i, t_i \in [x_{i-1}, x_i]$$

作爲近似，因而知下面和數爲所予立體體積的近似：

$$\sum_{i=1}^{n} A(t_i)\Delta x_i,$$

而這數當 $n \to \infty$ 時，爲連續函數 $A(x)$ 在區間 $[a,b]$ 上的定積分值，即

$$\lim_{n\to\infty} \sum_{i=1}^{n} A(t_i)\Delta x_i = \int_a^b A(x)dx,$$

此值即爲所予立體的**體積**。

例 4 設一金字塔的底部爲一邊長爲 a 的正方形，而高爲 h，求這金字塔的體積。

解 以過金字塔頂且和底邊垂直的直線爲 x 軸，而以底的中點爲原點，則過坐標爲 $x(x>0)$ 且垂直於 x 軸的平面，若與金字塔相交，則交於一正方形區域。由幾何性質可知，

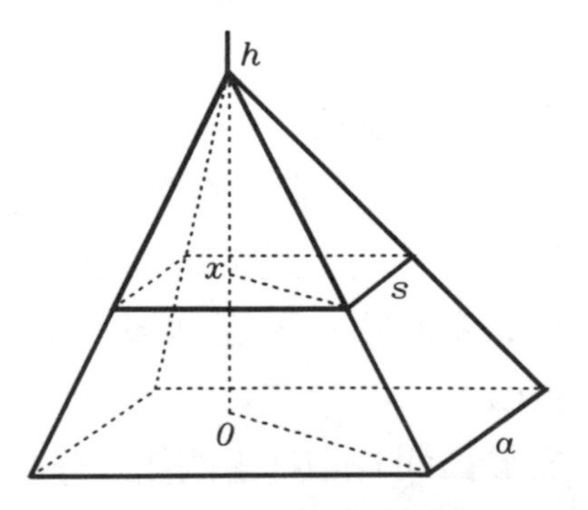

距底部 x 的平面和金字塔相交的正方形區域的邊長 s 滿足下式：

$$\frac{s}{a}=\frac{h-x}{h},\ s=\frac{(h-x)a}{h},$$

故知它的面積爲

$$A(x)=\left(\frac{(h-x)a}{h}\right)^2,$$

而所求金字塔的體積爲

$$v=\int_0^h A(x)dx=\int_0^h\left(\frac{(h-x)a}{h}\right)^2 dx$$

$$=\frac{a^2}{h^2}\left(-\frac{(h-x)^3}{3}\right)\Big|_0^h=\frac{a^2h}{3}。$$

例 5　設有一立體如下圖所示:

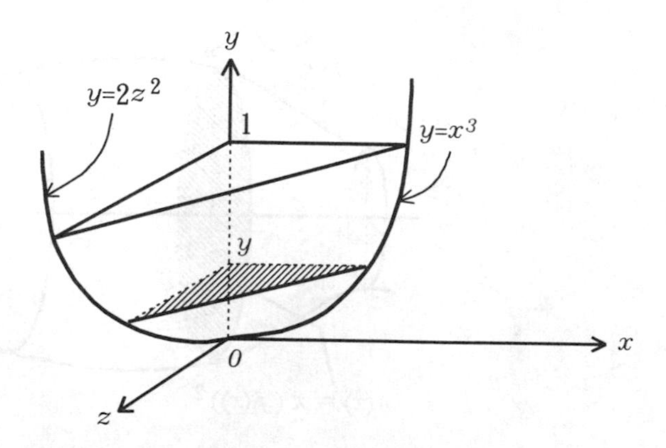

這立體和過任一 $y\in[0,1]$ 且和 y 軸垂直的平面都交截成一直角三角形區域，求這立體的體積。

解　對 $y\in[0,1]$ 來說，過 y 而和 y 軸垂直的平面，和立體交截而成的直角三角形區域，在 xy 平面上的邊長爲 $x=\sqrt[3]{y}$，在 yz 平面上的邊長爲 $z=\sqrt{\frac{y}{2}}$，故知這直角三角形區域的面積爲

$$A(y)=\frac{\left(\sqrt[3]{y}\cdot\sqrt{\frac{y}{2}}\right)}{2}=\frac{1}{2\sqrt{2}}y^{\frac{5}{6}},$$

而所求立體的體積爲

$$v = \int_0^1 A(y)dy = \int_0^1 \frac{1}{2\sqrt{2}} y^{\frac{5}{6}} dy$$

$$= \frac{1}{2\sqrt{2}} \cdot \frac{6}{11} y^{\frac{11}{6}} \Big|_0^1 = \frac{3\sqrt{2}}{22}。$$

設 $f(x) \geqq 0$, $x \in [a, b]$，則 f 之圖形繞 x 軸旋轉而得的**旋轉體**的體積為

$$v = \int_a^b \pi (f(x))^2 dx,$$

這是因為過點 x 而垂直於 x 軸的平面，和旋轉體相交截於一半徑為 $f(x)$ 的圓，它的面積為 $A(x) = \pi(f(x))^2$ 的緣故。

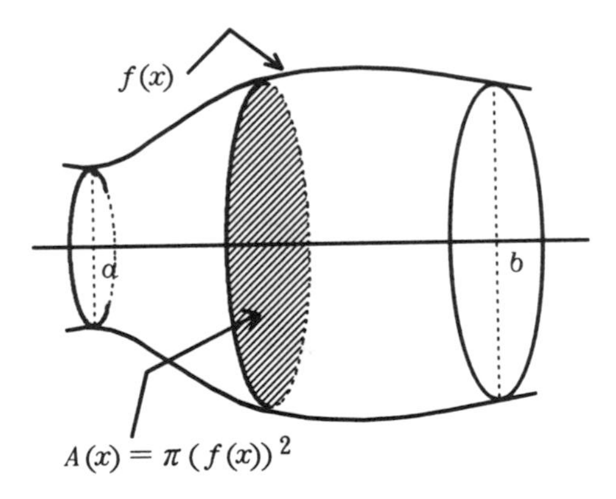

例 6 求半徑為 r 之球的體積。

解 半徑為 r 之球，可由半徑為 r 之圓繞它的直徑旋轉而得。可設坐標系的原點為這圓的圓心，則這圓的方程式為

$$x^2 + y^2 = r^2,$$

而 $y = f(x) = \sqrt{r^2 - x^2}$，則為表上半圓的函數，它繞 x 軸旋轉而得之球的體積為

$$v = \int_{-r}^{r} \pi (f(x))^2 dx$$

$$= \int_{-r}^{r} \pi (\sqrt{r^2 - x^2})^2 dx$$

$$= \int_{-r}^{r} \pi (r^2 - x^2) dx$$

$$= \pi\left(r^2x - \left(\frac{1}{3}\right)x^3\right)\Big|_{-r}^{r}$$

$$= \left(\frac{4}{3}\right)\pi r^3。$$

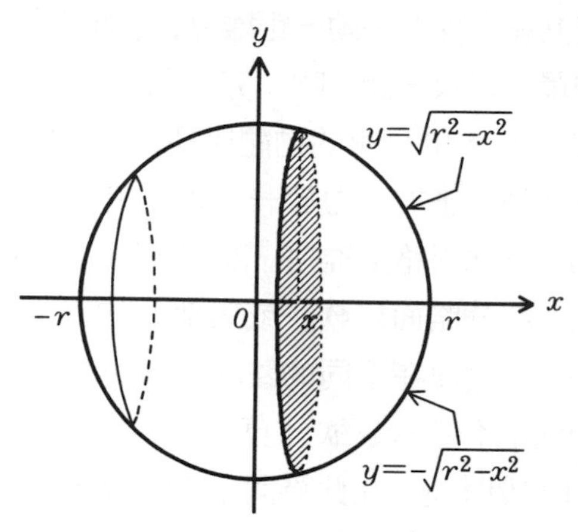

例 7　求區域

$$A = \{(x, y) \mid \sqrt{x} \leqq y \leqq 2\}$$

繞 y 軸旋轉而得的旋轉體的體積。

解　因爲$\sqrt{x} = y \Rightarrow x = y^2$，故知所求旋轉體的體積爲

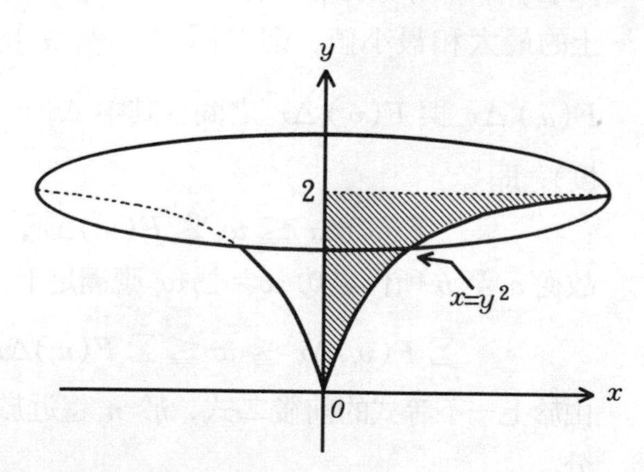

$$v = \int_0^2 \pi (y^2)^2 dy$$

$$= \pi \frac{y^5}{5}\Big|_0^2 = \frac{32\pi}{5}。$$

Ⅲ. 物理的概念——功

在這裡，我們要舉出一種藉積分的意義來定義的物理概念——功。在物理上，當以一不變的力 F 施加於一物體（推或拉），使其在直線上移動一距離 d，則稱對該物體作了 $w=Fd$ 的功。功的單位有呎－磅，吋－克，哩－噸等，依 F 與 d 的單位而定。譬如，將一 10 磅重的物體舉高 2 呎，即作了 20 呎－磅的功。經驗告訴我們，施加一力於一物體上時，施力常是變動而非固定的。譬如在一水平路上推動一部車子時，可能因某部分的路面堅硬平整，某一部分路面鬆軟，或某部分的路面佈滿碎石等，由於摩擦力的不同，因而在不同的路段的施力即不相同。當作用於物體的力並非固定不變時，欲計算所作的功，則可仿照積分的概念來處理，如下段所述。在此爲討論的方便起見，我們有三點假設：⑴力所作用的物體集中於一點，⑵物體在一直線上移動，⑶移動時速度保持不變。

設要考慮將一物體在直線上從 a 移動到 b，且作用力非固定不變，而爲物體所在位置的連續函數 $F(x)$，$x\in[a,b]$。將區間 $[a,b]$ 作 n 等分，令 $F(u_i)$ 與 $F(v_i)$ 分別表 F 在小區間 $[x_{i-1},x_i]$ 上的最大和最小值，則在區間 $[x_{i-1},x_i]$ 上所作的功 w_i 應介於 $F(u_i)\Delta x_i$ 與 $F(v_i)\Delta x_i$ 之間（其中 $\Delta x_i=\dfrac{b-a}{n}$爲每一小區間的長度），即

$$F(v_i)\Delta x\leqq w_i\leqq F(u_i)\Delta x,$$

故從 a 至 b 所作之功 $w=\sum w_i$ 應滿足下式：

$$\sum_{i=1}^{n}F(v_i)\Delta x\leqq w\leqq\sum_{i=1}^{n}F(u_i)\Delta x,$$

由於上一不等式的前後二式，於 n 趨近於無限大時同趨近於定積分

$$\int_a^b F(x)dx$$

之值，故知上一定積分值即爲所求作用力爲 $F(x)$ 時移動一物體從 a 至 b 所作的功。

例8　一桶沙重100磅，以一繩連結於桶上10呎處的絞盤，若繩重不計，則將此桶沙提高到頂端須作多少功？

解　因 $F(x) = 100$(磅)，故所求之功爲

$$w = \int_0^{10} F(x)dx = \int_0^{10} 100dx = 100x \Big|_0^{10} = 1,000(\text{呎}-\text{磅})。$$

例9　設例8中之繩每呎重5磅，今須計繩重，求將此桶沙提高到頂端須作多少功？

解　此時 $F(x)$ 不再爲常數函數。譬如，剛開始時 $F(x)$ 爲桶重與10呎繩重之和，而當提升 x 呎時，繩長爲 $10-x$ 呎，而所須之力爲

$$F(x) = 100 + 5(10 - x) = 150 - 5x,$$

故所作之功爲

$$w = \int_0^{10} F(x)dx = \int_0^{10} (150 - 5x)dx$$

$$= \left(150x - \frac{5x^2}{2}\right)\Big|_0^{10} = 1,250(\text{呎}-\text{磅})。$$

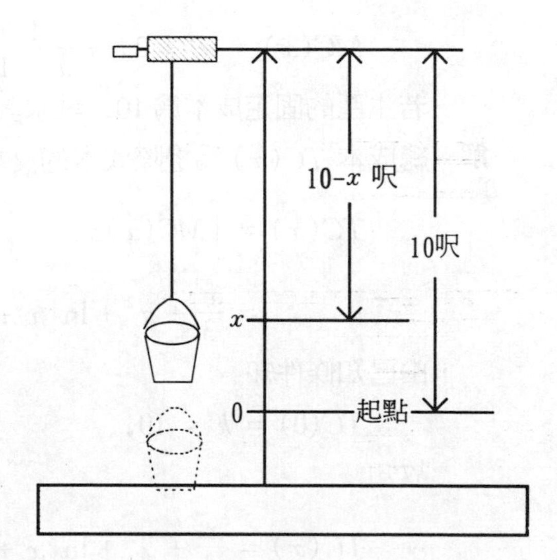

例10 於前例中，若盛沙桶底有一漏洞，使沙從洞中漏出，設其漏出速率保持一定，而抵頂端時沙桶重爲 80 磅，求所作的功。

解 因爲在提升沙桶途中漏出 20 磅的沙，故沙漏出的速率爲每提升一呎爲 2 磅，故提升 x 呎時沙桶重爲 $100-2x$，而所須的力爲

$$F(x)=5(10-x)+100-2x=150-7x,$$

故所作之功爲

$$w=\int_0^{10}F(x)dx=\int_0^{10}(150-7x)dx=\left(150x-\frac{7x^2}{2}\right)\Big|_0^{10}$$
$$=1{,}150(\text{呎}-\text{磅})。$$

Ⅳ.商學上的應用

本節最後要說明積分在商學上的應用，有些問題本身即可自明，有些則須先介紹相關的概念，才可了解題意。

例11 設某公司於生產 x 單位的產品時的邊際成本爲

$$MC(x)=x^2+2x+\frac{1}{x+1},$$

若生產的固定成本爲 10，試求其生產 6 單位產品的總成本。

解 總成本 $TC(x)$ 爲邊際成本的反導函數，即

$$TC(x)=\int MC(x)dx=\int x^2+2x+\frac{1}{x+1}dx$$
$$=\frac{x^3}{3}+x^2+\ln|x+1|+k,$$

由已知條件知

$$TC(0)=k=10,$$

故知

$$TC(x)=\frac{x^3}{3}+x^2+\ln|x+1|+10,$$

而所求總成本爲

$$TC(6) = \frac{6^3}{3} + 6^2 + \ln(6+1) + 10$$
$$\approx 72 + 36 + 1.95 + 10 \approx 120。$$

例12　設某公司於生產 x 單位的產品時的邊際收入為

$$MR(x) = x^3 - x + 10,$$

試求其生產 x 單位的產品時的總收入函數。

解　由定義知所求生產 x 單位的產品時的總收入函數為

$$TR(x) = \int MR(x)dx = \int x^3 - x + 10dx$$
$$= \frac{x^4}{4} - \frac{x^2}{2} + 10x + k,$$

因為 $TR(0) = 0$，即知 $k = 0$，故得 $TR(x) = \frac{x^4}{4} - \frac{x^2}{2} + 10x$。

例13　在經濟學上，**資金股票**於時間為 t 時的量 $CS(t)$ 與**淨投資率** $RNI(t)$ 有下式的關係：

$$D_t CS(t) = RNI(t),$$

換言之，淨投資率乃資金股票量的變率。今設 $RNI(t) = 36\sqrt{t} + 44$(仟元 / 年)，試求第 8 年中資金股票總數。

解　所求者為

$$\int_8^9 36\sqrt{t} + 44dt = 36\left(\frac{2}{3}\right)t^{\frac{3}{2}} + 44t\Big|_8^9 = 149(\text{仟元})。$$

最後，我們要介紹連續所得的**現值**的計算法。在第 5－1 節中，我們曾介紹過，於名利率為 r 作連續複利的情況下，t 年後金額為 $S(t)$ 之現值為 $P = S(t)e^{-rt}$。而今要考慮的是，由於連續的投資，造成連續的所得，其於開始後 t 年時，每年所得率為連續函數 $f(t)$ 的情況下，折算為現值應為多少的問題。

今設考慮的期間為從開始以至 x 年以後，即考慮 $t \in [0,x]$。

以分割 $\Delta = \{0=t_0, t_1, \cdots, t_n = x\}$ 將區間 $[0,x]$ 作 n 等分，考慮第 i 個小區間 $[t_{i-1}, t_i]$ 期間的所得 A_i，其值可以

$$f(\eta_i)\Delta t_i, \quad \eta_i \in [t_{i-1}, t_i], \quad (\Delta t_i = t_i - t_{i-1})$$

爲近似，若 n 甚大，則 Δt_i 甚小，故此值的現值甚近似於

$$e^{-r\eta_i} f(\eta_i)\Delta t_i。$$

從而知在 $[0,x]$ 期間，上述連續所得的現值近似於

$$\sum_{i=1}^{n} e^{-r\eta_i} f(\eta_i)\Delta t_i,$$

此對應於連續函數 $e^{-rt}f(t)$ 在區間 $[0,x]$ 上的和數。當 n 甚大時，分割的小區間長度甚小，而於 $n \to \infty$ 時，上式即趨近於定積分

$$P = \int_0^x e^{-rt} f(t)\,dt,$$

我們即以上式之值作名利率爲 r，連續所得率爲連續函數 $f(t)$ 的情況下，在時期爲 $[0,x]$ 的所得的**現值**。

例14 某公司之管理政策爲，期望其投資有 15% 連續複利的報酬。今此公司有機會以 1,600,000 元租用一部機器以從事 10 年的生產。估計此生產將造成每年 300,000 元的所得，試問租用此部機器是否划算?

解 依題意，可設每年的淨所得在年底沒有自然的增加，而爲均勻的連續收入。可知這 10 年期的連續所得的現值爲

$$\begin{aligned} P &= \int_0^{10} 300{,}000 e^{-0.15t}\,dt \\ &= -2{,}000{,}000 e^{-0.15t} \Big|_0^{10} \\ &= -2{,}000{,}000 e^{-1.5} + 2{,}000{,}000 \\ &= -2{,}000{,}000(0.2231) + 2{,}000{,}000 \\ &= 1{,}553{,}800(\text{元}), \end{aligned}$$

因爲所得現值不及租金，故知租用不划算。

今將上述現值的概念稍加擴充，假設某一投資爲 C 元，且於

t 年後此投資的殘值為 $S(t)$ 元。若時間為 t 時的收入率為 $R'(t)$，而維持修護費率為 $M'(t)$，則於名利率為 r，以連續複利計算的情況下，x 年後此投資的**淨現值為**

$$NP(x) = \int_0^x (R'(t) - M'(t))e^{-rt}\,dt + S(x)e^{-rx} - C,$$

關於此，習題中有進一層的探討。

習　題

於下列各題 (1～8) 中，求各程式圖形所圍之區域的面積：

1. $y=x^2-3$，$y=2x$
2. $y=2x$，$y=x^3$
3. $y+x^2=6$，$y+2x-3=0$
4. $y=x^2$，$y=\sqrt{x}$
5. $y=3x^2$，$y=x^3$
6. $y=x^5+1$，$x=-2$，$x=1$，$y=0$
7. $y=x\sqrt{x^2-9}$，$x=5$，$y=0$
8. $\sqrt{x}+\sqrt{y}=1$，$x=0$，$y=0$

求下列各題 (9～12)：

9. 一直角三角形區域，不爲斜邊的一股爲底，長爲 a，另一股爲高，長爲 h，求這區域以它的高爲軸旋轉而得的正圓錐的體積。
10. 求橢圓 $\dfrac{x^2}{a^2}+\dfrac{y^2}{b^2}=1$（其中 $a>0$，$b>0$），以它的長軸爲軸旋轉而得的立體的體積。
11. 第 8 題所示的區域以 x 軸爲軸旋轉而得的立體的體積。
12. 下圖所示的立體，乃以 x 軸及 y 軸爲中心軸，而半徑爲 a 的二圓柱所圍的立體在第一掛限的部分，試求它的體積。

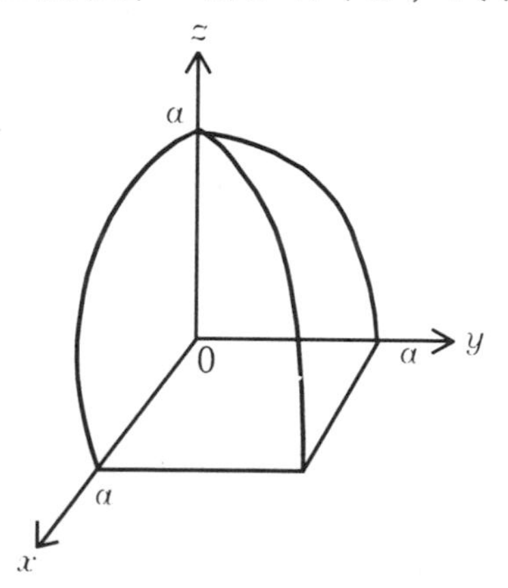

沿 x 軸移動一物體，使之從點 a 到點 b，若使用的力 F 爲物體所在位置 x 之函數，於下列各題 (13～14) 的情況下，求所作的功：

13. $F(x)=x^2-2x+4$，$[a,b]=[1,3]$

14. $F(x) = 10 - 3x + 2x^2$, $[a, b] = [-2, -1]$

於下列各題（15～16）中，令 r 表彈簧的自然長度（吋），而 s 表引伸彈簧 t 吋所需的力（磅），求將彈簧從 u 吋引伸至 v 吋所需作的功：

15. $r=4$，$s=10$，$t=1$，$u=4$，$v=6$。

16. $r=6$，$s=100$，$t=\frac{1}{2}$，$u=6$，$v=7$。

17. 一彈簧的自然長度爲 10 吋，而將之壓縮 2 吋需用 10 磅的力，問將彈簧從自然長度壓成 5 吋長需作多少功？

18. 一錨重 1,000 磅，錨鏈重每呎 3 磅。若拋錨時，錨在船下 20 呎處，問起錨需作多少功？

19. 根據物理上的**虎克定律**，一彈簧從自然長度引伸 x 單位長時，會產生應力 $F(x) = kx$，其中 k 爲比例常數。設對某一彈簧而言，將之由自然長度引伸 2 吋需 4 磅的力，問於下列情況下各作多少功？

(1)從自然長度引伸 4 吋。

(2)從較自然度長 2 吋，引伸到較自然長度長 6 吋。

20. 設某公司生產物品 x 單位的邊際成本爲

$$MC(x) = \frac{x^3}{60} - x + 615,$$

固定成本爲 1,000 元，試求生產 30 單位物品的總成本。

21. 設生產某物品 x 單位的邊際收入和邊際成本，分別如下面函數所示：

$$MR(x) = 150 - x,\quad MC(x) = \frac{x^2}{10} - 4x + 110,$$

又已知生產 30 單位的總成本爲 4,000 元。

(1)此生產的固定成本爲何？　(2)何以 $R(0) = 0$？

(3)淨利函數爲何？　(4)求能獲最大淨利的生產量。

22. 設資金股票於時間爲 t 時的淨投資率爲

$$RNI(t) = 0.76t^{\frac{1}{8}} + 1.2,\ \text{（單位爲仟元）}$$

試問第 9 年中資金股票的增額爲何?

23. 某一第三世界國家，於 1970 年後 t 年的淨投資率爲每年

$$RNI(t) = 200 + 50t$$,(單位爲百萬美元)

試求 1975 至 1980 年所增加的資金股票股票總數。

24. 設淨投資率於時間 t 時爲 $RNI(t) = t\sqrt{t^2+1}$ (仟元)，求第 1 年中增加的資金股票總數。

25. 若某投資於往後 5 年中的第 t 年時，可造成每年 $2{,}000 - 50t$ (單位爲仟元) 的連續所得率。設以名利率爲 10% 之連續複利計算，求此投資之所得的現值。

26. 某公司考慮以 5,000,000 元租用一倉庫 6 年，此投資可獲每年 720,000 元之所得率。此公司要求其投資之報酬以名利率 12% 之連續複利計算。

(1)求出由此項租用而得的獲利之現值。

(2)若公司於 6 年期滿後，可以權利金 3,600,000 元轉租此倉庫，求此筆款項的現值。

(3)租用此倉庫是否划算?

27. 某公司購得一部可使用 10 年的機器，此機器可造成每年 500,000 元的收入率，而其維修費率則爲每年 $M'(t) = 48{,}000e^{0.2t}$ 元。設此公司要求其投資報酬以名利率 8% 的連續複利計算。

(1)求此機器造成的淨連續所得的現值。

(2)若此機器的購買及裝置成本爲 2,600,000 元，而 10 年後的殘值爲 400,000 元，問購買此機器是否合乎公司的政策?

附錄一　自然對數函數值表 $\ln x$

x		0	1	2	3	4	5	6	7	8	9
1.0	0.0	0000	0995	1980	2956	3922	4879	5827	6766	7696	8618
1.1	0.0	9531	*0436	*1333	*2222	*3103	*3976	*4842	*5700	*6551	*7395
1.2	0.1	8232	9062	9885	*0701	*1511	*2314	*3111	*3902	*4686	*5464
1.3	0.2	6236	7003	7763	8518	9267	*0010	*0748	*1481	*2208	*2930
1.4	0.3	3647	4359	5066	5767	6464	7156	7844	8526	9204	9878
1.5	0.4	0547	1211	1871	2527	3178	3825	4469	5108	5742	6373
1.6	0.4	7000	7623	8243	8858	9470	*0078	*0682	*1282	*1879	*2423
1.7	0.5	3063	3649	4232	4812	5389	5962	6531	7098	7661	8222
1.8	0.5	8779	9333	9884	*0432	*0977	*1519	*2058	*2594	*2127	*3658
1.9	0.6	4185	4710	5233	5732	6269	*6783	7294	7803	8310	8813
2.0	0.6	9315	9813	*0310	*0804	*1295	*1784	*2271	*2755	*3237	*3716
2.1	0.7	4194	4669	5142	5612	6081	6547	7011	7473	7932	8390
2.2	0.7	8846	9299	9751	*0200	*0648	*1093	*1536	*1978	*2418	*2855
2.3	0.8	3291	3725	4157	4587	5015	5442	5866	6289	6710	7129
2.4	0.8	7547	7963	8377	8789	9200	9609	*0016	*0422	*0826	*1228
2.5	0.9	1629	2028	2426	2822	3216	3609	4001	4391	4779	5166
2.6		5551	5935	6317	6698	7078	7456	7833	8208	8582	8954
2.7	0.9	9325	9695	*0063	*0430	*0796	*1160	*1523	*1885	*2245	*2604
2.8	1.0	2962	3318	3674	4028	4380	4732	5082	5431	5779	6126
2.9		6471	6815	7158	7500	7841	8181	8519	8856	9192	9527
3.0	1.0	9861	*0194	*0526	*0856	*1186	*1514	*1841	*2168	*2493	*2817
3.1	1.1	3140	3462	3783	4103	4422	4740	5057	5373	5688	6002
3.2		6315	6627	6938	7248	7557	7865	8173	8479	8784	9089
3.3	1.1	9392	9695	9996	*0297	*0597	*0896	*1194	*1491	*1788	*2083
3.4	1.2	2378	2671	2964	3256	3547	3837	4127	4415	4703	4990
3.5		5276	5562	5846	6130	6415	6695	6976	7257	7536	7815
3.6	1.2	8093	8371	8647	8923	9198	9473	9746	*0019	*0291	*0563
3.7	1.3	0833	1103	1372	1641	1909	2176	2442	2708	2972	3237
3.8		3500	3763	4025	4286	4547	4807	5067	5325	5584	5841
3.9		6098	6354	6609	6864	7118	7372	7624	7877	8128	8379
4.0	1.3	8629	8879	9128	9377	9624	9872	*0118	*0364	*0610	*0854
4.1	1.4	1099	1342	1585	1828	2070	2311	2552	2792	3031	3270
4.2		3508	3746	3984	4220	4456	4692	4927	5161	5295	5629
4.3		5862	6094	6326	6557	6787	7018	7247	7476	7705	7933
4.4	1.4	8160	8387	8614	8840	9065	9290	9515	9739	9962	*0185
4.5	1.5	0408	0630	0851	1072	1293	1513	1732	1951	2170	2388
4.6		2606	2823	3039	3256	3471	3687	3902	4116	4330	4543
4.7		4756	4969	5181	5393	5604	5814	6025	6235	6444	6653
4.8		6862	7070	7277	7485	7691	7898	8104	8309	8516	8719
4.9	1.5	8924	9127	9331	9534	9737	9939	*0141	*0342	*0543	*0744
5.0	1.6	0944	1144	1343	1542	1741	1939	2137	2334	2531	2728
x		0	1	2	3	4	5	6	7	8	9

x		0	1	2	3	4	5	6	7	8	9
5.1		2924	3120	3315	3511	3705	3900	4094	4287	4481	4673
5.2		4866	5058	5250	5441	5632	5823	6013	6203	6393	6582
5.3		6771	6959	7147	7335	7523	7710	7896	8083	8269	8455
5.4	1.6	8640	8825	9010	9194	9378	9562	9745	9928	*0111	*0293
5.5	1.7	0475	0656	0838	1019	1199	1380	1560	1740	1919	2098
5.6		2277	2455	2633	2811	2988	3166	3342	3519	3695	3871
5.7		4047	4222	4397	4572	4746	4920	5094	5267	5440	5613
5.8		5786	5958	6130	6302	6473	6644	6815	6985	7156	7326
5.9		7495	7665	7834	8002	8171	8339	8507	8675	8842	9006
6.0	1.7	9176	9342	9509	9675	9840	*0006	*0171	*0336	*0500	*0665
6.1	1.8	0829	0993	1156	1319	1482	1645	1808	1970	2132	2294
6.2		2455	2616	2777	2938	3098	3258	3418	3578	3737	3896
6.3		4055	4214	4372	4530	4688	4845	5003	5160	5317	5473
6.4		5630	5786	5942	6097	6253	6408	6563	6718	6872	7026
6.5		7180	7334	7487	7641	7794	7947	8099	8251	8403	8555
6.6	1.8	8707	8858	9010	9160	9311	9462	9612	9762	9912	*0061
6.7	1.9	0211	0360	0509	0658	0806	0954	1102	1250	1398	1545
6.8		1692	1839	1986	2132	2279	2425	2571	2716	2862	3007
6.9		3152	3297	3442	3586	3730	3874	4018	4162	4305	4448
7.0		4591	4734	4876	5019	5161	5303	5445	5586	5727	5869
7.1		6009	6150	6291	6431	6571	6711	6851	6991	7130	7269
7.2		7408	7547	7685	7824	7962	8100	8238	8376	8513	8650
7.3	1.9	8787	8924	9061	9198	9334	9470	9606	9742	9877	*0013
7.4	2.0	0148	0283	0418	0553	0687	0821	0956	1089	1223	1357
7.5		1490	1624	1757	1890	2022	2155	2287	2419	2551	2683
7.6		2815	2946	3078	3209	3340	3471	3601	3732	3862	3992
7.7		4122	4252	4381	4511	4640	4769	4898	5027	5156	5284
7.8		5412	5540	5668	5796	5924	6051	6179	6306	6433	6560
7.9		6686	6813	6939	7065	7191	7317	7443	7568	7694	7819
8.0		7944	8069	8194	8318	8443	8567	8691	8815	8939	9063
8.1	2.0	9186	9310	9433	9556	9679	9802	9924	*0047	*0169	*0291
8.2	2.1	0413	0535	0657	0779	0900	1021	1142	1263	1384	1505
8.3		1626	1746	1866	1986	2106	2226	2346	2465	2585	2704
8.4		2823	2942	3061	3180	3298	3417	3535	3653	3771	3889
8.5		4007	4124	4242	4359	4476	4593	4710	4827	4943	5060
8.6		5176	5292	5409	5524	5640	5756	5871	5987	6102	6217
8.7		6332	6447	6562	6677	6791	6905	7020	7134	7248	7361
8.8		7475	7589	7702	7816	7929	8042	8155	8267	8380	8493
8.9		8605	8717	8830	8942	9054	9165	9277	9389	9500	9611
9.0	2.1	9722	9834	9944	*0055	*0166	*0276	*0387	*0497	*0607	*0717
9.1	2.2	0827	0937	1047	1157	1266	1357	1485	1594	1703	1812
9.2		1920	2029	2138	2246	2354	2462	2570	2678	2786	2894
9.3		3001	3109	3216	3324	3431	3538	3645	3751	3858	3965
9.4		4071	4177	4284	4390	4496	4601	4707	4813	4918	5024
9.5		5129	5234	5339	5444	5549	5654	5759	5863	5968	6072
9.6		6176	6280	6384	6488	6592	6696	6799	6903	7006	7109
9.7		7213	7316	7419	7521	7624	7727	7829	7932	8034	8136
9.8		8238	8340	8442	8544	9646	8747	8849	8950	9051	9152
9.9	2.2	9253	9354	9455	9556	9657	9757	9858	9958	*0058	*0158
10.0	2.3	0259	0358	0458	0558	0658	0757	0857	0956	1055	1154
x		0	1	2	3	4	5	6	7	8	9

附錄二　自然指數函數值表

x	e^x	e^{-x}	x	e^x	e^{-x}
0.00	1.0000	1.0000	0.45	1.5683	0.6376
.01	1.0101	0.9900	.46	1.5841	.6313
.02	1.0202	.9802	.47	1.6000	.6250
.03	1.0305	.9704	.48	1.6161	.6188
.04	1.0408	.9608	.49	1.6323	.6126
.05	1.0513	.9512	.50	1.6487	.6065
.06	1.0618	.9418	.51	1.6653	.6005
.07	1.0725	.9324	.52	1.6820	.5945
.08	1.0833	.9231	.53	1.6989	.5886
.09	1.0942	.9139	.54	1.7160	.5827
.10	1.1052	.9048	.55	1.7333	.5769
.11	1.1163	.8958	.56	1.7507	.5712
.12	1.1275	.8869	.57	1.7683	.5655
.13	1.1388	.8781	.58	1.7860	.5599
.14	1.1503	.8694	.59	1.8040	.5543
.15	1.1618	.8607	.60	1.8221	.5488
.16	1.1735	.8521	.61	1.8404	.5434
.17	1.1853	.8437	.62	1.8589	.5379
.18	1.1972	.8353	.63	1.8776	.5326
.19	1.2092	.8270	.64	1.8965	.5273
.20	1.2214	.8187	.65	1.9155	.5220
.21	1.2337	.8106	.66	1.9348	.5169
.22	1.2461	.8025	.67	1.9542	.5117
.23	1.2586	.7945	.68	1.9739	.5066
.24	1.2712	.7866	.69	1.9937	.5016
.25	1.2840	.7788	.70	2.0138	.4966
.26	1.2969	.7711	.71	2.0340	.4916
.27	1.3100	.7634	.72	2.0544	.4868
.28	1.3231	.7558	.73	2.0751	.4819
.29	1.3364	.7483	.74	2.0959	.4771
.30	1.3499	.7408	.75	2.1170	.4724
.31	1.3634	.7334	.76	2.1383	.4677
.32	1.3771	.7261	.77	2.1598	.4630
.33	1.3910	.7189	.78	2.1815	.4584
.34	1.4049	.7118	.79	2.2034	.4538
.35	1.4191	.7047	.80	2.2255	.4493
.36	1.4333	.6977	.81	2.2479	.4449
.37	1.4477	.6907	.82	2.2705	.4404
.38	1.4623	.6839	.83	2.2933	.4360
.39	1.4770	.6771	.84	2.3164	.4317
.40	1.4918	.6703	.85	2.3396	.4274
.41	1.5068	.6637	.86	2.3632	.4232
.42	1.5220	.6570	.87	2.3869	.4190
.43	1.5373	.6505	.88	2.4109	.4148
.44	1.5527	.6440	.89	2.4351	.4107

x	e^x	e^{-x}	x	e^x	e^{-x}
0.90	2.4596	0.4066	2.75	15.643	0.0639
.91	2.4843	.4025	2.80	16.445	.0608
.92	2.5093	.3985	2.85	17.288	.0578
.93	2.5345	.3946	2.90	18.174	.0550
.94	2.5600	.3906	2.95	19.106	.0523
.95	2.5857	.3867	3.00	20.086	.0498
.96	2.6117	.3829	3.05	21.115	.0474
.97	2.6379	.3791	3.10	22.198	.0450
.98	2.6645	.3753	3.15	23.336	.0449
.99	2.6912	.3716	3.20	24.533	.0408
1.00	2.7183	.3679	3.25	25.790	.0388
1.05	2.8577	.3499	3.30	27.113	.0369
1.10	3.0042	.3329	3.35	28.503	.0351
1.15	3.1582	.3166	3.40	29.964	.0334
1.20	3.3201	.3012	3.45	31.500	.0317
1.25	3.4903	.2865	3.50	33.115	.0302
1.30	3.6693	.2725	3.55	34.813	.0287
1.35	3.8574	.2592	3.60	36.598	.0273
1.40	4.0552	.2466	3.65	38.475	.0260
1.45	4.2631	.2346	3.70	40.447	.0247
1.50	4.4817	.2231	3.75	42.521	.0235
1.55	4.7115	.2122	3.80	44.701	.0224
1.60	4.9530	.2019	3.85	46.993	.0213
1.65	5.2070	.1920	3.90	49.402	.0202
1.70	5.4739	.1827	3.95	51.935	.0193
1.75	5.7546	.1738	4.00	54.598	.0183
1.80	6.0496	.1653	4.10	60.340	.0166
1.85	6.3598	.1572	4.20	66.686	.0150
1.90	6.6859	.1496	4.30	73.700	.0136
1.95	7.0287	.1423	4.40	81.451	.0123
2.00	7.3891	.1353	4.50	90.017	.0111
2.05	7.7679	.1287	4.60	99.484	.0101
2.10	8.1662	.1225	4.70	109.95	.0091
2.15	8.5849	.1165	4.80	121.51	.0082
2.20	9.0250	.1108	4.90	134.29	.0074
2.25	9.4877	.1054	5.00	148.41	.0067
2.30	9.9742	.1003	5.20	181.27	.0055
2.35	10.486	.0954	5.40	221.41	.0045
2.40	11.023	.0907	5.60	270.43	.0037
2.45	11.588	.0863	5.80	330.30	.0030
2.50	12.182	.0821	6.00	403.43	.0025
2.55	12.807	.0781	7.00	1096.6	.0009
2.60	13.464	.0743	8.00	2981.	.0003
2.65	14.154	.0707	9.00	8103.1	.0001
2.70	14.880	.0672	10.00	22026.	.00005